EUL VERLAG

Schriften zu Familienunternehmen · Band 7

Herausgegeben vom Wittener Institut für Familienunternehmen

Dr. Christian Prym

Familienunternehmen und Beteiligungskapital

Mit einem Geleitwort von Prof. Dr. Rudolf Wimmer,
Universität Witten/Herdecke

EUL VERLAG

Bibliografische Information der Deutschen Nationalbibliothek

Die Deutsche Nationalbibliothek verzeichnet diese Publikation in der Deutschen Nationalbibliografie; detaillierte bibliografische Daten sind im Internet über <http://dnb.d-nb.de> abrufbar.

Dissertation, Universität Witten/Herdecke, 2008, unter dem Titel: Private Equity in Familienunternehmen – Eine empirische Fallstudienuntersuchung von Unternehmenswertsteigerungen bei Private Equity-Beteiligungen an Familienunternehmen und die Rolle von nicht-monetären Zielen der Unternehmerfamilie im Beteiligungskontext

ISBN 978-3-8441-0070-9
1. Auflage August 2011

Titelmotiv: Florian Danner, 2011, www.floriandanner.com

JOSEF EUL VERLAG GmbH
Brandsberg 6
53797 Lohmar
Tel.: 0 22 05 / 90 10 6-6
Fax: 0 22 05 / 90 10 6-88
E-Mail: info@eul-verlag.de
http://www.eul-verlag.de

Bei der Herstellung unserer Bücher möchten wir die Umwelt schonen. Dieses Buch ist daher auf säurefreiem, 100% chlorfrei gebleichtem, alterungsbeständigem Papier nach DIN 6738 gedruckt.

Geleitwort

Die tradierten Finanzierungsmuster von Familienunternehmen sehen die Nutzung von familienfremden Eigenkapital normalerweise nicht vor. Nach wie vor dominiert die Präferenz für die Möglichkeiten der Binnenfinanzierung ergänzt um den klassischen Bankkredit, der dem Unternehmen die erforderlichen Fremdmittel für seine Entwicklung zur Verfügung stellt. An dieser Konstellation hat sich im deutschsprachigen Raum in den vergangenen zwei Jahrzehnten im Prinzip nichts geändert, auch wenn sich in diesem Zeitraum der Markt für Private Equity-Finanzierungen recht gut entwickelt hat. Was allerdings im Kontext von Familienunternehmen zu beobachten ist, ist der Umstand, dass sich die Anlässe häufen, die die verantwortlichen Entscheidungsträger dazu animieren, zu dieser Ausnahmeform der Kapitalbeschaffung zu greifen. Ob es darum geht, zum Verkauf entschlossene Mitgesellschafter auszuzahlen, ob eine Nachfolgeregelung außerhalb der Familie gefunden werden soll (MBO, MBI) oder ob eine außerordentliche Wachstumschance finanziert werden muss, es handelt sich immer um eine Phase im Lebenszyklus von eignergeführten Unternehmen, die die eingespielten Finanzierungsmuster von Grund auf überfordert. Für die Bewältigung solcher außergewöhnlicher Problemlagen bietet sich häufig die Hereinnahme fremden Eigenkapitals an. Die Praxis zeigt, dass dies bei solchen Anlässen in verstärktem Maße inzwischen auch passiert, weil heute das Wissen um solche Möglichkeiten in den allermeisten Familienunternehmen voll vorhanden ist.

Dessen ungeachtet haftet solchen Lösungen immer noch ein problematischer Beigeschmack an, so als ob Familienunternehmen damit einen Schritt setzen würden, der gegen ihre ursprüngliche Bestimmung gerichtet ist. Familienunternehmen legen Wert darauf, ihr Vermögen langfristig im Unternehmen „arbeiten“ zu lassen, um so für eine generationsübergreifende Zukunftsfähigkeit des Unternehmens zu sorgen. Man spricht deshalb von „patient capital“. Im Gegensatz dazu handelt es sich bei Private Equity um „non-patient capital“. Der Investor möchte normalerweise im Zeitraum von 3-7 Jahren das 2-3fache des eingesetzten Kapitals aus seinem Engagement gewinnen. Dieser grundlegende Zielkonflikt prägt die Kooperationsbeziehung zwischen der Eigentümerfamilie und dem Investor über die einzelnen Phasen des Miteinanders hinweg. Ob das ganze am Ende des Tages in einer Win-Win-Situation endet, hängt zutiefst davon ab, wie konstruktiv die beteiligten Parteien mit diesem eingebauten Zielkonflikt und den damit verbundenen Sensibilitäten umgehen.

Bis heute ist dieses offensichtlich schwierige Verhältnis zwischen Private Equity und Eigentümerfamilien noch ganz wenig erforscht. Genau in diese Forschungslücke platziert Christian Prym sein Untersuchungsvorhaben. Ihn interessiert insbesondere die Frage, ob die Beteiligung einer Private Equity Gesellschaft an einem Familienunternehmen für dasselbe vorteilhaft ist und wenn ja, welchen Nutzen sie letztlich stiftet. Er möchte auf dem Weg über ganz konkrete Fallstudien ergründen, ob und wodurch es mit Hilfe solcher Beteiligungen zu Unternehmenswertsteigerungen kommt und welche Rolle die nichtmonetären Ziele der Unternehmensfamilie dabei spielen. Das vom Autor gewählte qualitative Vorgehen verspricht fundierte Einblicke in tiefer liegende Entwicklungsmuster und noch nicht gehobene Wertsteigerungspotentiale, die durch die zeitlich begrenzte Zusammenarbeit mit Private Equity Investoren in den betroffenen Familienunternehmen angestoßen werden. Durch diese fundierte Untersuchung sollte letztlich auch ein besseres Verständnis dafür möglich werden, warum Familienunternehmen mit dieser Finanzierungsform ihre spezifischen Schwierigkeiten besitzen und wie diese Schwierigkeiten in der Praxis überwunden werden können.

Rudolf Wimmer Witten, im November 2010

Vorwort

Die vorliegende Arbeit konnte ich am Wittener Institut für Familienunternehmen (WIFU) der Universität Witten/Herdecke realisieren. Mein ganz besonderer Dank gilt meinem Doktorvater, Begleiter und Diskussionspartner, Herrn Prof. Dr. Rudolf Wimmer, für die gute und enge Betreuung während meiner Promotionszeit. Seine konstruktive Kritik, seine Fragen und Anmerkungen haben mir wichtige Impulse geliefert. Er hat mich immer wieder bestärkt, diese Forschungsarbeit weiterzuverfolgen. Herrn Prof. Dr. Arist von Schlippe möchte ich für die Zweitkorrektur danken.

Da sich Familienunternehmen und Private Equity-Gesellschaften durch Verschwiegenheit und Geheimhaltung auszeichnen, war der Zugang zu Interviewpartnern für diese empirische Arbeit entscheidend. Die Gespräche mit ihnen bilden die Basis der Forschungsarbeit. Vielen Dank für die Bereitschaft, Zeit zu investieren, Einblicke zu gewähren und sich einer Diskussion zu stellen.

Die vielen Interviews wären nicht ohne die zahlreichen Unternehmer, Förderer und Unterstützer, welche die entsprechenden Kontakte hergestellt haben, möglich gewesen. Neben dem WIFU hat mich insbesondere die EQUA-Stiftung gefördert.

Vielen Dank auch an meine beiden Korrekturleserinnen, meine Mutter Andrea Prym-Bruck und Frau Monika Braune.

Meine Eltern haben zeitlebens meine Bildung, Offenheit und Neugier gefördert und mich auf meinem Ausbildungsweg, nicht nur während meiner Promotion, begleitet. Vielen Dank.

Zu guter Letzt möchte ich mich bei meiner Partnerin Cornelia Köllmann bedanken, die mich fachlich und persönlich bei meiner Promotion unterstützt hat. Ohne sie wäre diese Arbeit so nicht möglich gewesen.

Christian Prym — Essen, im Mai 2011

Das WIFU

Das Wittener Institut für Familienunternehmen (WIFU) ist in Deutschland der Pionier und Wegweiser akademischer Forschung und Lehre zu Besonderheiten von Familienunternehmen. Bereits bei der Institutsgründung 1998 wurde das Fundament der konsequent interdisziplinären Ausrichtung des WIFU gelegt: drei Lehrstühle – Betriebswirtschaftslehre, Psychologie/Soziologie und Rechtswissenschaften – bilden das wissenschaftliche Spiegelbild der Gestalt von Familienunternehmen. Dadurch hat sich das WIFU eine einzigartige Expertise im Bereich Familienunternehmen erarbeitet. Seit 2004 ermöglichen die Institutsträger – ein exklusiver Kreis von über 40 Familienunternehmen – dass das WIFU auf Augenhöhe als Institut von Familienunternehmen für Familienunternehmen agieren kann. Das WIFU nutzt diese europaweit einzigartigen Voraussetzungen, um Forschung und Lehre über diese besondere Organisationsform konsequent voranzutreiben und innovative Problemlösungsansätze zu erarbeiten. Mit aktuell zwölf Professoren leistet das WIFU mittlerweile seit über 12 Jahren einen signifikanten Beitrag zur generationenübergreifenden Zukunftsfähigkeit von Familienunternehmen.

Inhaltsverzeichnis

1. Einleitung

1.1 Problemstellung

In den letzten Jahren wurde in Familienunternehmen über kaum ein anderes Thema so viel diskutiert wie über Private Equity. Im Zentrum steht die Frage, ob eine solche Beteiligung für das Familienunternehmen vorteilhaft ist bzw. sein kann und welchen Nutzen sie bietet. Bei einer Beteiligung treffen mit dem Familienunternehmen und der Private Equity-Gesellschaft zwei unterschiedliche Unternehmensformen aufeinander, die jeweils eigene Ziele verfolgen. Im Beteiligungskontext kann daher nicht zwangsläufig von einer Interessenkongruenz ausgegangen werden: Gemeinsames Ziel der Unternehmensfamilie als Eigentümerin des Familienunternehmens und der Private Equity-Gesellschaft ist die Steigerung des Unternehmenswerts. Jedoch unterscheiden sich die beiden Parteien grundsätzlich im Zeithorizont, in welchem diese Wertsteigerung stattfinden soll. Während die Private Equity Gesellschaft eine Steigerung des Unternehmenswerts bis zum Zeitpunkt des Exits anstrebt, beabsichtigt die Unternehmensfamilie eine langfristige Unternehmenswertsteigerung. Zudem will die Private Equity Gesellschaft die Wertsteigerungen mit einem Exit realisieren. Die Unternehmensfamilie hingegen steckt in der paradoxen Situation, dass sie zwar den Unternehmenswert steigern, aber nicht realisieren möchte, da dies einen Verkauf und das Ende des Familienunternehmens als solches bedeuten würde (vgl. Zellweger/ Mühlebach 2008: 36f.).

Für die Unternehmensfamilie spielen jedoch nicht nur monetäre Ziele eine Rolle. Familienunternehmen sind mehr als nur ein Anlageinstrument zur Renditemaximierung (vgl. Astrachan/ Jaskiewicz 2008: 139). Die Unternehmensfamilie strebt neben der Unternehmenswertsteigerung auch nach einem Bündel von nicht-monetären Zielen. Dazu zählen z.B. Kontinuität, Autonomie, Unabhängigkeit, Kontrolle, Reputation, Stolz, Sinn, Identität und Vertrauen. Damit unterscheiden sich Familienunternehmen von anderen Unternehmen in sonstiger Eigentümerschaft.

Die Relevanz betriebswirtschaftlicher Forschung zu Familienunternehmen erschließt sich durch die herausragende ökonomische Bedeutung dieser Unternehmensform in Deutschland, aber auch in vielen andern Ländern der Welt: Sie bilden das Fundament und das Rückgrat der Volkswirtschaft (vgl. Wimmer et al. 2005: IX).

Familienunternehmen als Organisationstyp stellen die Regel und keine Ausnahmen in der Wirtschaft dar (vgl. Kormann 2005: 8).

Verschiedene Zahlen belegen diese Relevanz für Deutschland: Im Jahr 2008 sind 95 % aller Unternehmen in Familienbesitz (vgl. IfM Bonn 2008). Diese Unternehmen beschäftigen 57 % aller Arbeitnehmer und erwirtschaften 42 % aller Umsätze (vgl. IfM Bonn 2008). Bei größeren Unternehmen mit Umsätzen über 2 Millionen DM sind immerhin noch 70 % der Unternehmen in Familienhand (vgl. Klein 2004: 41ff.; Erhebung für das Jahr 2000). In den USA erwirtschaften Familienunternehmen 64 % des Bruttoinlandsprodukts und stellen 85 % der Arbeitsplätze in der Privatwirtschaft (vgl. Poza 2007: 1). Weltweit machen sie sogar zwischen 80 und 98 % aller Unternehmen aus (vgl. Poza 2007: 3).

Familienunternehmen befinden sich zu einem Großteil im alleinigen Eigentum von einer oder mehreren Unternehmensfamilien (vgl. Klein 2004: 108), d.h. der Ressourcenpool der Familie zur Bereitstellung von Eigenkapital ist begrenzt. In der Finanzierung streben sie vor allem nach Unabhängigkeit, Langfristigkeit und Flexibilität (vgl. Achleitner et al. 2008: 19). Daher bevorzugen sie grundsätzlich eine interne Finanzierung gegenüber einer externen. Zudem wird Fremdkapital ein Vorzug gegenüber „fremdem“ Eigenkapital (von nicht Familienmitgliedern) gegeben. Eine Private Equity-Finanzierung entspricht also eher nicht den grundsätzlichen Präferenzen eines Familienunternehmens. Sie wird daher nur angestrebt, wenn es einen konkreten Finanzierungs- und Beteiligungsanlass, wie z.B. das Ausscheiden eines Familienmitglieds aus dem Kreis der Eigentümer, gibt.

Neben diese individuellen und spezifischen Beteiligungsanlässe tritt eine strukturelle Veränderung der deutschen Finanzierungslandschaft, die langfristig zu einem verstärkten Einsatz von Private Equity-Finanzierung führen könnte. Mit der Einführung von Basel II zu Beginn des Jahres 2007 hat sich die Finanzierung deutscher Unternehmen auch strukturell verändert (vgl. Brettel et al. 2008: 15; Bundesbank 2009). Strengere Eigenkapitalvorschriften für Banken erschweren die Kreditvergabe. Als Folge richten viele Unternehmen ihre Kapitalbeschaffung weniger auf Bankkredite und mehr auf eine Kapitalmarktfinanzierung aus. Eine Private Equity-Beteiligung stellt vor diesem Hintergrund eine alternative Finanzierungsquelle dar.

Familienunternehmen treffen beim deutschen Private Equity-Markt zwar im Vergleich zum US-amerikanischen Markt auf einen verhältnismäßig jungen, jedoch schon reifen, effizienten und wettbewerbsintensiven Markt (vgl. Helwing 2007: 231; Farschtschian 2009: 3). Dieser hat einen fundamentalen Wandel erlebt (vgl. Farschtschian 2009: 2): Schon in den sechziger Jahren existierten die ersten Private Equity-Gesellschaften in Deutschland, doch der Markt entwickelte sich nur langsam. Erst in den achtziger und neunziger Jahren nahm er deutlich zu (vgl. Matz 2002: 1ff.; Helwing 2007: 232). Um die Jahrtausendwende erreichte die Entwicklung ihren vorläufigen Höhepunkt. Nach einer Konsolidierungsphase zu Beginn des neuen Jahrtausends führten eine hohe Eigenkapitalverfügbarkeit, hochliquide Fremdfinanzierungsmärkte, ein historisch tiefes Zinsniveau gepaart mit einer positiven Entwicklung des Aktienmarkts zu einen „Mega Cycle" in der Private Equity-Branche, der durch die Immobilien- und Finanzkrise abrupt gestoppt wurde (vgl. Farschtschian 2009: 1ff.).

Die betriebswirtschaftliche Forschung hat den Unternehmenstypus Familienunternehmen - trotz seiner großen Bedeutung - allgemein lange vernachlässigt (vgl. Hack 2009: 2). Erst in den letzten 10 bis 20 Jahren hat Forschung über Familienunternehmen qualitativ und quantitativ zugenommen. Auch der Forschungsbereich Private Equity erfährt erst seit der großen Buyout-Welle in den USA der späten 80er Jahre erhöhte Aufmerksamkeit. Private Equity ist im Vergleich zu anderen Finanzierungsarten also noch relativ jung und im Bereich der Beteiligungen an deutschen Familienunternehmen mit einer verhältnismäßig geringen Anzahl von abgeschlossenen Deals.

Zudem gibt es naturgemäß für „Private" Equity-Gesellschaften sowie für die meisten Familienunternehmen kaum Informations- und Offenlegungspflichten, was den wissenschaftlichen Zugang zu relevanten Informationsquellen und Daten zumindest erheblich erschwert, wenn nicht sogar fast unmöglich macht: „Clearly, private equity professionals are part of one of the most secretive industries that exist" (Meier 2006: VII).

Bedenkt man die spärliche Auskunftsbereitschaft und die geringe Datenverfügbarkeit sowohl bei Private Equity-Gesellschaften als auch bei Familienunternehmen, verwundert es nicht, dass generell kaum wissenschaftlich verwertbare Untersuchungen an der Schnittstelle zwischen Familienunternehmen, Finanzierung und Private Equity vorliegen. Die bereits veröffentlichten Arbeiten haben ihren Schwerpunkt z.B. in der Veränderung der Corporate Governance, den Instrumenten der betriebswirtschaftlichen Führung und den Finanzierungsmethoden von Familienunternehmen nach einem Buyout (vgl. Klöckner 2009) oder in den Erfahrungen bei Private Equity-Minderheitsbeteiligungen an Familienunternehmen und den Auswirkungen der Beteiligung auf einzelne Unternehmensbereiche, wie z.B. das Controlling, und die Unternehmensentwicklung (vgl. Achleitner et al. 2008).[1]

Bislang existiert jedoch keine empirische wissenschaftliche Arbeit, welche explizit Unternehmenswertsteigerungen bei Private Equity-Beteiligungen an Familienunternehmen analysiert und neben der monetären Seite auch die nicht-monetären Ziele der Unternehmensfamilie im Beteiligungskontext untersucht. Die vorliegende Arbeit möchte ihren Teil dazu beitragen, die identifizierte Forschungslücke zum Thema Private Equity in Familienunternehmen zu verringern. Der explorativ-neuartige Charakter der Arbeit verlangt einen primär qualitativen Forschungsansatz, welcher durch Darstellung, Analyse und Auswertung von Beteiligungen als Fallstudien methodisch umgesetzt wird.

1.2 Zielsetzung und Forschungsfragen

Die empirische Forschungsarbeit „Private Equity in Familienunternehmen" untersucht mit Hilfe von explorativen Fallstudien Unternehmenswertsteigerungen und die Rolle von nicht-monetären Zielen der Unternehmensfamilie bei aktuellen und abgeschlossenen Private Equity-Beteiligungen an Familienunternehmen in Deutschland. Die Wertsteigerungen und ihre Entwicklung werden anhand der drei Dimensionen der Phasen der Wertsteigerung, ihrer Gründe und ihrer Quellen analysiert (vgl. Abbildung 1). Die Rolle von nicht-monetären Zielen der Unternehmensfamilie im Beteiligungskontext wird anhand ihrer Bedeutung, Veränderung und Erreichung im Beteiligungskontext untersucht. Ziel der Forschungsarbeit ist es, ein besseres Verständnis für Unternehmenswertsteigerungen bei Private Equity-Beteiligungen an Familienunternehmen und für die nicht-monetären Ziele der Unternehmensfamilie zu erwerben.

[1] Eine vollständige Übersicht allgemeiner empirischer Untersuchungen von Private Equity und Familienunternehmen zeigt Klöckner 2009: 28ff.

Die Arbeit ist an der Schnittstelle der Forschungsbereiche Familienunternehmen, Finanzierung und Private Equity angesiedelt.

Die drei Dimensionen der Wertsteigerung helfen die komplexe Materie der Unternehmenswertsteigerung zu strukturieren und zu systematisieren (vgl. hierzu und im Folgenden Berg/ Gottschalg 2005: 5ff.; Berg/ Gottschalg 2004: 22ff.). Mit den Phasen wird das Timing der Wertsteigerung analysiert. Die Gründe geben Aufschluss über die Mechanismen und die Art der Wertsteigerung. Die Quellen verdeutlichen die Rolle der Private Equity-Gesellschaftschaft bei der Wertsteigerung im Beteiligungskontext. Im folgenden Abschnitt werden die drei Dimensionen vorgestellt:

Aus Sicht der Private Equity-Gesellschaft sind die Phasen der Wertsteigerung unterteilt in Investitionsphase, Beteiligungsphase und Desinvestitionsphase. Vor der Beteiligung ist vor allem die Ermittlung des Kaufpreises und die Festlegung der Beteiligungsquote essentiell, da er die Basis für alle künftigen Unternehmenswert- und Performancemessungen darstellt. Während der Beteiligung kann durch strategische und operative Maßnahmen der Wert des Unternehmens gesteigert werden. Durch die Realisierung des Ertrags in der Desinvestitionsphase kommt dem Exit herausragende Bedeutung zu. Wichtig in diesem Zusammenhang der Wertsteigerungsphasen ist, wann Entscheidungen über potentielle Wertsteigerungen getroffen werden und wann diese realisiert werden können. Die Corporate Governance Strukturen des Familienunternehmens als ein Werttreiber werden z.B. schon vor Vertragsschluss im Beteiligungs- oder Gesellschaftsvertrag festgelegt. Doch können Wertsteigerungen, die durch bessere Corporate Governance hervorgerufen werden, erst während der Beteiligung oder sogar erst mit dem Exit realisiert werden.

Der Grund für Wertsteigerungen kann entweder Wertkaperung („value capturing") oder Wertschöpfung („value creation") sein. Unter Wertkaperung werden unterschiedliche Unternehmensbewertungen beim Kauf und Verkauf der Beteiligung verstanden, die sich durch äußere und nicht beeinflussbare Umstände ergeben, ohne dass sich objektiv die finanzielle Performance des Unternehmens ändert. So kann die Private Equity-Gesellschaft durch Unternehmensbewertungen zu verschiedenen Zeitpunkten, in unterschiedlichen Regionen oder durch unterschiedliche Erwartungen über die Entwicklung des Unternehmens und der Branche Unternehmenswerte „einfangen“ bzw. „kapern“.

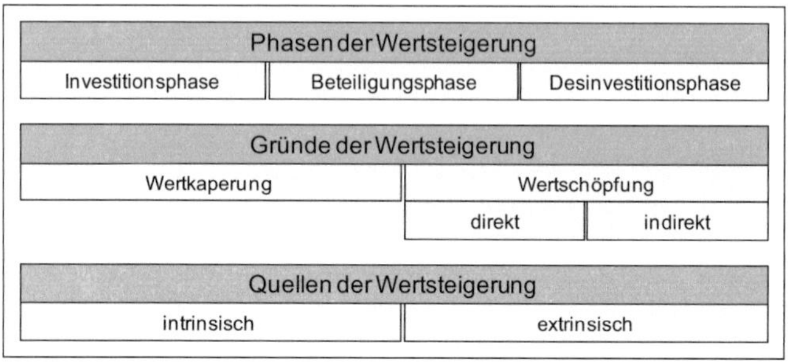

Abbildung 1: Dimensionen der Wertsteigerung. Eigene Darstellung nach Berg/ Gottschalg 2005: 5ff.

Bei der Wertschöpfung wird der Unternehmenswert durch die Schaffung neuer Werte und neuer Substanz im Unternehmen gesteigert. Sie wird nochmals unterschieden in direkte und indirekte Wertschöpfung. Während bei der direkten Wertschöpfung die Werttreiber wie z.B. die „strategische Ausrichtung“ oder „operative Effizienz“ einen direkten Einfluss auf den Gewinn des Unternehmens haben, haben bei der indirekten Wertschöpfung Werttreiber, wie z.B. reduzierte „Agency-Kosten“, nur einen indirekten Einfluss auf den Gewinn des Unternehmens. Sie erhöhen allgemein die Effizienz des Unternehmens, was wiederum zu höheren Gewinnen führt.

Bei den Quellen der Wertsteigerung wird zwischen intrinsischen und extrinsischen unterschieden. Intrinsische Wertsteigerungen werden im Gegensatz zu extrinsischen auch ohne die Unterstützung und unabhängig vom Einfluss der Private Equity-Gesellschaft durch bestehende Strukturen innerhalb des Unternehmens realisiert. Bei extrinsischen Unternehmenswertsteigerungen greift die Private Equity-Gesellschaft aktiv in den Prozess Wertsteigerung im Unternehmen ein. Diese extrinsischen Wertsteigerungen würden also ohne den Einfluss der Private Equity-Gesellschaft nicht entstehen. In der Praxis kann auch eine Kombination von extrinsischer und intrinsischer Wertsteigerung vorkommen, sodass eine eindeutige Identifizierung der Quellen als extrinsisch und intrinsisch z.T. nicht möglich ist, weil es sich vielmehr um ein Kontinuum zwischen zwei Polen handelt.

Der erste Teil der empirischen Untersuchung analysiert die Unternehmenswertsteigerung anhand der drei Dimensionen: Werden bei Private Equity-Beteiligungen an Familienunternehmen die Unternehmenswerte der Zielunternehmen gesteigert? In welchen Phasen des Beteiligungsprozesses, d.h. in der Investitions-, Beteiligungs- oder Desinvestitionsphase, finden die jeweiligen Wertsteigerungen statt? Was sind die Gründe für die jeweiligen Wertsteigerungen, liegen diese in der Wertkaperung („value capturing") oder in der Wertschöpfung („value creation")? Was sind die Quellen für die jeweiligen Wertsteigerungen? Sind sie extrinsischer oder intrinsischer Natur?

Der zweite Teil der vorliegenden Arbeit untersucht die nicht-monetären Ziele der Unternehmensfamilie im Beteiligungskontext: Verfolgen der Unternehmer und die Unternehmensfamilie im Beteiligungskontext nicht-monetäre Ziele im Bezug auf das Familienunternehmen? Welche Ziele werden verfolgt? Verändern sich diese Ziele im Laufe der Beteiligung? Werden die angestrebten Ziele erreicht?

Diese Forschungsarbeit soll erstmals die Erkenntnisse der Forschung über monetäre Wertsteigerungen von Private Equity-Beteiligungen an Nicht-Familienunternehmen auf Familienunternehmen anwenden und diese um die Analyse nicht-monetärer Aspekte ergänzen. Diese Kombination wird der Besonderheit des Unternehmenstypus Familienunternehmen mit seinem typischen Familieneinfluss gerecht.

1.3 Aufbau der Arbeit

Die vorliegende Arbeit ist in fünf Teile gegliedert (vgl. Abbildung 2). Die Einleitung (Teil 1.) stellt das Themengebiet an der Schnittstelle zwischen Familienunternehmen, Finanzierung und Private Equity vor. Er werden die Relevanz und Aktualität des Forschungsbereichs verdeutlicht, eine Forschungslücke identifiziert und entsprechende Forschungsfragen entwickelt.

Im zweiten Teil werden die wesentlichen problem- und untersuchungsrelevanten Grundlagen dieser Arbeit vorgestellt. Diese stammen aus den Gebieten Private Equity und Familienunternehmen. Die Grundlagen im Bereich Private Equity sind in zwei Kapitel unterteilt: Das erste Kapitel (2.1.) vermittelt Grundkenntnisse über die Finanzierungsart Private Equity. Es bildet die Basis für das zweite Kapitel (2.2.), welches sich auf Private Equity-Unternehmenswertsteigerungen bei Beteiligungen konzentriert. Dazu wird im ersten Kapitel (2.1.) der Begriff Private Equity inhaltlich abgegrenzt und definiert. Anschließend wird auf die Charakteristika und Eigenschaften von Private Equity eingegangen. Schließlich wird die Größe und Strukturierung des deutschen Private Equity-Markts vorgestellt.

Abbildung 2: Aufbau der Arbeit. Eigene Darstellung.

Das zweite Kapitel (2.2.) beginnt mit einer Definition und Begriffsabgrenzung von „Private Equity-Unternehmenswertsteigerungen“, was eine Darstellung von Unternehmensbewertungsmethoden erfordert. Die Bedeutung von Unternehmenswertsteigerungen für das Geschäftsmodell von Private Equity-Gesellschaften wird durch deren Zielsystem und einen Erklärungsansatz für die Renditen von Private Equity-Gesellschaften verdeutlicht. Da die Darstellung und Messung von Unternehmenswertsteigerungen sehr schwierig und komplex ist, werden durch die Beschreibungen der Dimensionen der Wertsteigerung und der Wertsteigerungshebel zwei Möglichkeiten zur Strukturierung aufgezeigt. Das Kapitel schließt mit einer Darstellung von empirischen Untersuchungen über Unternehmenswertsteigerungen bei Private Equity-Beteiligungen.

Ausgangspunkt für die Darstellung der Grundlagen im Bereich Familienunternehmen (Kapitel 2.3.) sind deren Definition sowie deren volkswirtschaftliche Bedeutung. Anschließend wird im Abschnitt „Finanzierung von Familienunternehmen“ (2.3.3.) die Rolle von Private Equity im Finanzierungsmix von Familienunternehmen sowie die der Finanzierungsanlässe vorgestellt. Den Darstellungsschwerpunkt im Bereich Familienunternehmen bilden die nicht-monetären Ziele der Unternehmensfamilie. Dabei wird auf das aus monetären und nicht-monetären Aspekten zusammengesetzte Zielbündel der Unternehmensfamilie und auf Untersuchungen von nicht-monetären Zielen in Familienunternehmen eingegangen. Schließlich wird ein theoretischer Analyserahmen (Kapitel 2.4.) vorgestellt. Die darin aufgezeigten und auf die Untersuchung „Private Equity in Familienunternehmen" angewendeten Theorien verankern die Arbeit innerhalb eines wissenschaftlichen Forschungsrahmens.

In Teil drei werden Forschungsdesign und -methodik dargestellt und erklärt (3.). Dabei wird die Auswahl der Fallstudientechnik als wissenschaftliches Instrument für diese primär qualitative empirische Arbeit begründet und vorgestellt (Kapitel 3.1.). Es folgt eine Darstellung der Verfahren der Datenerhebung, -aufbereitung und -auswertung (3.2., 3.3., 3.4.). Als Verfahren der Datenerhebung werden Experteninterviews und die Dokumentenanalyse genutzt. Zur Aufbereitung der Experteninterviews wird auf selektive Protokolle und zur Auswertung der erhobenen Daten auf die inhaltlich-strukturierende qualitative Inhaltsanalyse nach MAYRING zurückgegriffen. Schließlich wird beschrieben, wie die Qualität der empirischen Untersuchung sichergestellt wird (3.5.).

In Teil vier folgt der Kern der wissenschaftlichen Arbeit (4.): Die Darstellung und Analyse der verschiedenen Fallstudien unterschiedlicher Private Equity-Beteiligungen an Familienunternehmen. Zuerst werden die Ergebnisse der einzelnen Fallstudien separat und fallweise dargestellt (Kapitel 4.1.). Im zweiten Schritt erfolgt eine fallübergreifende Präsentation der Ergebnisse zu Unternehmenswertsteigerungen und nicht-monetären Zielen (Kapitel 4.2.). Dabei werden die einzelnen Forschungsfragen beantwortet. Die Arbeit schließt mit einem Fazit und einer Diskussion im fünften Teil (5.). Dazu werden die Ergebnisse der Forschungsarbeit dargestellt (Kapitel 5.1.). Anhand dieser werden Empfehlungen für die Praxis von Private Equity-Beteiligungen an Familienunternehmen abgeleitet (Kapitel 5.2.) und ein Ausblick auf die weitere Forschung gegeben (Kapitel 5.3.).

2. Grundlagen

Neben der Vermittlung eines allgemeinen thematischen Verständnisses liegt der Fokus der theoretischen Grundlagen auf den Aspekten der Forschungsbereiche, die der Beantwortung der Forschungsfrage dienen. Für diese Arbeit sind folgende Forschungsbereiche wesentlich:

- Private Equity und Private Equity-Unternehmenswertsteigerungen,

- Familienunternehmen,

- Agency Theory, Stewardship Theory, Resource Based View und Familiness.

In diesem zweiten Kapitel wird zum jeweiligen Forschungsbereich der aktuelle Stand der Forschung aufgezeigt.

2.1 Private Equity

Das Kapitel Private Equity (2.1.) setzt sich aus drei Abschnitten zusammen: Grundlegend für diese Arbeit ist die Definition und Begriffsabgrenzung von Private Equity (Abschnitt 2.1.1.). Im darauf folgenden Abschnitt (2.1.2.) werden die Charakteristika von Private Equity und Private Equity-Gesellschaften genauer beschrieben und erläutert. Ein grundlegendes Verständnis über die Eigenschaften und die Funktionsweise von Private Equity ist für diese Arbeit entscheidend. Ohne dieses Verständnis werden weder das Geschäftsmodell und damit das Ziel und die Arbeitsweise von Private Equity-Gesellschaften deutlich, noch ist die Bedeutung von Unternehmenswertsteigerungen für Private Equity-Gesellschaften ohne dieses Kontextwissen nachzuvollziehen.

Schließlich wird ein Überblick über den deutschen Private Equity-Markt im Allgemeinen und für Familienunternehmen im Speziellen gegeben (Abschnitt 2.1.3.). Dazu wird der Private Equity-Markt in Deutschland dargestellt, insbesondere die agierenden Private Equity-Gesellschaften, deren Fundraising und verwaltete Mittel, deren Portfolio sowie Investments und Exits. Davon wird der relevante Markt für Private Equity-Beteiligungen an Familienunternehmen abgegrenzt.

2.1.1 Definition und Begriffsabgrenzung

In der betriebswirtschaftlichen Literatur ist der Begriff des *Private Equity* nicht einheitlich definiert (vgl. hierzu z.B. Pankotsch 2005: 8; von Daniels 2004: 12; Farschtschian 2009: 7). Da der Begriff aus der Praxis stammt und angelsächsischen Ursprungs ist, hat sich sowohl in der Wirtschaft als auch in der Wissenschaft ein heterogenes Begriffsverständnis entwickelt.

Die beiden Bestandteile des Begriffs *Private Equity* können Aufschluss für eine Definition liefern. Das englische Wort *Equity* kann mit (haftendem) *Eigenkapital* übersetzt werden, was eine Abgrenzung zu nicht-haftendem Fremdkapital erlaubt. Der Zusatz *Private* verdeutlich, dass das Kapital außerhalb öffentlicher Börsen gehandelt wird. Damit grenzt sich der Begriff zum Antonym *Public Equity*, also zu an der Börse gehandeltem Kapital, ab. Häufig wird der Terminus des *Private Equity* ins Deutsche gar nicht oder ggf. mit dem deutschen Begriff *(institutionelles) Beteiligungskapital* übersetzt (vgl. Dill 2008: 31).

Private Equity wird zumeist funktional, d.h. als Methode der Eigenkapitalfinanzierung, definiert (vgl. Espel 2005: 30). I.w.S. wird es als Oberbegriff für alle Finanzierungen mit Eigenkapital oder eigenkapitalähnlichem Charakter (sog. Mezzanine-Finanzierungen) von nicht-börsennotierten Unternehmen genutzt (vgl. Kraft 2001: 32). Es lässt sich in Venture Capital und Private Equity i.e.S. unterteilen (vgl. Abbildung 3): Venture Capital stellt eine Frühphasenfinanzierung von jungen und wachsenden Unternehmen dar. Private Equity i.e.S. hingegen finanziert etablierte Unternehmen in einer späteren Phase der Unternehmensentwicklung, obwohl zwischen den beiden Phasen die Übergänge fließend sein können. Buyouts, wie z.B. der Leveraged Buyout (LBO), der Management Buyout (MBO) oder der Management Buyin (MBI), sind eine Form der Private Equity-Beteiligung (vgl. Schneck 2006: 253).

Private Equity i.w.S.	
Venture Capital	Private Equity i.e.S

Abbildung 3: Private Equity i.w.S und i.e.S. Eigene Darstellung nach Kraft 2001: 32.

Da jedoch die Begriffe Private Equity, Venture Capital und Buyouts häufig synonym verwendet werden, ist eine klare Definition des Begriffs *Private Equity* umso wichtiger. Hierbei wird in der deutschen Literatur häufig auf die Definition von BADER zurückgegriffen (vgl. z.B. Hohmann 2005: 55; Kraft 2001: 32):

> „Private Equity ist eine Finanzierungsart, bei welcher nicht börsennotierten Unternehmen in einer entscheidenden Phase ihrer Entwicklung, ohne ausreichende Sicherheiten, mittel- bis langfristiges Kapital und, bei Bedarf, Managementunterstützung zur Verfügung gestellt wird. Zur Realisierung eines dem Risiko entsprechenden Gewinns besteht von vornherein die Absicht, die Beteiligung wieder zu veräußern" (Bader 1996: 10).

Die wichtigsten Teilelemente dieser Definition sollen separat erläutert werden: Bader spricht von Finanzierungs*art* und nicht von Finanzierungs*instrument*, wie es z.B. Aktien oder Anleihen sind. Damit hebt der Autor den problemlösenden Charakter von Private Equity hervor, den es *nicht börsennotierten Unternehmen* bieten kann. Diesen problemlösenden Charakter, z.B. zur Entwicklung neuer Produkte und Technologien oder zur Verbesserung der Bilanzstruktur, betont die European Private Equity and Venture Capital Association (EVCA) in ihrer Definition von Private Equity:

> „Private equity provides equity capital to enterprises not quoted on a stock market. Private equity can be used to develop new products and technologies [...], to expand working capital, to make acquisitions, or to strengthen a company's balance sheet. It can also resolve ownership and management issues. A succession in family-owned companies, or the buyout and buyin of a business by experienced managers may be achieved using private equity funding" (EVCA 2009).

Nach Bader kommt Private Equity in *entscheidenden Entwicklungsphasen* des Unternehmens, wie z.B. zur Wachstumsfinanzierung oder zur Finanzierung eines Turnarounds, zum Einsatz. Somit können Private Equity-Finanzierungen für die zukünftige Entwicklung oder den Erhalt des Unternehmens relevant sein. Jedoch erfolgt die Finanzierung *ohne ausreichende Sicherheiten*. Hätte das Unternehmen ausreichende Sicherheiten, könnte es auf das „teure" Private Equity zugunsten eines preiswerteren Finanzierungsinstruments, wie z.B. eines Bankkredits, verzichten. So stellt Private Equity für Unternehmen u.U. die einzige Möglichkeit zur (Eigen-) Kapitalbeschaffung dar. Die Finanzierung des einzelnen Unternehmens ist *zeitlich begrenzt*. Die Laufzeiten betragen in der Regel drei bis sieben Jahre.

Der *Exit*, d.h. die Veräußerung des Unternehmens, ist elementarer Bestandteil des Private Equity-Geschäftsmodells, da erst zu diesem Zeitpunkt der Gewinn der Investition realisiert werden kann. Zwar verhalten sich einige Private Equity-Gesellschaften beim Exit opportunistisch, doch wird der Exit normalerweise systematisch vorbreitet (vgl. Sewing 2008: 25): Schon in der Investitionsphase einer Beteiligung unterstützt das Exit-Komitee der Private Equity-Gesellschaft das jeweilige Deal-Team mit der Untersuchung und Planung von Exitoptionen (vgl. Sewing 2008: 25/33; Maurenbrecher 2008: 73). Die Rendite einer Private Equity-Beteiligung muss, wie bei jeder anderen Anlageform auch, dem dazugehörigen *Risiko entsprechen*. Dabei streben Private Equity-Gesellschaften i.d.R. Renditen von über 20 % p.a. an (vgl. Brettel et al. 2008: 69). Zur Erwirtschaftung der angestrebten Rendite unterstützt die Private Equity-Gesellschaft das Management des finanzierten Unternehmens.

Andere Autoren betonen den Aspekt der Managementunterstützung deutlich stärker (vgl. z.B. Kraft 2001: 34; Bakhaya 2006: 229): Neben der Bereitstellung des Kapitals gehört die Unterstützung und Betreuung, aber auch die Kontrolle des Managements durch die Private Equity-Gesellschaft zu deren originärer Aufgabe, sodass Private Equity auch als „aktives“ oder gar „intelligentes“ Kapital bezeichnet wird (vgl. Brettel et al. 2008: 16).

Private Equity-Gesellschaften agieren als renditeorientierte Finanzinvestoren, was eine Abgrenzung zu strategischen Investoren ermöglicht (vgl. Kaserer et al. 2007: 13). Mit ihrer Beteiligung an einem Zielunternehmen streben sie in der Regel keine strategischen Ziele an, wie z.B. die Hebung von Synergien oder die Durchführung einer vertikalen Integration. Die Grenzen zwischen renditeorientierter Private Equity-Gesellschaft und strategischen Käufern ist jedoch z.T. fließend, da Private Equity-Gesellschaften auch Buy-and-Build Strategien und Roll-Ups von Branchen anstreben, sie mit ihrer Geschäftsstrategie also auch strategische Interessen hegen.

Die vorliegende Arbeitsdefinition beschreibt Private Equity i.w.S., d.h. ohne eine Unterscheidung in Venture Capital und Private Equity i.e.S.. Sie greift auf die Definition von Bader zurück, ergänzt diese jedoch in zwei Punkten: Erstens wird Baders Begriff *Kapital* präzisiert und zweitens wird die Private Equity-Gesellschaft bzw. werden die Private Equity-Gesellschaften als Quelle des Kapitals explizit genannt:

> „Private Equity ist eine Finanzierungsart, bei welcher nicht börsennotierten Unternehmen in einer entscheidenden Phase ihrer Entwicklung, ohne ausreichende Sicherheiten, mittel- bis langfristiges [Eigenkapital oder Kapital mit eigenkapitalähnlichem Charakter] und, bei Bedarf, Managementunterstützung [von einer oder mehreren Private Equity-Gesellschaften] zur Verfügung gestellt wird. Zur Realisierung eines dem Risiko entsprechenden Gewinns besteht von vornherein die Absicht, die Beteiligung wieder zu veräußern" (Bader 1996:10).

2.1.2 Private Equity Charakteristika

2.1.2.1 Funktion und Klassifizierung von Private Equity

Private Equity-Gesellschaften sind Finanzintermediäre am Schnittpunkt zwischen Kapitalgebern und Kapitalnehmern (vgl. Kraft 2001: 39). Sie erfüllen dabei folgende wesentliche Funktionen: Die Investitionsfunktion für die Kapitalgeber (die Investoren), die Such-, Evaluations- und Bewertungsfunktion von Private Equity-Beteiligungen (den Ziel- bzw. Portfoliounternehmen), die Finanzierungsfunktion mit Eigenkapital oder eigenkapitalähnlichem Kapital für das Zielunternehmen, die Kontroll-, Betreuungs- und Unterstützungsfunktion während der Beteiligung sowie Liquidationsfunktion zur Realisierung des angestrebten Gewinns (vgl. Bader 1996: 17).

Private Equity-Gesellschaften lassen sich nach verschiedenen Kriterien klassifizieren (vgl. Abbildung 4): Nach der Zuordnung zum privaten oder öffentlichem Sektor, der Eigentümerstruktur, dem Spezialisierungsgrad sowie der Art und Intensität der Managementunterstützung (vgl. hierzu und im Folgenden: Schefczyk 2006: 9f.).

Zuerst lassen sich Private Equity-Gesellschaften entweder dem privaten Sektor oder dem öffentlichen Sektor zuordnen. Während Private Equity-Gesellschaften aus dem privaten Sektor renditeorientiert agieren, stehen bei Private Equity-Gesellschaften aus dem öffentlichen Sektor, den sog. *public* Private Equity-Gesellschaften, Aspekte der Wirtschaftsförderung im Vordergrund (vgl. Brettel et al. 2008: 21). Sie agieren also primär förderorientiert, wobei sich Förderorientierung und Renditeorientierung nicht zwangsweise gegenseitig ausschließen müssen.

Bei Private Equity-Gesellschaften aus dem privaten Sektor wird zwischen drei Typen von Private Equity-Gesellschaften unterschieden: *Captive*, *semi-captive* und *independent* Private Equity-Gesellschaften. Sie differenzieren sich über ihre Eigentümerstruktur: Gehört die Private Equity-Gesellschaft einem Eigentümer, spricht man von einer captive Gesellschaft. Besteht der Eigentümerkreis aus mehreren juristischen oder privaten Personen, liegt eine semi-captive Gesellschaft vor. Bei independent Gesellschaften gibt es eine Vielzahl an Eigentümern, ohne dass eine Partei einen maßgeblichen Einfluss ausüben kann.

Des Weiteren unterscheiden sich die Private Equity-Gesellschaften in ihrem Spezialisierungsgrad. Dabei fokussieren sie sich auf ausgewählte Regionen, wie z.B. einzelne Bundesländer, Länder, Nord- oder Osteuropa, auf Branchen, wie z.B. den Maschinenbau, auf Finanzierungsphasen im Lebenszyklus eines Unternehmens, wie z.B. die Wachstumsphase, und auf verschiedene Unternehmensgrößen. Insgesamt bietet eine Spezialisierung der einzelnen Private Equity-Gesellschaft einen Wettbewerbsvorteil für ein definiertes und abgegrenztes Marktsegment. Jedoch sind nicht alle Private Equity-Gesellschaften spezialisiert: MATZ differenziert diesbezüglich zwischen spezialisierten und universell aufgestellten Anbietern (vgl. Matz 2002: 2).

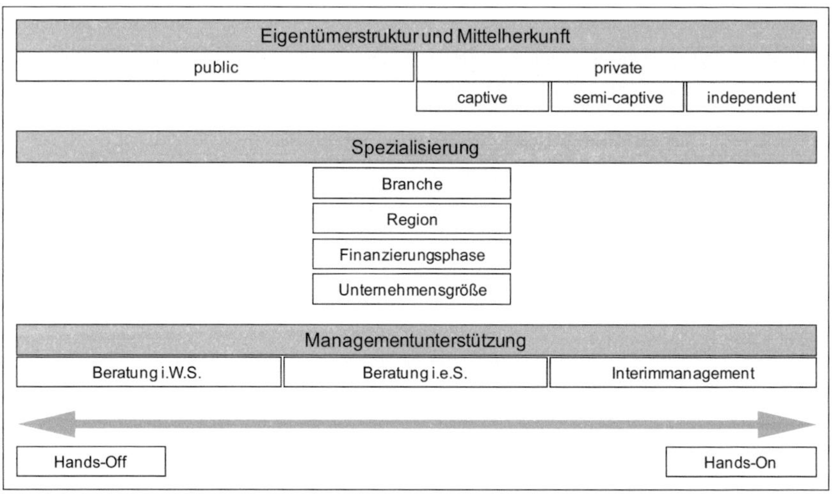

Abbildung 4: Zuordnung von Private Equity-Gesellschaften nach Spezialisierungsgrad. Eigene Darstellung nach Schefczyk 2006: 9f.; Brettel et al. 2008: 21/100; Sobczak 2007: 17; Hohmann 2005: 59.

Schließlich lassen sich Private Equity-Gesellschaften auch noch nach der Art und Intensität der erbrachten Managementunterstützung unterscheiden. Die Managementunterstützung soll dem Zielunternehmen einen Mehrwert bieten und für die Private Equity-Gesellschaft das Risiko einer Fehlinvestition beschränken.

Hinsichtlich des Beteiligungsansatzes von Private Equity-Gesellschaften wird häufig zwischen einem Hands-On und einem Hands-Off Ansatz differenziert (vgl. Sobczak 2007: 17): Beim Hands-On greift die Private Equity-Gesellschaft aktiv ins strategische und operative Geschäft des Portfoliounternehmens ein. Die Rolle der Private Equity-Gesellschaft beim Hands-Off ist mit einer reinen Kontrolle und Überwachung der Investition deutlich passiver, jedoch auch weniger personalintensiv. Zwischen den beiden Extremen befindet sich ein Kontinuum, welches jegliche Intensität der Managementunterstützung ermöglicht (vgl. Brettel et al. 2008: 100).

HOHMANN macht drei Arten der Intensität der erbrachten Managementunterstützung aus (vgl. hierzu und im Folgenden Hohmann 2005: 59): Erstens die Mitarbeit der Private Equity-Gesellschaft in den Kontrollgremien des Unternehmens, wie z.B. Aufsichts-, Bei- oder Verwaltungsrat, welche in über 80 % der Fälle vorliegt (vgl. hierzu und im Folgenden die prozentualen Angaben von Schefczyk 1999: 133ff.). Hohmann bezeichnet dies als „Beratung i.w.S.“. Durch die Präsenz im Kontrollgremium kann die Private Equity-Gesellschaft ihre Arbeit mit anderen Anteilseignern koordinieren und bei der Entscheidungs- und Beschlussfindung mitwirken (vgl. Brettel et al. 2008: 98). Zudem erlangt sie Zugang zu einem informellen Informationsaustausch mit Entscheidungsträgern aus dem Zielunternehmen und den anderen Anteilseignern (vgl. Brettel et al. 2008: 98).

Zweitens identifiziert Hohmann die aktive Mitarbeit im operativen Tagesgeschäft, was „Beratung i.e.S.“ darstellt und in zwei von fünf Fällen vorkommt. Drittens besteht die Möglichkeit, eine Managementposition auf Zeit zu übernehmen, was jedoch nur auf ca. 10 % der Beteiligungsfälle zutrifft. Im mittleren Abschnitt des Lebenszyklus eines Unternehmens, d.h. in der Wachstums- und Expansionsphase, wird im Allgemeinen ein stärkerer Beratungsaufwand notwendig als in anderen Phasen der Unternehmensentwicklung.

Die Private Equity-Gesellschaft fordert zur Betreuung und Kontrolle der Investition Informationsrechte ein (vgl. Schefczyk 2006: 36). Je nach Ausgestaltung der Informationspflichten muss das Portfoliounternehmen wöchentlich, monatlich, viertel-, halb- und ganzjährig die wichtigsten Informationen wie Unternehmens- und Marktkennzahlen der Private Equity-Gesellschaft mitteilen. Durch ein engmaschiges Controlling der Vermögens-, Finanz- und Ertragslage des Portfoliounternehmens sowie durch Zwischenberichte über die Geschäftslage, den Auftragsbestand, den Absatz etc. kann die Private Equity-Gesellschaft die Entwicklung ihrer Beteiligung beurteilen und weitere Verbesserungsmaßnahmen ergreifen (vgl. Brettel et al. 2008: 97f.). Da die Betreuung und Kontrolle der Investition bei Private Equity-Gesellschaft Kosten verursacht, erheben diese zum Teil eine jährliche Monitoring Fee, die ca. fünf % des EBITDA des jeweiligen Portfoliounternehmens ausmacht (vgl. Brettel et al. 2008: 96).

Zudem kann die Private Equity-Gesellschaft durch einen Katalog zustimmungspflichtiger Geschäfte ihre rechtliche und wirtschaftliche Stellung gegenüber dem Portfoliounternehmen absichern (vgl. Schefczyk 2006: 36f.). Für Geschäfte dieses Katalogs, wie z.B. bedeutende oder weitreichende Finanzierungsmaßnahmen, muss das Management des Portfoliounternehmens die Zustimmung der Private Equity-Gesellschaft einholen.

Zusammenfassend lässt sich sagen, dass die Beratung, Einflussnahme und Kontrolle der Private Equity-Gesellschaften maßgeblich durch den Beteiligungsansatz, die Informationsrechte und den Katalog zustimmungspflichtiger Geschäfte bestimmt werden. So kann das Risiko einer Fehlinvestition seitens der Private Equity-Gesellschaft nicht nur durch eine Managementunterstützung, sondern auch durch eine Diversifikation von Investitionen in verschiedene Portfoliounternehmen beschränkt werden (vgl. Sapienza/ Gupta 1994: 1630). Schließlich erzeugt eine Unterstützung des Managements auch immer zusätzliche Personalkosten für die Private Equity-Gesellschaft. Wenn die Private Equity-Gesellschaft geeignete Manager für die Führung des Portfoliounternehmens ausgewählt hat, wird die Intensität der Managementunterstützung nicht unverhältnismäßig hoch sein.

2.1.2.2 Private Equity-Gesellschaften als Finanzintermediäre

Aus volkswirtschaftlicher Sicht können Private Equity-Gesellschaften als Finanzintermediäre Effizienzgewinne gegenüber einer reinen Kapitalmarktlösung erzielen (vgl. Brettel et al. 2008: 14f.): Private Equity-Gesellschaften erschließen eine Anlagekategorie, die ohne ihre Tätigkeit kaum existieren könnte, da sie einerseits einen Zugang zu kleineren und nicht-börsennotierten Unternehmen verschaffen, andererseits für diese Unternehmen eine zusätzliche Option zur Finanzierung eröffnen.

Investoren können entweder direkt oder indirekt mit der Inanspruchnahme einer Dachfonds-Gesellschaft oder einer Private Equity-Gesellschaft in das Zielunternehmen investieren (vgl. Pankotsch 2005: 13ff.). Eine direkte Beteiligung erfordert bei den Investoren ausreichende Ressourcen für die Auswahl, die Betreuung und den Exit des Investments (vgl. Kraft 2001: 35). Maßgeblich für den Erfolg ist dabei das fachliche Knowhow des Managements (vgl. Kraft 2001: 35). Bei direkten Beteiligungen wird auf die Funktion der Private Equity-Gesellschaft als Finanzintermediär verzichtet.

Liegt nicht ausreichend Expertise auf Seiten der Investoren vor und sollen die Investments in einem Portfolio stärker diversifiziert sein, dann können Investoren Dachfonds-Gesellschaften, sog. Fund of Funds, und/ oder Private Equity-Gesellschaften als Intermediäre auswählen, die eine indirekte Investition ermöglichen (vgl. Kraft 2001: 35). Auf diesem klassischen Private Equity-Markt sind folgende vier Parteien von wesentlicher Bedeutung (vgl. Abbildung 5): *Investoren* als Kapitalgeber, *Dachfonds-Gesellschaften* sowie *Private Equity-Gesellschaften* als Intermediäre und *Unternehmen* als Kapitalnehmer (vgl. Fenn et al. 1997: 6). Diese vier Parteien werden punktuell durch Unternehmensberatungen, Banken, Anwaltskanzleien, Agenturen und weitere Spezialisten unterstützt (vgl. Kraft 2001: 34f.). Im Folgenden soll auf die vier einzelnen Hauptgruppen genauer eingegangen werden.

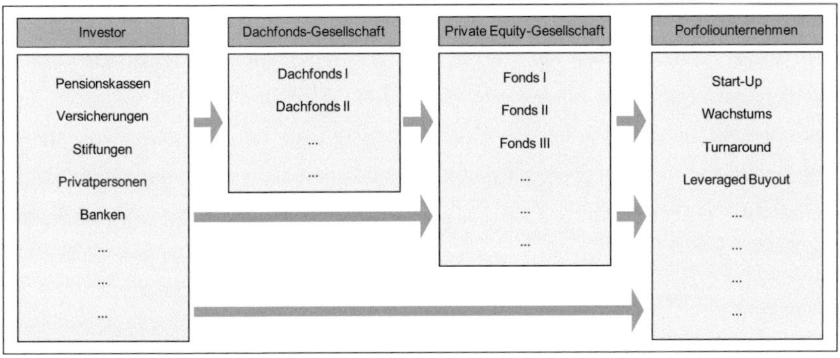

Abbildung 5: Vier Parteien auf dem Private Equity-Markt. Eigene Darstellung nach Fenn et al. 1997: 6.

Investoren (oder auch *Beteiligungskapitalinvestoren*), setzen sich vornehmlich aus institutionellen Anlegern wie Pensionskassen, Banken und Versicherungen zusammen, welche rund 58 % des Fundraisings innerhalb Deutschlands im Jahre 2006 ausmachen (vgl. BVK 2008a). Zudem agieren auch vermögende Privatpersonen und der Staat als Investoren (vgl. BVK 2008a). In der Vermögensverwaltung der Investoren ergänzt und diversifiziert Private Equity als alternatives Investment häufig andere klassische Anlageformen (vgl. Bader 1996: 113).

Dachfonds-Gesellschaften bündeln als Intermediäre das Kapital der Investoren und verteilen dieses auf die einzelnen Private Equity-Gesellschaften, was die Anlage diversifiziert und das Risiko verringert (vgl. Kraft 2001: 38). Die Portfolios von Dachfonds setzen sich aus einer Vielzahl von Private Equity-Fonds zusammen, die wiederum unterschiedlich große Unternehmen aus verschiedenen Ländern, Branchen und Lebenszyklusphasen beinhalten. Für die Arbeit und die Zwischenschaltung der Dachfonds als Intermediäre wird eine Verwaltungs- und Erfolgsvergütung fällig. Da diese auch noch auf der Ebene der Private Equity-Gesellschaften anfällt, muss eine „doppelte Gebühr" bezahlt werden (vgl. Kraft 2001: 38). Wegen ihrer geringen Mindestanlagevolumina ermöglichen Dachfonds in der Regel auch Investoren mit geringem Anlagevolumen, an der Entwicklung des Private Equity-Markts teilhaben zu können (vgl. Kraft 2001: 38).

Bei indirekten Investitionen bilden *Private Equity-Gesellschaften* die notwendige Schnittstelle zwischen Investor und Unternehmen. Bei einer indirekten Beteiligung lassen sich wiederum zwischen einem projektorientierten und einem fondsorientierten Ansatz unterscheiden (vgl. hierzu und im Folgenden Pankotsch 2005: 13ff.): Beim projektorientierten Ansatz wird eine neue Gesellschaft für ein einzelnes Zielunternehmen, was schon bei der Finanzierungszusage der Investoren bekannt ist, gegründet. Die Gründung einer Private Equity-Gesellschaft findet dann sehr zielgerichtet und zeitnah statt, jedoch können Risiken nicht durch eine Diversifikation verringert und die Kosten nicht auf verschiedene Beteiligungen umgelegt werden, sodass der projektorientierte Ansatz in der Praxis kaum eine Rolle spielt.

Beim fondsorientierten Ansatz steht zum Zeitpunkt der Fonds-Zeichnung durch die Investoren oder die Dachfonds noch nicht fest, in welche Zielunternehmen investiert werden soll, weswegen man auch von *Blind Pool* spricht (vgl. Brettel et al. 2008: 22/29). Investoren und Dachfonds sind aber durch die Investmentstrategie der Private Equity-Gesellschaft über den Markt potentieller Investitionsobjekte, z.B. Unternehmensgrößen, Branchen, Regionen der Zielunternehmen, informiert. Sie treffen Entscheidungen über Fondszeichnungen auf Basis von Informationen über die Investmentstrategie, den Track Record und das Investmentteam der jeweiligen Private Equity-Gesellschaft sowie ihrer jeweiligen Reputation (vgl. Brettel et al. 2008: 22f.).

Mit dem fondsorientierten Ansatz können Private Equity-Gesellschaften zwei verschiedene Konzepte verfolgen: Entweder sie legen einen Fonds mit begrenzter (Closed-End Fonds) oder mit unbegrenzter Laufzeit (Open-End Fonds bzw. Evergreen Fonds) auf. Die Laufzeiten begrenzter Fonds als in der Praxis dominierendes Konzept betragen i.d.R. zwischen sieben und zwölf Jahren (vgl. Abbildung 6). Häufig bieten Private Equity-Gesellschaften verschiedene Fonds an, die zeitlich versetzt aufgelegt werden, damit eine Geschäftskontinuität gewährleistet werden kann (vgl. Groh 2004: 22).

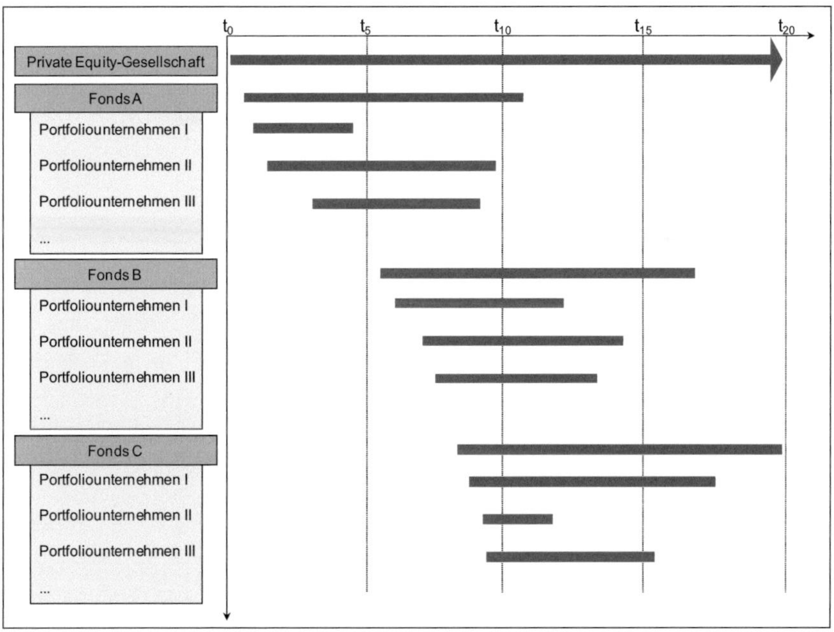

Abbildung 6: Fondslaufzeiten bei Closed-End Fonds. Eigene Darstellung nach Berg 2004: 19.

Zudem werden Fonds in offene und geschlossene Fonds unterteilt (vgl. Matz 2002: 45): Bei offenen Fonds wird das Volumen des Fonds nicht begrenzt, was das Fundraising flexibel gestaltet. Beim geschlossenen Fonds ist das Fondsvolumen von Anfang an begrenzt, was einen Wettbewerb der verschiedenen Investoren zur schnellen Zeichnung des Fonds auslösen kann und einen Anreiz für die Private Equity-Gesellschaft bieten sollte, aufgrund des von Anfang an begrenzten Kapitals Ineffizienzen zu vermeiden.

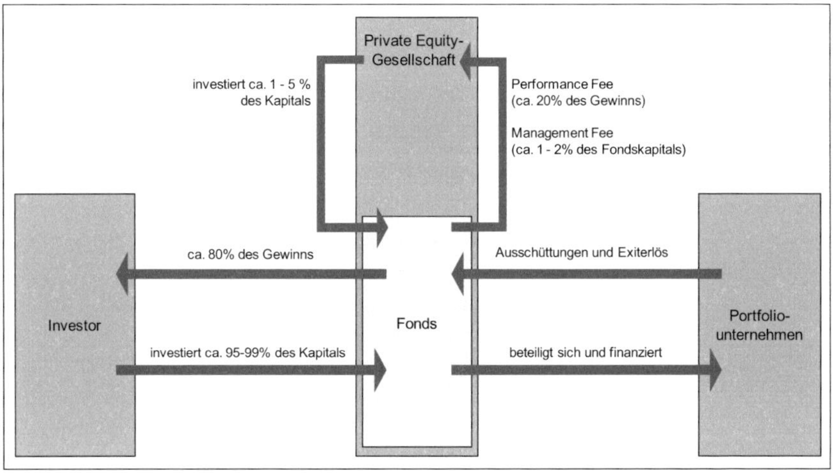

Abbildung 7: Aufbau der fondsorientierten Gestaltungskonstruktion. Eigene Darstellung nach Bader 1996: 156.

Private Equity-Gesellschaften agieren als Vermittler zwischen Investoren und Zielunternehmen (vgl. Abbildung 7). Die Einlagen der Investoren werden in einem dafür gegründeten Private Equity-Fonds gebündelt (vgl. Zemke 1995: 114). Die Investoren stellen dabei ca. 95 bis 99 % des Kapitals (vgl. hierzu und im Folgenden Bader 1996: 156). Der Rest des Kapitals wird durch die Private Equity-Gesellschaft zur Verfügung gestellt. Sie übernimmt die Führung des Fonds und unterstützt die Beteiligungsunternehmen im Portfolio. Der Fonds finanziert das Beteiligungsunternehmen und erhält Gewinne aus Ausschüttungen und dem Exiterlös. Der Fonds zahlt am Ende der Laufzeit ca. 80 % des Gewinns an die Investoren und den Rest als Performance Fee an die Private Equity-Gesellschaft. Diese Performance Fee wird jedoch nur ausgezahlt, wenn eine Mindestrendite (Hurdle Rate) erwirtschaftet worden ist. Durch die Management Fee, welche ca. ein bis zwei Prozent des bereitgestellten Kapitals ausmacht, muss die Private Equity-Gesellschaft die Kosten ihres Geschäftsbetriebs decken.

Aus steuerlichen Gründen werden Private Equity-Gesellschaften i.d.R. als Partnerschaften (Limited Partnerships) organisiert. Bei diesen Partnerschaften, die in ihrer Struktur mit Kommanditgesellschaften vergleichbar sind, wird der Kommanditist *Limited Partner* (LP) und der Komplementär *General Partner* (GP) genannt (vgl. Groh 2004: 21f.). Die Hauptaufgabe des Kommanditisten, d.h. der Investoren oder der Dachfonds, ist die Bereitstellung des Kapitals. Erst wenn tatsächlich eine Investition in ein Zielunternehmen getätigt wird, erfolgt die Zahlung des Kommanditisten, der natürlich über eine ausreichende Bonität verfügen muss (vgl. Groh 2004: 22f.; Zipser 2008: 30). Somit kann sich der Komplementär, d.h. die Private Equity-Gesellschaft, auf sein Kerngeschäft, das Management des Kapitals, konzentrieren, ohne dass er das zwischenzeitliche Risiko der Kapitalanlage tragen muss (vgl. Groh 2004: 22).

Die Private Equity-Gesellschaft muss zwar keine Beteiligung eingehen. Ohne geeignete Investitionen wird jedoch ihr Geschäftszweck nicht erfüllt, sodass auch die Entlohnungsquelle der Performance Fee für das Management der Private Equity-Gesellschaften nicht erschlossen wird (vgl. Groh 2004: 26). Fehlen geeignete Zielunternehmen für eine Investition und nähert sich das Ende der Fondslaufzeit, gerät die Private Equity-Gesellschaft unter Zugzwang und den sog. Anlagedruck.

Ist das Investitionsvolumen für eine Private Equity-Gesellschaft alleine zu groß oder sollen Risiken diversifiziert werden, können zwei oder mehr Private Equity-Gesellschaften eine *Syndizierung* vornehmen. Um Anreize der Syndizierungspartner auszugleichen und Interessenkonflikte zu vermeiden kann *Strip Financing* angewendet werden (vgl. Groh 2004: 33ff.). Dabei wird die Finanzierungslast anteilsmäßig auf die Schultern der Syndizierungspartner verteilt.

Unternehmen, bzw. auch *Zielunternehmen*, *Portfoliounternehmen* oder *Beteiligungsunternehmen* genannt, gehen eine Private Equity-Finanzierung ein, wenn sie die Höhe, die Zusammensetzung oder die Herkunft des Eigenkapitals ändern wollen. Das Portfoliounternehmen muss grundsätzlich keine ausreichenden Sicherheiten vorweisen. In einer entscheidenden Entwicklungsphase, so z.B. bei kapitalintensiven Expansionsstrategien oder bei Nachfolgeproblemen von Familienunternehmen, bietet sich Private Equity für Unternehmen als Finanzierungsart an. Dem Vorteil einer besseren Eigenkapitalquote und einer Managementunterstützung durch die Private Equity-Gesellschaft steht der Verlust von Stimmrechten der Alteigentümer gegenüber, deren Einfluss auf das Unternehmen je nach Beteiligungshöhe und -zusammensetzung mehr oder weniger geschwächt wird. Bei einem vollständigen Verkauf des Unternehmens werden die Alteigentümer als Eigentümer des Unternehmens komplett abgelöst.

2.1.2.3 Finanzierungsphasen und -anlässe

Unternehmen durchlaufen während ihres Lebenszyklusses verschiedene Phasen oder Stufen der Entwicklung. Jede Phase der Entwicklung stellt besondere Anforderungen an die Finanzierung des Unternehmens, sodass auch von Finanzierungsphasen gesprochen wird. Häufig spezialisieren sich Private Equity-Gesellschaften auf die Finanzierung von Unternehmen in einer dieser verschiedenen Phasen, um Wettbewerbsvorteile aufzubauen (vgl. Absatz 2.1.2.1.). Die Anforderungen der einzelnen Finanzierungsphasen unterscheiden sich hinsichtlich der Expertise, der Erfahrung und dem Netzwerk der Private Equity-Gesellschaften.

Die Literatur kennt eine Vielzahl von verschiedenen idealtypischen Modellen zu Finanzierungsphasen, die sich z.T. in der Anzahl der dargestellten Phasen und ihrer Bezeichnung in der deutschen sowie der englischen Sprache unterscheiden (vgl. z.B. Nathusius 2001: 55ff.; Vater 2003: 48ff.; Matz 2002: 10ff.). Die Modelle bestehen mindestens aus drei Hauptphasen: Aus einer Früh- oder Startphase, aus einer Wachstums- oder Expansionsphase sowie aus einer Spätphase.

KRAFT unterteilt die idealtypischen Finanzierungsphasen innerhalb der Private Equity-Branche in Abhängigkeit vom Alter des Unternehmens in insgesamt fünf Phasen und ordnet der jeweiligen Phase einen bestimmten Unternehmenswert zu (vgl. Kraft 2001: 45; vgl. Abbildung 8): *Early Stage*, *Expansion*, *Bridge*, *Buyout* und *Turnaround*. In der Phase Early Stage werden die ersten Schritte und Maßnahmen des Portfoliounternehmens in der Gründungsphase durch die Private Equity-Gesellschaft finanziert. Dies kann z.B. die Konzeption des Geschäftsmodells, das Erarbeiten des Business Plans, die Produktentwicklung und die ersten Produktionsschritte, sowie anfängliche Marketing-Maßnahmen beinhalten.

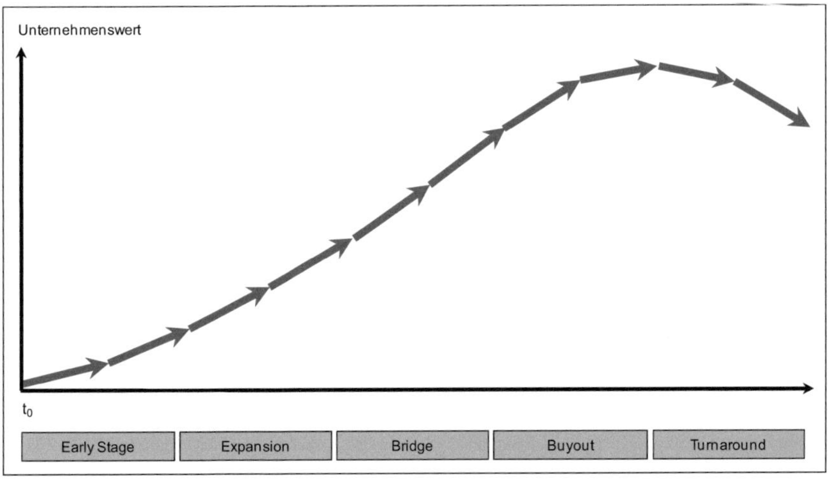

Abbildung 8: Private Equity-Finanzierungsphasen. Eigene Darstellung nach Kraft 2001: 45.

In der Phase Expansion finanziert die Private Equity-Gesellschaft vor allem organisches und akquiriertes Wachstum. So können z.B. die Produktion ausgeweitet, neue Märkte erschlossen und Wettbewerber übernommen werden. Die Bridge-Finanzierung dient der Überbrückung einer Phase in der Unternehmensentwicklung. Diese Finanzierungsphase stellt nur einen Übergang zwischen zwei wesentlichen Phasen der Finanzierung dar. Eine Folgefinanzierung ist daher notwendig. Klassisches Beispiel für eine Bridge-Finanzierung ist die Zwischenfinanzierung eines Unternehmens durch eine Private Equity-Gesellschaft vor einem Börsengang. Bei einem Buyout, also einem Unternehmenskauf durch eine Private Equity-Gesellschaft, wird zumeist die Finanzierung des Portfoliounternehmens vollständig verändert und gemäß der Ziele der Private Equity-Gesellschaft optimiert. Zudem finanzieren Private Equity-Gesellschaften auch Krisenunternehmen. Erfolgt eine Finanzierung in dieser Unternehmensphase, stellt dies eine Turnaround-Finanzierung dar. Unabhängig davon, wie die einzelnen Phasen unterteilt und benannt werden, ist unstrittig, dass Unternehmen verschiedene Phasen in ihrer Entwicklung durchlaufen und sich die Anforderungen an die Finanzierung phasenweise unterscheiden.

Der Finanzierungsanlass verdeutlicht den Grund einer Private Equity-Beteiligung. Grundsätzlich erfolgt eine Finanzierung mit Private Equity nur in einer entscheidenden Phase der Unternehmensentwicklung, da sonst auf preiswertere Finanzierungsformen mit weniger Renditeanspruch zurückgegriffen werden würde. Zudem muss das Unternehmen keine Sicherheiten stellen. So sind klassische Finanzierungsanlässe z.B. Nachfolgelösungen bei Familienunternehmen oder im Mittelstand, Privatisierungen, Wachstumsmöglichkeiten bei Unternehmen, Restrukturierungen, Going Privates oder die Sanierung von Krisenunternehmen (vgl. Brettel et al. 2008: 36).

2.1.2.4 Phasenorientiertes Geschäftsmodell von Private Equity-Gesellschaften

Das Geschäftsmodell von Private Equity-Gesellschaften besteht aus einem iterativen Prozess der Kapitalakquisition, der Kapitalverwendung und der Kapitalrückzahlung (vgl. Pankotsch 2005: 32ff.), dessen drei Bestandteile eng miteinander verknüpft sind und dessen Reihenfolge überlappen kann. Es muss eine Balance zwischen akquiriertem, verwendetem und zurückgezahltem Kapital herrschen (vgl. Berg 2004: 27f.).

Die Kapitalakquisition wird auch *Fundraising* genannt. Beim Fundraising werden Investoren angesprochen, die den zu gründenden Fonds zeichnen sollen. Der Erfolg des Fundraisings wird im Wesentlichen durch die Investmentstrategie, den Track Record der Private Equity-Gesellschaft und der Expertise der Private Equity Manager, im Folgenden (Private Equity-) Professionals genannt, entschieden (vgl. Hagenmüller 2004: 75ff.). Die Investmentstrategie verrät den Beteiligungsansatz und definiert nach Branchenzugehörigkeit, Unternehmensgröße, geographischer Lage, Investitionsbedarf, Finanzierungsphase etc. den relevanten Markt der potentiellen Zielunternehmen. Beispielsweise kann sich eine Private Equity-Gesellschaft auf Minderheitsbeteiligungen bei mittelständischen, deutschen Familienunternehmen aus dem produzierenden Gewerbe mit bis zu 50 Millionen Euro Umsatz spezialisieren.

Ist die Kapitalakquisition beendet und der Fonds geschlossen, werden die Finanzmittel bei verschiedenen Portfoliounternehmen angelegt. Somit stellt die Kapitalverwendung den Kern des Geschäftsmodells von Private Equity-Gesellschaften dar. Die Beteiligung auf Ebene der einzelnen Zielunternehmen erfolgt in einem Prozess, der in drei wesentliche Phasen unterteilt werden kann: Die Investitionsphase, die Beteiligungsphase und die Desinvestitionsphase (vgl. Berg/ Gottschalg 2004: 22).

Die Phase vor Vertragsschluss als Investitionsphase gliedert sich in weitere Unterabschnitte (vgl. hierzu z.B. Kussmaul/ Richter 2000: 1195; Zemke 1998: 212; Schefczyk 2006: 24). Diese Arbeit folgt einer idealtypischen Einteilung der Investitionsphase in Beteiligungssuche, Beteiligungsauswahl, Bewertung und Dealstrukturierung in Anlehnung an KRAFT (vgl. hierzu und im Folgenden Kraft 2001: 94ff.).

Die Beteiligungssuche kann sowohl vom Kapitalgeber als auch vom Kapitalnehmer sowie von Dritten ausgehen. Die Transaktionsquellen für beide Seiten sind vielzählig und reichen von Banken, anderen Private Equity-Gesellschaften und Corporate Finance Beratungen bis hin zu Wirtschaftsprüfern, Insolvenzverwaltern und persönlichen Netzwerken. Dabei steigt grundsätzlich der Erwartungswert für das Vorliegen eines erfolgreichen Deals, wenn sich die Anzahl von Investitionsmöglichkeiten für die Private Equity-Gesellschaft erhöht.

Der danach folgende Prozess der Beteiligungsauswahl beinhaltet ein Screening der Investitionsmöglichkeiten, die Prüfung des Geschäftsmodells und die Due Diligence, welche eine detaillierte Untersuchung und Überprüfung des Unternehmens beinhaltet. Dabei werden Aspekte wie Finanzwesen sowie Finanzplanung, Rechnungswesen, Recht und Umweltrisiken, Management und Personal, Organisation und Informationssysteme, interne Geschäftsprozesse, Markt und Marketing sowie Strategie analysiert. Zwar sind die Auswahlkriterien je nach Investmentstrategie unterschiedlich, jedoch werden grundsätzlich Unternehmen mit einem guten, wachstumsstarken Kerngeschäft, stabilen Cash Flows und einem guten Management von Private Equity-Gesellschaften als Zielunternehmen bevorzugt.

Basis für die Bewertung des Unternehmens durch die Private Equity-Gesellschaft bilden objektive Bewertungsverfahren. In der Praxis dominieren das ertragsorientierte Verfahren der Discounted Cash Flow Methode oder die Verwendung von Multiples. Die Bewertung des Unternehmens geht in die eigentliche Kaufpreisverhandlung über, welche von vielen externen Faktoren, wie z.B. dem Zeitpunkt des Deals, der Konjunktur und der Marktlage, stark beeinflusst werden kann. So sind z.B. die Preise für Unternehmen bei guter Konjunktur tendenziell höher als bei schlechter.

Die Strukturierung des Deals ist der letzte Schritt vor Vertragsabschluss, in dem alle Eckpunkte der Finanzierung, wie z.B. die Beteiligungshöhe und die Finanzierungselemente, festgelegt werden. Durch Staging können die Kapitalzuflüsse an das Erreichen definierter Meilensteine (sog. Milestones) gekoppelt sein. Zudem werden für die Beteiligungsdauer vertragliche Informations-, Kontroll- und Mitbestimmungsrechte bestimmt.

Die Zeit nach Vertragsschluss wird als Beteiligungsphase, -betreuung oder auch Post Investment-Phase bezeichnet. Die Private Equity-Gesellschaft kann jetzt ihren strategischen und operativen Einfluss auf das Unternehmen zur Erzielung von Wertsteigerungen nutzen. Dafür stehen ihr verschiedene Wertsteigerungshebel zur Verfügung (vgl. Abschnitt 2.2.5.). Die Private Equity-Gesellschaft kann das bestehende Management-Team fachlich wie auch durch eigene Netzwerke unterstützen. Dabei werden z.T. Unternehmensexterne wie Branchenexperten, Unternehmensberater oder Interimsmanager für spezielle Aufgabenstellungen eingesetzt.

In der Desinvestitionsphase endet mit dem Exit das Eigentumsverhältnis zwischen der Private Equity-Gesellschaft und dem Unternehmen. Da der Exitkanal eine besondere Bedeutung für den Erfolg einer Private Equity-Investition aufweist, wird er häufig schon bei der Deal Strukturierung festgelegt und in den Beteiligungsvertrag aufgenommen. Der Private Equity-Gesellschaft bieten sich fünf Exitkanäle an: Beim *Börsengang (IPO)* werden Gesellschaftsanteile des Unternehmens an der Börse in Form von Aktien verkauft. Einerseits stellt der IPO wegen seiner Komplexität und seiner Fixkosten hohe Anforderungen an die Private Equity-Gesellschaft (vgl. Brettel et al. 2008: 111). Andererseits erlaubt der „Königsweg“ aller Exits einen Fungibilitätsaufschlag beim Unternehmenswert von 30 bis 40 %, der durch die Handelbarkeit der Aktien erzielt werden kann (vgl. Brettel et al. 2008: 111). Nach Untersuchungen von Loos ermöglicht ein IPO im Vergleich zu anderen Exitkanälen die höchste Rendite für Private Equity-Gesellschaften (vgl. Loos 2006: 393).

Der *Trade Sale* bedeutet den Verkauf an einen strategischen oder industriellen Investor. Dieser arbeitet im Gegensatz zur Private Equity-Gesellschaft nicht rein renditeorientiert, sondern verfolgt auch ein strategisches Ziel (vgl. Brettel et al. 2008: 114): Industrielle Investoren streben durch eine vertikale oder horizontale Integration des Zielunternehmens die Hebung von Synergien an. Diese Synergien kann die Private Equity-Gesellschaft alleine nicht erreichen. Deshalb wird die Private Equity-Gesellschaft beim Verkauf an den strategischen Investor verlangen, dass dieser eine Prämie zahlt (vgl. Brettel et al. 2008: 114).

Beim *Secondary Sale* kauft eine Private Equity-Gesellschaft einer anderen ihre Anteile am Zielunternehmen ab. Die Gründe dafür liegen u.a. in unterschiedlichen Investitionsstrategien und unterschiedlicher Expertise von Private Equity-Gesellschaften, unsicherer Anschlussfinanzierung und begrenzten Restlaufzeiten bei Fonds (vgl. Brettel et al. 2008: 116).

Beim *Buyback* werden die Anteile der Private Equity-Gesellschaft am Unternehmen durch die Altgesellschafter wieder zurückgekauft. Die Buyback Klausel wird grundsätzlich schon im Beteiligungsvertrag festgelegt. Diesem Exitkanal kommt in der Praxis jedoch nur eine untergeordnete Bedeutung zu. Meist war die Aufnahme einer Private Equity-Gesellschaft durch den bzw. die Alteigentümer einer limitierten Finanzkraft geschuldet. Daher ist mit einer ausreichenden Erhöhung der Finanzkraft der Alteigentümer für einen Buyback zum Ende der Beteiligung in der Regel nicht zu rechnen.

Schließlich kann das Investment auch *liquidiert* und abgewickelt werden (vgl. Brettel et al. 2008: 120f.): Bei einer intendierten Liquidation werden die einzelnen Unternehmensteile an Dritte veräußert, sodass am Ende des Prozesses nur noch die Mantelgesellschaft übrig bleibt. Ist die Liquidation nicht intendiert, kann der Geschäftsbetrieb freiwillig mangels positiver Zukunftsaussichten eingestellt werden. Eine auferlegte Liquidation bedeutet die Insolvenz für das Zielunternehmen, was zu einer kompletten Abschreibung des investierten Kapitals führen kann. Zwar existiert für Private Equity-Gesellschaften das Risiko eines Totalausfalls einer Beteiligung, doch dessen Auswirkungen können durch die Diversifizierung des Private Equity-Portfolios in mehrere Portfoliounternehmen gemildert werden (vgl. Brettel et al. 2008: 121).

Werden Exits für zwei bzw. drei Kanäle vorbereitet, handelt es sich um sog. Dual Track bzw. Triple Track Transaktionen (vgl. Brettel et al. 2008: 110). Zwar erfolgt der Exit letztendlich nur über einen Kanal. Doch die Private Equity-Gesellschaft kann sich bis kurz vor der finalen Entscheidung über den Exitkanal verschiedene Optionen offen halten, was ihre Verhandlungsmacht beim Verkauf ihrer Anteile sichert (vgl. Brettel et al. 2008: 117).

Zudem wird noch zwischen *simultanen* und *singulären* Exits unterschieden (vgl. Brettel et al. 2008: 110): Beim simultanen Exit verkaufen alle Anteilseigner ihre Anteile am Unternehmen. Je nach Ausgestaltung des Beteiligungsvertrags kann die Private Equity-Gesellschaft über ein Drag-Along Recht die möglichen Miteigentümer des Unternehmens zu einem gemeinsamen Verkauf verpflichten. Die Private Equity-Gesellschaft profitiert dann von einem höheren Verkaufspreis, da der Käufer eine Kontrollprämie zahlen wird. Beim singulären Exit veräußert nur die Private Equity-Gesellschaft ihre Anteile. Nach dem Exit wird das Zielunternehmen in der Post-Beteiligungsphase mit einer neuen Eigentümerstruktur und einer veränderten Finanzierungsstruktur weiter geführt.

Mit dem Exit der Private Equity-Gesellschaft endet die Phase der Kapitalverwendung. Am Ende der Fondslaufzeit wird das Kapital wieder an die Investoren zurückgezahlt, sodass der Kreislauf, der „Private Equity Cycle“ mit Kapitalakquisition, der Kapitalverwendung und der Kapitalzurückzahlung, wieder von Neuem beginnen kann (Lerner et al. 1998: 3).

2.1.2.5 Finanzierungsinstrumente einer Private Equity-Beteiligung

Zur Systematisierung von Finanzierungsformen bietet sich das Kriterium der Rechtsstellung und der Kapitalhaftung an (vgl. Wöhe/ Bilstein 2002: 11; Brettel et al. 2008: 72): Dabei wird in Eigenkapital, Mezzanine-Kapital und Fremdkapital unterschieden. Die dieser Arbeit zugrunde gelegte Definition von Private Equity beinhaltet als Oberbegriff alle Finanzierungen mit Eigenkapital oder eigenkapitalähnlichem Charakter, also den sog. Mezzanine-Finanzierungen, von nicht-börsennotierten Unternehmen. Im Folgenden soll ein Überblick über die wichtigsten Finanzierungsinstrumente der Private Equity-Finanzierung gegeben werden. Dabei handelt es sich jeweils um Formen der Außenfinanzierung.

Bei einer Finanzierung mit Eigenkapital übernimmt der Erwerber der Beteiligungstitel die Rechtsstellung eines Eigenkapitalgebers (hierzu und im Folgenden Perridon/ Steiner 2003: 353 ff.). Charakteristisch für eine Eigenkapitalbeteiligung ist eine Erfolgsbeteiligung am Unternehmen entsprechend der Beteiligungsquote. Die Kapitalüberlassung erfolgt unbefristet und ohne feste Auszahlungsansprüche. Der Eigenkapitalgeber haftet je nach Rechtsform unbeschränkt oder beschränkt mit dem gezeichneten Kapital. Er kann jedoch sein Risiko durch Mitwirkungs-, Mitsprache-, Zustimmungs- und Kontrollrechte begrenzen (vgl. Brettel et al. 2008: 74). Zudem schont der Einsatz von Eigenkapital im Gegensatz zur Nutzung von Mezzanine- und Fremdkapital die Liquidität während der Beteiligung, weil hierauf nicht zwingend Zinsen zu zahlen sind.

Bei Private Equity-Beteiligungen an Unternehmen, bei denen der bisherige Eigentümer während der Beteiligungsphase Miteigentümer bleibt, wird das Eigenkapital i.d.R. im Zuge einer Kapitalerhöhung ins Unternehmen eingebracht. Dabei kommt es zu einer Kapitalerhöhung gegen Bareinlage von liquiden Mitteln. Die Private Equity-Gesellschaft beteiligt sich dabei nicht immer am bestehenden Unternehmen. Häufig wird zur Haftungsbeschränkung und zur Bereitstellung von Finanzierungsmitteln eine neue Gesellschaft, die sog. Newco, gegründet, die dann Anteile oder Vermögensgegenstände des Zielunternehmens hält (vgl. Brettel et al. 2008: 83f.). Unabhängig von der rechtlichen Ausgestaltung soll die Private Equity-Gesellschaft letztendlich entweder Aktiva oder Anteile des Zielunternehmens halten. Der erste Fall stellt einen Asset Deal (Vermögenskauf) und der zweite einen Share Deal (Beteiligungskauf) dar.

Im Jahr 2008 investierten deutsche Private Equity-Gesellschaften 6,3 Mrd. Euro, wovon über 90 % auf klassisches Eigenkapital fielen und der Rest Mezzanine-Finanzierungen darstellen (vgl. BVK 2009a: 14). Klassisches Eigenkapital übernimmt bei Private Equity-Finanzierungen also die Haupt- und Mezzanine-Finanzierung eher eine ergänzende Rolle.

Mezzanine-Kapital weist als hybride Finanzierungsform sowohl Eigen- als auch Fremdkapitaleigenschaften auf (vgl. hierzu und im Folgenden Werner/ Kobabe 2005: 8ff.; Gräfer et al. 2008: 165ff.). Die Nachrangigkeit gegenüber klassischem Fremdkapital macht den Eigenkapitalcharakter von Mezzanine-Kapital aus. Die zeitliche Befristung und die steuerliche Bevorzugung zeigen hingegen die Nähe zum klassischen Fremdkapital. Durch eine sehr variable und flexible Ausgestaltung der Mezzanine-Instrumente kann nahezu jedes Rendite-Risiko Profil zwischen Eigen-

und Fremdkapital ausgestaltet werden. Üblicherweise erfolgt die Vergütung einerseits durch eine fixe Grundverzinsung und andererseits durch eine variable und erfolgsabhängige Verzinsung. Unter Mezzanine-Kapital fallen die typische und atypische stille Beteiligung, Nachrangdarlehen, Genussscheine sowie Wandel- und Optionsanleihen.

Instrumente des Fremdkapitals zählen nicht zum Private Equity. Dennoch ergänzt Fremdkapital jede Private Equity-Finanzierung, ohne die Eigentumsverhältnisse zu verändern (vgl. Bader 1996: 13). Die Optimierung des Verhältnisses von Eigen- zu Fremdkapital als optimaler Verschuldungsgrad eines Unternehmens ist Kern einer jeden Private Equity-Finanzierung zur Erreichung der angestrebten Rendite. Dabei sollen einerseits der Leverage Effekt genutzt, andererseits das Risiko einer Insolvenz minimiert werden, was einen Trade Off darstellt. Durch den Einsatz von Fremdkapital können zudem mit dem sog. Interest Tax Shield, also der steuerlichen Abzugsfähigkeit von Fremdkapitalzinsen, Steuern gespart werden (vgl. Brettel et al. 2008: 68). HOFFMANN gibt den Anteil von Fremdkapital bei Private Equity-finanzierten Unternehmen mit 40 bis 50 % an, wobei Mezzanine-Kapital zwischen 10 und 20 sowie Eigenkapital zwischen 30 und 40 % des Finanzierungsvolumens ausmachen (vgl. Hoffman 2008: 186).

Weil der Fremdkapitalgeber sein Kapital verlieren kann, er jedoch in seinen Gewinnmöglichkeiten beschränkt ist, wird die Finanzierung mit Fremdkapital an die Verfügbarkeit von banküblichen Sicherheiten geknüpft (vgl. Groh 2004: 17). Darüber hinaus können die Gläubigerrechte bei Private Equity-Finanzierungen durch zusätzliche Sicherungsvereinbarungen zwischen Fremdkapitalgeber und Private Equity-Gesellschaft geschützt werden. Durch diese Sicherungsvereinbarungen können die Fremdkapitalgeber den Wert ihres Kapitals sichern und das Risiko eines Verlusts minimieren. Falls die Entwicklung des Unternehmens, die an Erreichung von Meilensteinen und durch Kennzahlen gemessen wird, definierte Ziele verfehlt, können die Fremdkapitalgeber besondere Rechte aus der Sicherungsvereinbarung geltend machen. Diese können z.B. Kündigungsrechte, den Zugriff auf Vermögensgegenstände des Zielunternehmens oder eine Änderung der Rangfolge im Insolvenzfall umfassen (vgl. Groh 2004: 43).

Durch die Staffelung der Finanzierung des Deals mit Eigen-, Mezzanine- und Fremdkapital gehen die verschiedenen Kapitalgeber verschiedene Risiken ein, was sich in der angestrebten Rendite wieder spiegelt. Auf die hoch rentable, aber mit einem hohen Risiko behaftete Tranche der Finanzierung mit Eigenkapital ist die Private Equity-Gesellschaft spezialisiert (vgl. Groh 2004: 36).

2.1.3 Private Equity-Markt

2.1.3.1 Private Equity-Markt in Deutschland

Der Bundesverband deutscher Kapitalbeteiligungsgesellschaften (BVK) ist die Interessenvertretung der deutschen Private Equity-Branche. Der Verband verzeichnete im Jahr 2008 insgesamt 212 Private Equity-Gesellschaften als Mitglieder (vgl. hierzu und im Folgenden BVK 2009a: 3ff.). Nach Schätzungen des BVK gibt es in Deutschland noch ca. 30 weitere Private Equity-Gesellschaften, die nicht im BVK organisiert sind. Demnach sind fast 90 % der deutschen Private Equity-Gesellschaften im BVK organisiert, sodass die Informationen und Statistiken des BVK als repräsentativ für die gesamte Branche angesehen werden können.

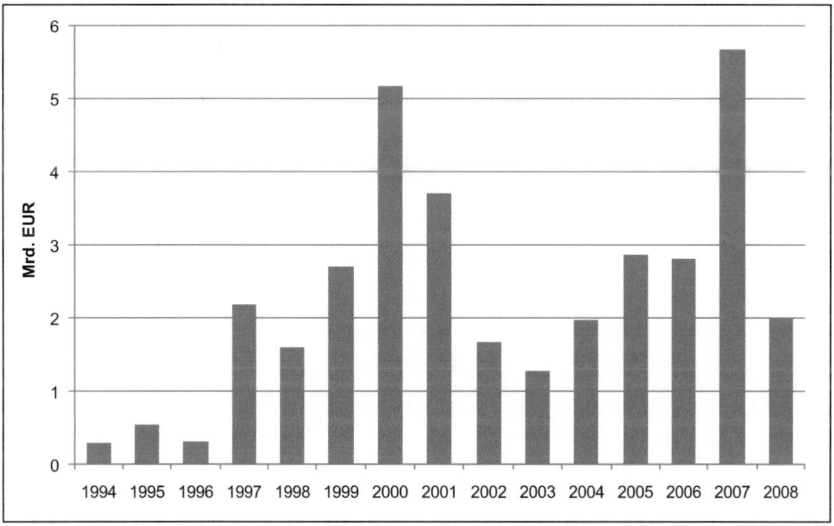

Abbildung 9: Fundraisingvolumen deutscher Private Equity-Gesellschaften 1994 bis 2008. Eigene Darstellung nach BVK 2009a: 4.

Das verwaltete Kapital (Capital under Management) der BVK-Mitglieder betrug zum Ende des Jahres 2008 35,1 Mrd. Euro. Im Jahr 2008 akquirierten die deutschen Private Equity-Gesellschaften knapp 2 Mrd. Euro, was einen deutlichen Rückgang zum Vorjahr aufgrund der Finanz- und Wirtschaftskrise darstellt (vgl. Abbildung 9). 42 % der Mittel flossen Buyout-Fonds zu, 29 % Wachstumsfonds und 20 % Early Stage-Fonds. Die wichtigsten Investoren waren Industrieunternehmen (30 %), private Anleger (6 %), der öffentliche Sektor (5 %) und Kreditinstitute (5 %).

Insgesamt wurden im Jahr 2008 6,4 Mrd. Euro von deutschen Private Equity-Gesellschaften und weitere 2,5 Mrd. Euro von ausländischen Private Equity-Gesellschaften in deutsche Portfoliounternehmen investiert. Die Portfolios deutscher Private Equity-Gesellschaften verfügen zum Jahresende 2008 über ein Gesamtvolumen von insgesamt 35 Mrd. Euro, was in ca. 6400 Portfoliounternehmen investiert ist.

Schwerpunkt der Investitionen entsprechend der Finanzierungsphasen bilden Buyouts mit 76 % der investierten Mittel. Wachstumsfinanzierung macht ca. 16 und Venture Capital ca. 5 % der Investitionssumme aus. Ein Schwerpunkt der Investitionen entsprechend der Branchen ist nicht auszumachen: Chemie/ Werkstoffe vereinen 20 %, Industrieerzeugnisse 19 %, das Bauwesen 16 % und Konsumgüter/ Handel 7 % der Investitionen. Regional wurden die meisten Private Equity-Investitionen in Unternehmen in Bayern (238), Baden-Württemberg (231), Nordrhein Westfalen (113) und Schleswig Holstein (106) getätigt.

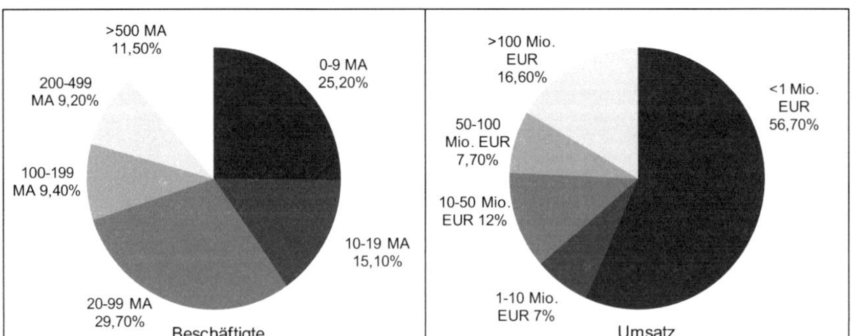

Abbildung 10: Private Equity finanzierte Unternehmen nach Anzahl der Beschäftigten und nach dem Jahresumsatz (für das Jahr 2008). Eigene Darstellung nach BVK 2009a: 9.

Das Portfolio der im BVK organisierten Private Equity-Gesellschaften zeichnet sich durch ein geringe Anzahl an Investitionen mit einem hohen Investitionsvolumen und einer großen Anzahl an Investitionen mit einem mittleren und kleinen Investitionsvolumen aus: Zwar floss mehr als die Hälfte der investierten Mittel in Unternehmen mit einem Jahresumsatz von mehr als 500 Mio. Euro, doch dominieren anzahlmäßig Investments in Unternehmen mit wenigen Beschäftigten (< 100 Mitarbeiter) und geringen Umsatzgrößen (< 50 Mio. Euro Umsatz) mit 70 bzw. 76 % der Investitionen (vgl. Abbildung 10).

Die Volumina der Desinvestitionen werden ohne den Einbezug der realisierten Wertveränderungen auf Basis der ursprünglichen Anschaffungskosten errechnet. Im Jahr 2008 wurden Private Equity-Beteiligungen in einem Volumen von 1,5 Mrd. Euro desinvestiert. Trade Sales und Secondary Sales stellen mit 35 bzw. 30 % die wichtigsten Exitkanäle in Bezug auf das Exitvolumen dar (vgl. Abbildung 11). Im Jahr 2008 trennten sich Private Equity-Gesellschaften ganz oder teilweise von 575 Unternehmen.

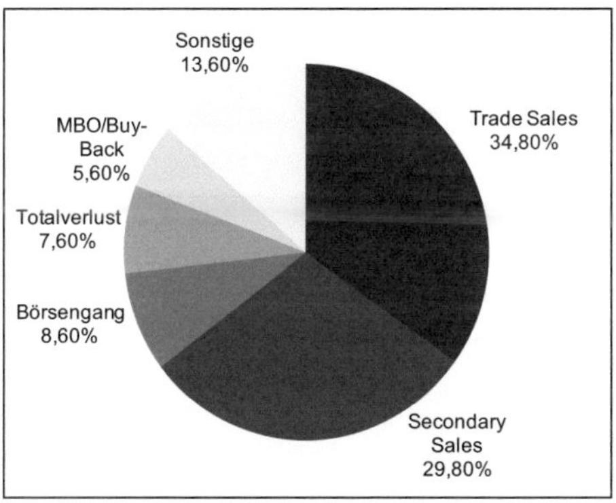

Abbildung 11: Exitkanäle nach Volumen (für das Jahr 2008). Eigene Darstellung nach BVK 2009a: 15.

Auch die Mittelständischen Beteiligungsgesellschaften (MBGs) sind Mitglieder des BVK (vgl. hierzu und im Folgenden BVK 2008b: 1ff.). Die MBGs finanzieren insbesondere kleinere und mittlere Wachstumsunternehmen aus verschiedenen, zumeist traditionellen Branchen mit Private Equity. Fast 90 % der Investitionen, meist in Form typisch stiller Beteiligungen, fließen in Unternehmen mit weniger als 100 Beschäftigten und beinahe 85 % in Unternehmen mit einem Umsatz geringer als 10 Mio. Euro.

Das jährliche Investitionsvolumen der MBGs beträgt seit dem Jahr 1997 bis heute zwischen 100 und 200 Mio. Euro. Die MBGs halten ca. 3.000 der 6400 Private Equity-Beteiligungen in Deutschland.

2.1.3.2 Private Equity-Markt für Familienunternehmen

Der Private Equity-Markt für Familienunternehmen ist schwer zu erfassen. Veröffentlichungen und offizielle Statistiken über die Bedeutung und das Ausmaß von Private Equity für Familienunternehmen liegen nicht vor. Zudem sind Begriffe nicht eindeutig bzw. unterschiedlich definiert, sodass Zuordnungsprobleme bestehen. Deswegen kann der Private Equity-Markt für Familienunternehmen nur auf anderen Informationen basierend abgeleitet und geschätzt werden.

In einer Untersuchung von ACHLEITNER ET AL. auf Basis von 237 Familienunternehmen geben 7 % der Unternehmen an, Private Equity zu nutzen (vgl. Achleitner et al. 2008: 27). Eine Untersuchung aus dem Mittelstand, der deutliche Überschneidungen mit Familienunternehmen zeigt, unterstreicht diese Größenordnung. Demnach nutzen deutlich unter 10 % der mittelständischen Unternehmen Private Equity als Finanzierungsquelle (vgl. Espel 2008: 139).

Grundsätzlich scheint es sinnvoll, den Private Equity-Markt für Familienunternehmen in zwei Teile zu gliedern: Zum einen in den Exitmarkt für Familienunternehmen und zum anderen in den Beteiligungsmarkt für Familienunternehmen.

Auf dem Exitmarkt für Familienunternehmen kann die Unternehmensfamilie ihre Anteile komplett an eine Private Equity-Gesellschaft veräußern. Mit dem Exit endet das Eigentümerverhältnis der Unternehmensfamilie gegenüber dem Familienunternehmen. Auch die Existenz des Familienunternehmens endet als solches. Es wird als Nicht-Familienunternehmen ohne den dominierenden Einfluss der Unternehmensfamilie weitergeführt. Ein Beispiel für den Exitmarkt für Familienunternehmen liefert das ehemalige Familienunternehmen Peine Gruppe GmbH: Beim Wilhelmshavener Herrenmode-Spezialisten Peine veräußerte die Unternehmensfamilie des 1948 gegründeten Familienunternehmens alle ihre Anteile im Juli 2006 im Wege eines MBO an fünf Manager unter der Leitung der Private Equity-Gesellschaft Steadfast Capital (vgl. BVK 2009b).

In dieser Arbeit wird der Exitmarkt für Familienunternehmen nicht in die Untersuchung mit einbezogen. Basierend auf der Forschungsfrage wird der Beteiligungsmarkt für Familienunternehmen betrachtet.

Beim Beteiligungsmarkt für Familienunternehmen nimmt die Unternehmensfamilie für die Beteiligungsdauer eine Private Equity-Finanzierung in Anspruch. Die Private Equity-Gesellschaft wird für diese Dauer Co-Eigentümer des Familienunternehmens. Dabei spielt die Höhe der Beteiligungsquote der Private Equity-Gesellschaft keine Rolle, solange die Unternehmensfamilie einen dominierenden Einfluss auf das Unternehmen ausübt. Beim Exit kann das Familienunternehmen als Ganzes an einen Dritten (simultaner Exit) oder zu einem Teil (singulärer Exit) veräußert werden. Dann steigt entweder die Private Equity-Gesellschaft und/ oder die Unternehmensfamilie aus dem Eigentümerkreis aus. Es kann also erst eine Beteiligung einer Private Equity-Gesellschaft an einem Familienunternehmen bestehen, welches dann durch den Exit der Unternehmensfamilie zu einem Nicht-Familienunternehmen wird. In diesem Fall werden der Beteiligungsmarkt und der Exitmarkt für Familienunternehmen miteinander kombiniert. Ein Beispiel dafür liefert das ehemalige Familienunternehmen Rodenstock aus München (vgl. Handelsblatt Online 2006; Handelsblatt Online 2007): Die Eigentümerfamilie des in vierter Generation geführten Unternehmens veräußerte im Jahr 2003 49 % der GmbH-Anteile an die Private Equity-Gesellschaft Permira. Ein Jahr später erhöhte die Private Equity-Gesellschaft ihren Anteil auf 81 %. Während zu diesem Zeitpunkt noch eine Beteiligung an einem Familienunternehmen vorlag, verkauften sowohl Permira als auch die Familie ihre Anteile 2007 an die Private Equity-Gesellschaft Bridgepoint, womit die Existenz des Familienunternehmens als solches endete.

Die Größe und Bedeutung des Beteiligungsmarkts für Familienunternehmen kann durch die ungefähre Anzahl der Beteiligungen geschätzt werden. Dafür wird wieder auf Quellen des BVKs zurückgegriffen. Zum Jahresende 2008 liegen dem BVK 6409 Private Equity-Beteiligungen vor. Ungefähr 3000 Beteiligungen fallen auf Mittelständische Beteiligungsgesellschaften (MBGs), welche schwerpunktmäßig kleinere und mittlere Unternehmen (KMUs) finanzieren. KMUs bis zu einer Umsatzgröße von 49,5 Mio. Euro sind in Deutschland in 85 % der Fälle Familienunternehmen (vgl. Klein

2004: 41ff.). Daher ist anzunehmen, dass die MBGs relativ viele, jedoch kleine Familienunternehmen finanzieren.

Immerhin sind ca. 3400 Private Equity-Beteiligungen nicht den MBGs zuzuordnen. Hiervon dürfte nur ein geringer Teil Beteiligungen an Familienunternehmen darstellen. Die Investitionsprofile und Spezialisierungen der Private Equity-Gesellschaften verdeutlichen, dass die große Mehrzahl der Private Equity-Gesellschaften Minderheitsbeteiligungen grundsätzlich ausschließen (vgl. Going Public Magazin 2009: 128ff.). Unter der Annahme, dass von diesen 3400 Beteiligungen momentan maximal ca. 5 % der Private Equity-Investments Beteiligungen an Familienunternehmen darstellen, kann ohne Berücksichtigung der MBG-Beteiligungen von ungefähr 150 bis 200 Private Equity-Beteiligungen an Familienunternehmen in Deutschland ausgegangen werden.

Die Schätzung der Größe und Bedeutung eines Beteiligungsmarkts für Familienunternehmen bleibt unvollständig: Die Anzahl von Private Equity-Beteiligungen an Familienunternehmen und damit verbundene Investitionsvolumina für bestehende und abgeschlossene Beteiligungen kann mangels Datenverfügbarkeit nicht genau ermittelt werden. Auch vom BVK werden keine entsprechenden Daten veröffentlicht. Dies stellt ein weiteres Indiz dafür da, dass dieses Forschungsfeld kaum erschlossen ist.

2.2 Private Equity-Unternehmenswertsteigerungen

Bei der Beschreibung des Geschäftsmodells von Private Equity-Gesellschaften wurde deutlich, dass der Steigerung des Unternehmenswerts im Beteiligungsverlauf wesentliche Bedeutung zukommt. Daher wird nachfolgend auf diese Wertsteigerungen gesondert eingegangen.

Zuerst wird der Begriff „Unternehmenswert" definiert und inhaltlich abgegrenzt (Abschnitt 2.2.1.). Dann werden die beiden Methoden zur Unternehmensbewertung vorgestellt, die in der Praxis am häufigsten angewendet werden (Abschnitt 2.2.2.). Sie bilden die Grundlage für die Messung von Unternehmenswertsteigerungen im empirischen Teil der Arbeit. Im nächsten Abschnitt wird die Unternehmenswertsteigerung des Portfoliounternehmens als das Ziel der Private Equity-Gesellschaft dargestellt (2.2.3.). Zur Realisierung der Wertsteigerung stehen der Private Equity-Gesellschaft verschiedene Wertsteigerungshebel zur Verfügung (Abschnitt 2.2.4.). Der Abschnitt endet mit einer Darstellung der bisherigen Forschung und ihrer Ergebnisse im Bereich Unternehmenswertsteigerungen bei Private Equity-Beteiligungen (2.2.5.).

2.2.1 Definition und Begriffsabgrenzung

Der Unternehmenswert wird in dieser Arbeit im Sinne des *Shareholder Value* (vgl. Rappaport 1981) als Vermögen der Anteilseigner verstanden. Die Definition dieser Arbeit für Unternehmenswert lautet:

> Der Unternehmenswert ist der Marktwert des Eigenkapitals eines Unternehmens. Dieser sog. Equity Value wird wie folgt berechnet: Anzahl der Unternehmensanteile multipliziert mit dem Marktpreis dieser Anteile. Steigt der Marktwert des Eigenkapitals, liegt eine (positive) Unternehmenswertsteigerung vor.

Beim Unternehmenswert handelt es sich ausschließlich um eine monetäre Bewertung des Unternehmens, welche sich durch Angebot und Nachfrage ergibt. Die Bestimmung des Unternehmenswerts bei Private Equity-Beteiligungen bereitet Schwierigkeiten, da nur bei liquiden Anlagekategorien Preise permanent feststellbar sind (vgl. Groh 2004: 27). Da Private Equity jedoch eine illiquide Anlagekategorie darstellt, ist eine objektive Bestimmung des Unternehmenswerts durch die Private Equity-Gesellschaft nur bei Beteiligungsbeginn und beim Exit möglich (vgl. Groh 2004: 27; Cruikshank 2006: 118f.). Während der Beteiligungsphase ist die Bestimmung nur sehr schwer möglich, sodass große Bewertungsspielräume bestehen (vgl. Helwing 2007: 232). Liegen seit dem Beteiligungsbeginn keine Hinweise auf eine positive, neutrale oder negative Unternehmenswertsteigerung vor, wird der Unternehmenswert während der Beteiligungsphase häufig als konstant eingeschätzt und erst bei der Realisierung des Investments sprunghaft angepasst und aktualisiert (vgl. Diller 2007: 88). Da die objektive Bewertung von Unternehmenswertsteigerungen nur nach dem Exit möglich ist, wird in der vorliegenden Arbeit zwischen realisierten und noch nicht realisierten Wertsteigerungen unterschieden.

Der Unternehmenswert kann bei nicht-börsennotierten Unternehmen grundsätzlich nur dann genau bestimmt werden, wenn Transaktionspreise feststehen, d.h. wenn Anteile des Eigentums gehandelt werden. Dabei macht es keinen Unterschied, ob das komplette Eigentum oder nur Teile des Eigentums den Eigentümer wechseln. So kann z.B. im Rahmen einer Kapitalerhöhung der Unternehmenswert bestimmt werden. Falls ein konkretes Angebot zum Kauf von Eigentumsanteilen durch einen unabhängigen dritten Akteur vorliegt, kann auch ohne den Handel von Anteilen der Unternehmenswert berechnet bzw. aktualisiert werden. Eine objektive Unternehmensbewertung erfolgt i.d.R. in unregelmäßigen Abständen (vgl. Diller 2007: 88).

Liegen keine konkreten Hinweise auf die Höhe des Unternehmenswerts während der Beteiligungsphase vor, kann auf die Verwendung von Finanzmultiplikatoren zurückgegriffen werden, die den Unternehmenswert recht realistisch abbilden können (vgl. Abschnitt 2.2.2.). Zur Ermittlung von Finanzmultiplikatoren ist dann lediglich ein Zugang zum Jahresabschluss des jeweiligen Unternehmens notwendig.

Der Unternehmenswert basiert hauptsächlich auf der Unternehmenssubstanz, jedoch wird dieser beim Kauf bzw. Verkauf auch von Faktoren, wie z.B. Machtverhältnissen und Verhandlungstaktik der involvierten Parteien, Zeitpunkt und der Marktsituation bestimmt (vgl. Helbling 1995: 53f.). Als Grundlage für die Bestimmung vom Unternehmenswert greifen die Parteien auf Unternehmensbewertungsmethoden zurück, die im Folgenden vorgestellt werden.

2.2.2 Methoden der Unternehmensbewertung

Unternehmensbewertungsmethoden erfüllen im Verhandlungsprozess verschiedene Funktionen (vgl. Kraft 2001: 176f.): In ihrer Vermittlungsfunktion sollen sie unterschiedliche Interessen von Verkäufer und Käufer möglichst objektiv ausgleichen. In ihrer Beratungsfunktion sollen sie eine Entscheidungsgrundlage darstellen. Schließlich können Unternehmensbewertungsmethoden im Rahmen der Argumentationsfunktion die eigene Verhandlungsposition stärken und die des Gegenübers schwächen.

In der Private Equity-Branche dominieren zwei Verfahren der Unternehmensbewertung (vgl. Hommel et al. 2003: 328; Hoffmann 2008: 186): Einmal das ertragsorientierte Verfahren Discounted Cash Flow und das marktorientierte Verfahren der Multiplikatoren.

Da der Cash Flow nicht durch bilanzpolitische Maßnahmen beeinflussbar und manipulierbar ist, wird er bei der Methode des Discounted Cash Flow zur Bestimmung des Unternehmenswerts bzw. des Werts des Eigenkapitals genutzt. Dieser ertragsorientierte Ansatz diskontiert prognostizierte, zukünftige Cash Flows auf die Gegenwart ab. Ohne eine genaue Finanz- und Liquiditätsplanung ist eine realistische Unternehmensbewertung per Discounted Cash Flow Methode unmöglich. Dazu muss das Geschäft des zu bewertenden Unternehmens genau verstanden und richtig prognostiziert werden. Weil die Methode auf prognostizierten Werten aufbaut, bleibt ein Rest an Unsicherheit bei der Unternehmensbewertung. Zudem ist die Durchführung der Bewertung ziemlich kompliziert. Daher wird sie in der Praxis durch das Multiplikator-Verfahren ergänzt.

Bei dem aus dem angelsächsischen Raum stammenden Multiplikator-Verfahren wird der Unternehmenswert als ein Vielfaches, d.h. als ein Multiple, einer Unternehmenskennzahl ausgedrückt. Als Kennzahl bieten sich verschiedene Größen, wie z.B. EBITDA (Earnings before Interest, Tax, Depreciation and Amortization), EBIT (Earnings before Interest and Tax) oder der Jahresüberschuss an.

Beim Multiplikator-Verfahren wird das zu bewertende Unternehmen mit ähnlichen Unternehmen, für die eine Bewertung vorliegt, verglichen. Eine Bewertung für vergleichbare Unternehmen liegt vor, wenn diese an der Börse notiert sind oder erst kürzlich verkauft wurden und die Verkaufskonditionen transparent sind. Ähnlich können die Unternehmen in verschiedenen Aspekten sein, so z.B. in Bezug auf die Branche, die Unternehmensgröße, die Finanzkennzahlen oder die Marktposition (vgl. Brebeck et al. 2005: 100). Durch den Vergleich mit anderen Unternehmen können die Verhandlungspartner zu einem realistischen Unternehmenswert gelangen (vgl. Brettel et al. 2008: 51).

Jedoch sind Preise vergangener Unternehmenstransaktionen nur ein ungenauer Referenzpunkt, denn unabhängig vom Unternehmenswert beinhalten solche Kaufpreise auch Auf- oder Abschläge für bestimmte Besonderheiten der Transaktion. So bezahlen Private Equity-Gesellschaften eine Kontrollprämie, wenn sie bei einem Unternehmen einen maßgeblichen Einfluss erlangen können. Zudem müssen nichtbörsennotierte Unternehmen einem Illiquiditätsabschlag von ca. 25 bis 40 % im Vergleich zu börsennotierten Unternehmen hinnehmen, da ihre Anteile nur relativ kompliziert verkauft werden können und hohe Transaktionskosten entstehen (vgl. Groh 2004: 27/52; Brettel et al. 2008: 51; Cruikshank 2006: 118). Eine Bewertung mit der Multiplikatormethode birgt also die Gefahr, „Äpfel mit Birnen zu vergleichen“. Dafür kann diese Bewertung ziemlich einfach und schnell erfolgen.

Unternehmensbewertungen unterliegen wegen ihrer Zukunftsbezogenheit stets Unsicherheiten. In der Praxis kann jedoch mit den beiden vorgestellten Unternehmensbewertungsmethoden ein realistischer Unternehmenswert ermittelt werden. Gerade die Kombination beider Verfahren bietet als Ausgangswert für Beteiligungsverhandlungen zwischen den Alteigentümern und der Private Equity-Gesellschaft eine gute Grundlage.

2.2.3 Ziel der Private Equity-Gesellschaft: Unternehmenswertsteigerungen

Das Geschäftsmodell von Private Equity-Gesellschaften basiert auf Unternehmenswertsteigerungen. Zur Realisierung einer maximalen Rendite ist in der Beteiligungsphase die Steigerung des Unternehmenswerts das primäre Ziel (vgl. Bakhaya 2006: 7/28; Gompers/ Lerner 2004: 14; Diller 2007: 14; Geidner 2009: 281). Im Sinne dieser Arbeit wird die Wertentwicklung nicht auf Ebene des Fonds, des Dachfonds oder gar auf Ebene der börsennotierten Private Equity-Gesellschaft, sondern auf Ebene des einzelnen Portfoliounternehmens analysiert (vgl. Kaserer et al. 2007: 177). Als anerkanntes und objektives Renditemaß für realisierte Einzelbeteiligungen hat sich der interne Ertragssatz (Internal Rate of Return – IRR) durchgesetzt, der auch von den nationalen und internationalen Private Equity-Branchenverbänden zur objektiven Bestimmung der Renditen von Private Equity-Investitionen empfohlen wird (vgl. Groh 2004: 50).

Nur wenn die Rendite eines Fonds die Mindestanforderungen erfüllt, profitiert die Private Equity-Gesellschaft von der Performance Fee. Als Qualitätsmerkmal der Private Equity-Gesellschaft spielt der IRR auch beim Fundraising für neue Fonds eine zentrale Rolle: Fällt die Rendite früherer Investments zu gering aus, drohen der Private Equity-Gesellschaft neben erschwertem Fundraising auch erhöhte Fremdkapitalkosten und ggf. keine Berücksichtigungen bei zukünftigen Bieterverfahren für Zielunternehmen (vgl. Brettel et al. 2008: 69). Die Private Equity-Gesellschaft besitzt also einen doppelten Anreiz, Wertsteigerungen bei ihren Portfoliounternehmen zu realisieren.

Der Erfolg einer Beteiligung wird auch als Multiplikator auf das investierte Kapital gemessen (vgl. Groh 2004: 3). Diese sog. Money Multiples drücken die absoluten tatsächlich erwirtschafteten Gewinne einer Investition, die das zwei- bis dreifache der investierten Mittel erreichen sollen, aus (vgl. Farschtschian 2009: 35). Der interne Ertragsatz und Money Multiples werden zudem häufig in Kombination miteinander verwendet, da sie über die Art der Renditeerwirtschaftung Aufschluss geben können (vgl. Farschtschian 2009: 35): Ein hoher interner Ertragsatz kombiniert mit einem geringen Money Multiple lässt sich als ein Indikator für eine kurze Haltedauer der Beteiligung deuten bzw. vice versa.

Aus Sicht der Private Equity-Gesellschaft ergibt sich bei einer Beteiligung mit der Zahlung des Kaufpreises erstmal ein Cash Outflow, der durch Barwerte der zukünftigen und erwarteten Cash Inflows überkompensiert werden soll. Da der anfängliche Cash Outflow die Basis für alle künftigen Unternehmenswert- und Performancemessungen darstellt, handelt es sich bei Private Equity-Beteiligungen um „front loaded“ Investments (Berg/ Gottschalg 2004: 22). Ein hoher Einstiegspreis wirkt sich also negativ auf die Verzinsung der Investition aus (vgl. Brettel et al. 2008: 71).

Cash Inflows der Private Equity-Gesellschaft, also Ausschüttungen des Portfoliounternehmens, fallen in der Beteiligungsphase nur in geringen Mengen an. Grundsätzlich kann die Private Equity-Gesellschaft erst beim Exit hohe Cash Inflows realisieren. Da die Cash Inflows jedoch diskontiert werden müssen, kann verallgemeinert werden, dass kürzere Investitionslaufzeiten längeren generell vorgezogen werden. Fällt die Beteiligungsdauer zu lange aus, sinkt die Performance eines Deals (vgl. Farschtschian 2009: 35; Loos 2006: 392). Damit ist die Maximierung des Unternehmenswerts der Portfoliounternehmen innerhalb einer möglichst kurzen Zeitspanne das Ziel der Private Equity-Gesellschaft (vgl. Schenk 2004: 154).

Neben FARSCHTSCHIAN (vgl. Farschtschian 2009: 35) vertritt auch GROH die Meinung, dass die „Rendite aus Wertsteigerungen des Eigenkapitals der Zielgesellschaft zu erzielen [sind] und nicht aus zwischenzeitlich eingehenden Zahlungen“ (Groh 2004:

29). Einerseits sollte für eine hohe Rendite die Desinvestition möglichst früh terminiert werden, andererseits brauchen Wertsteigerungen auch ihre Zeit (vgl. Groh 2004: 29), Portfoliounternehmen müssen „reif" für den Exit sein (vgl. Brettel et al. 2008: 123). Die Rendite kann erst nach dem abgeschlossenen Exit der Private Equity-Gesellschaft ausgerechnet werden, da nun mit dem Beteiligungsende Höhe und Termine der einzelnen Zahlungen fest stehen.

Die Private Equity-Gesellschaft kann den internen Ertragssatz als das Renditemaß für Einzelbeteiligungen also primär durch drei Maßnahmen steigern: Einstieg der Beteiligung bei geringem Unternehmenswert, kurze Haltedauer der Beteiligung inklusive Steigerung des Unternehmenswerts und ein zügiger Exit auf Basis eines hohen Unternehmenswerts.

Der Unternehmenswert spielt beim Beteiligungsbeginn und dem Beteiligungsende eine herausragende Rolle für den Erfolg einer Investition. Daher wird das jeweilige Deal-Team der Private Equity-Gesellschaft, welches von der ersten Kontaktanbahnung über die Betreuung bis hin zum Exit für ein Portfoliounternehmen verantwortlich ist, je nach Beteiligungsphase in der Regel durch spezialisierte Investment- und Exit-Komitees ergänzt (vgl. Sewing 2008: 33).

2.2.4 Wertsteigerungshebel

BERG/ GOTTSCHALG haben die Forschung über Private Equity-Wertsteigerungen auf der Ebene des Zielunternehmens analysiert und auf dieser Basis einen Katalog mit Wertsteigerungshebeln erarbeitet, welcher hier in modifizierter Form vorgestellt wird (vgl. hierzu und im Folgenden Berg/ Gottschalg 2005). Die jeweiligen Wertsteigerungshebel setzen sich aus verschiedenen untergeordneten Werttreibern zusammen.

Berg/ Gottschalg ordnen die einzelnen Wertsteigerungshebel und ihre Werttreiber den jeweiligen Dimensionen der Wertsteigerung zu: Beim Wertsteigerungshebel *Financial Arbitrage* wird der Unternehmenswert durch Wertkaperung gesteigert (Absatz 2.2.4.1.). *Financial Engineering*, *operative Unterstützung* und *strategische Ausrichtung* sind die drei Wertsteigerungshebel der direkten Wertschöpfung (Absatz 2.2.4.2.). Schließlich wird auf die Wertsteigerungshebel *Agency-Kosten* und *Mento-*

ring eingegangen (Absatz 2.2.4.3.). Sie stellen Wertsteigerungshebel der indirekten Wertschöpfungen dar, weil sie selbst zwar keine direkten Unternehmenswerte schaffen, jedoch die Grundlage für eine direkte Wertschöpfung bilden. In den folgenden Absätzen werden die einzelnen Wertsteigerungshebel und ihre Werttreiber dargestellt und den drei Dimensionen der Wertsteigerung zugeordnet.

2.2.4.1 Hebel der Wertkaperung

Der Wertsteigerungshebel *Financial Arbitrage* umfasst eine Reihe von Werttreibern, die von der Private Equity-Gesellschaft zur Wertkaperung genutzt werden können (vgl. Abbildung 12): Die einzelnen Werttreiber sind *Bewertungsänderung*, *Informationen über Märkte und Unternehmen* sowie *Transaktionskompetenz*.

Werttreiber	Phasen			Gründe			Quellen	
	I.	B.	D.	Wert-kaperung	Wertschöpfung Direkt	Wertschöpfung Indirekt	Intrin-sisch	Extrin-sisch
1. Bewertungsänderung aufgrund von								
1. Konjunkturzyklen	✓		✓	✓				✓
2. unterschiedlicher regionaler Marktpreise	✓		✓	✓				✓
3. Asset Stripping	✓	✓	✓	✓				✓
4. strategischer Prämie	✓		✓	✓				✓
2. Informationsvorsprung i.B.a.								
1. Zielunternehmen	✓		✓	✓				✓
2. Markt	✓		✓	✓				✓
3. Transaktionskompetenz i.B.a.								
1. Zielidentifizierung	✓			✓				✓
2. Begrenzung des Käuferwettbewerbs	✓			✓				✓
3. Netzwerk	✓		✓	✓				✓
4. Verhandlung	✓		✓	✓				✓
5. Bewertung	✓		✓	✓				✓
6. Rechtliche Aspekte/ Vertragsgestaltung	✓		✓	✓				✓

Abbildung 12: Wertsteigerungshebel Financial Arbitrage und die Werttreiber sowie Zuordnung zu den Dimensionen der Wertsteigerung. ✓ Phasen: Werttreiber kann in der jeweiligen Phase genutzt werden; ✓ Gründe: Werttreiber kann zur Wertkaperung oder zur direkten bzw. indirekten Wertsteigerung genutzt werden; ✓ Quellen: Werttreiber kann zur extrinsischen Wertsteigerung genutzt werden. I. = Investitionsphase, B = Beteiligungsphase, D = Desinvestitionsphase. Eigene Darstellung nach Berg/ Gottschalg 2005: 43; Kaserer et al. 2007: 96.

Bei allen diesen Werttreibern erwirtschaftet die Private Equity-Gesellschaft ihre Rendite mit dem Kauf und Verkauf von Unternehmensanteilen bei unterschiedlichen Bewertungen am Markt. Die Unterschiede in der Bewertung des Unternehmens erfolgen dabei unabhängig von dessen finanzieller Performance, sodass dieser Ansatz umgangssprachlich auch als „buy low and sell high" bezeichnet wird.

2.2.4.1.1 Bewertungsänderung

Eine Bewertungsänderung des Unternehmens kann unterschiedliche Gründe haben: Beim *Cycle Timing* beteiligt sich die Private Equity-Gesellschaft am Zielunternehmen, wenn der Markt aufgrund einer schwachen konjunkturellen Entwicklung günstige Einkaufskonditionen verspricht und verkauft, wenn die Unternehmensbewertungen aufgrund einer anziehenden Konjunktur angestiegen sind. Zudem kann die Private Equity-Gesellschaft unterschiedliche Preise auf verschiedenen Märkten nutzen. Dabei kann es sich um unterschiedliche regionale Marktpreise, aber auch um den Unterschied zwischen privaten und öffentlichen Märkten handeln.

Hat eine Private Equity-Gesellschaft ein Unternehmen gekauft, kann es Asset Stripping betreiben: Bei Unternehmen, deren einzelne Geschäftsbereiche oder Einzelteile mehr Wert sind als das ganze unaufgeteilte Konglomerat, verkaufen Private Equity-Gesellschaften einzelne Geschäftsbereiche und Vermögensanteile. Die Private Equity-Gesellschaft hebt durch das Asset Stripping den „Conglomerate Discount" auf und profitiert von der Wertsteigerung der einzelnen unterbewerteten Vermögensanteile. Schließlich kann die Private Equity-Gesellschaft auch von einer strategischen Prämie profitieren, die strategische Käufer für das Zielunternehmen beim Exit der Private Equity-Gesellschaft zu zahlen bereit sind.

Aufgrund von Bewertungsänderungen kann die Private Equity-Gesellschaft Unternehmenswerte kapern. Da die Private Equity-Gesellschaft von exogenen Effekten, auf die sie keinen Einfluss ausüben kann, profitiert, wird diese Form der Wertkaperung auch *Multiple Riding* genannt, was die passive und von äußeren Umständen abhängige Haltung der Private Equity-Gesellschaft verdeutlicht. Jedoch kann die Private Equity-Gesellschaft nicht nur von den externen Effekten profitieren, sondern auch von negativen äußeren Entwicklungen betroffen sein.

Die Ausführungen machen deutlich, dass es sich um eine extrinsische Wertsteigerung handelt, da die Wertkaperung durch die Private Equity-Gesellschaft erfolgt. Die Wertkaperung wird durch den Beteiligungsbeginn und den Exit bestimmt, obwohl die eigentliche Wertkaperung in der Beteiligungsphase stattfindet.

2.2.4.1.2 Informationen über das Zielunternehmen und die Märkte

Bei Management-Buyouts (MBOs) können Private Equity-Gesellschaften private Informationen des Managements beim Beteiligungseinstieg nutzen: Das Management wird im Vergleich zu den Eigentümern den wahren Wert des Unternehmens besser einschätzen und unter Umständen sogar das Bieterverfahren und die Ausschreibung manipulieren und/ oder monopolisieren können. Informationsasymmetrien kann die Private Equity-Gesellschaft auch beim Exit zu ihrem Vorteil nutzen, da sie die Entwicklungschancen des Unternehmens besser einschätzen kann als der Käufer, der die Entwicklungsmöglichkeiten des Unternehmens vielleicht überschätzt und „zu viel" zahlt.

Informationsasymmetrien können nicht nur die Folge privater Informationen sein, sondern ihren Ursprung auch im Netzwerk der Private Equity-Gesellschaft und ihrer Markt- und Branchenkenntnis haben. Bei Unternehmensbewertungen kann die Private Equity-Gesellschaft durch ihr Netzwerk zu verschiedenen Unternehmen und anderen Marktteilnehmern wie Managern, Rechtsanwälten, Steuerberatern etc. gegenüber der Konkurrenz und gegenüber den Verkäufern bzw. Käufern einen Wettbewerbsvorteil ausspielen. Der Private Equity-Gesellschaft liegen dann mehr Informationen vor oder sie kann die vorliegenden Informationen besser interpretieren.

Die Ausgestaltung der Wertkaperung mit Hilfe dieses Werttreibers erfolgt in der Akquisitions- und der Desinvestitionsphase. Da die Charakteristika der Private Equity-Gesellschaft für die Wertkaperung von Bedeutung sind, handelt es sich auch hier um extrinsische Wertsteigerung.

2.2.4.1.3 Transaktionskompetenz

Besondere Fähigkeiten der Private Equity-Gesellschaft bei Dealakquirierung und -durchführung werden als Transaktionskompetenz bezeichnet. Durch aktives, systematisches Screening der relevanten Märkte nach Deals und durch ein breites sowie weitgefächertes Netzwerk kann die Private Equity-Gesellschaft wichtige Marktinformationen gewinnen und potentielle Zielunternehmen identifizieren. Kann die Private Equity-Gesellschaft einen privilegierten oder gar exklusiven Zugang zu einem

Zielunternehmen aufbauen oder den Käuferwettbewerb andersartig begrenzen, erhöhen sich die Chancen für einen vorteilhaften Deal.

Bei der Unternehmensbewertung und den folgenden Vertragsverhandlungen greift die Private Equity-Gesellschaft auf ihre Erfahrungen zurück. Die Vertragsgestaltung und die rechtliche Abwicklung des Deals gehören zum Geschäftsmodell der Private Equity-Gesellschaft, sodass sie hier Expertise aufbauen kann. Diese Fähigkeiten kann die Private Equity-Gesellschaft auch beim Exit der Beteiligung gewinnbringend nutzen: Sie kann ihre Wettbewerbsvorteile bei Marktkenntnis, Netzwerk und Erfahrungswerten bei der zielgenauen Identifizierung passender Käufer ausspielen.

Bei Unternehmenswertsteigerungen durch Transaktionskompetenz handelt es sich um eine extrinsische Wertkaperung, die während der beiden Transaktionsphasen beeinflusst werden kann. Diese Transaktionskompetenz wird maßgeblich durch die Fähigkeiten der Private Equity-Gesellschaft bestimmt.

2.2.4.2 Hebel der direkten Wertschöpfung

Bei der Nutzung der drei Hebel der direkten Wertschöpfung, nämlich *Financial Engineering*, *strategische Ausrichtung* und *operative Unterstützung* werden keine Unternehmenswerte gekapert, sondern es werden Werte in dem und für das Unternehmen selbst erschaffen. Als erstes wird der Wertsteigerungshebel *Financial Engineering* dargelegt, welcher die Werttreiber *Optimierung der Kapitalstruktur* und *Reduktion der Unternehmenssteuern* umfasst (vgl. Abbildung 13). Der Hebel *strategische Ausrichtung* wird nicht noch einmal in verschiedene Werttreiber unterteilt (vgl. Abbildung 14). Beim Hebel *operative Unterstützung* wird in *Kostenkontrolle und Margenverbesserung*, *Kapitalbindung, Verbesserung von Management und Kapital, Einbringung von Managementkapazitäten* und *Nachhaltigkeit* unterschieden (vgl. Abbildung 15).

2.2.4.2.1 Financial Engineering

Optimierung der Kapitalstruktur

Private Equity-Gesellschaften sind Spezialisten in finanztechnischen Fragen. Sie optimieren die Kapitalstruktur ihrer Portfoliounternehmen unter Ausnutzung des

Leverage Effekts. Dabei wird das Verhältnis zwischen Eigen- und Fremdkapital zugunsten einer höheren Fremdkapitalquote verändert, sodass die Eigenkapitalrendite steigt. Während der Beteiligungsphase kann die Fremdkapitalquote durch verstärkte Ausschüttungen erhöht werden. Zudem erhalten die Eigentümer dann schon frühzeitig Kapitalrückflüsse.

Außerdem verhandeln Private Equity-Gesellschaften die Fremdkapitalkonditionen ihrer Portfoliounternehmen mit den entsprechenden Kapitalgebern. Häufig erhalten Portfoliounternehmen in diesem Fall bessere Konditionen als sie alleine erlangt hätten, da die Private Equity-Gesellschaften die „Einkaufsmacht" für Fremdkapital aller ihrer Portfoliounternehmen bündeln können.

Werttreiber	Phasen			Gründe			Quellen	
	I.	B.	D.	Wert-kaperung	Wertschöpfung		Intrin-sisch	Extrin-sisch
					Direkt	Indirekt		
1. Optimierung der Kapitalstruktur								
1. Verhandlungen von besseren Fremd-kapitalkonditionen	✓	✓			✓		✓	✓
2. Ausnutzung des Leverage Effekts	✓	✓			✓		✓	✓
3. eine veränderte Ausschüttungspolitik	✓	✓			✓		✓	✓
2. Steuerbelastung								
1. Ausnutzung des Steuervorteils von Fremdkapital	✓	✓			✓		✓	✓
2. veränderte Abschreibungen	✓	✓			✓		✓	✓
3. Nutzung von Verlustvorträgen	✓	✓			✓		✓	✓

Abbildung 13: Wertsteigerungshebel Financial Engineering und die Werttreiber sowie Zuordnung zu den Dimensionen der Wertsteigerung. Eigene Darstellung nach Berg/ Gottschalg 2005: 43; Kaserer et al. 2007: 96.

Zudem profitieren die Portfoliounternehmen von der Expertise der Private Equity-Gesellschaft und ihrer Erfahrung bei Finanzierungsverhandlungen. Die Private Equity-Gesellschaft muss zudem auf ihre Reputation als zuverlässiger Vertragspartner für Fremdkapitalfinanzierungen achten, weil sie langfristig am Markt agieren möchte. Mit diesem Wissen sinkt das Risiko für die Fremdkapitalgeber, dass es zu Zins- und Tilgungsausfällen bei den Portfoliounternehmen der Private Equity-Gesellschaft kommt. Dieses gesunkene Risiko der Fremdkapitalgeber spiegelt sich in günstigeren Konditionen der Portfoliounternehmen wider.

Die Optimierung der Kapitalstruktur zur Minimierung der (Fremd-) Kapitalkosten stellt einen extrinsischen Wertschöpfungstreiber dar, der in der Investitionsphase und der Beteiligungsphase angewendet wird.

Reduktion der Unternehmenssteuern

Private Equity-Gesellschaften nutzen den Steuervorteil von Fremdkapital aus: In Deutschland können Zinszahlungen des Fremdkapitals steuerlich als Betriebsausgaben angesetzt werden, was den zu versteuernden Gewinn reduziert. Auch durch veränderte Abschreibungen können Steuern gespart werden. Darüber hinaus kann die Private Equity-Gesellschaft auch die möglicherweise bestehenden Verlustvorträge, die auf der Ebene des Zielunternehmens beim Beteiligungsbeginn bestehen, zur Verrechnung mit anstehenden Gewinnen nutzen und damit ihre Steuerlast reduzieren. Die drei Varianten des Werttreibers können in der Beteiligungsphase zur extrinsischen Wertschöpfung genutzt werden, sodass der Unternehmenswert gesteigert werden kann.

2.2.4.2.2 Strategische Ausrichtung

Entscheidenden Einfluss auf die Unternehmenswertentwicklung hat die strategische Ausrichtung des Unternehmens. Häufig erfolgt durch die Private Equity-Gesellschaft eine Refokussierung auf das Kerngeschäft, bei der unprofitable Randgebiete abgestoßen werden. Dadurch kann die Komplexität des Unternehmens reduziert werden. Neue und frei werdende Ressourcen können für eine Wachstumsstrategie eingesetzt werden, die entweder organisch verläuft oder durch M&A Aktivitäten erreicht wird.

Werttreiber	Phasen			Gründe			Quellen	
	I.	B.	D.	Wert-kaperung	Wertschöpfung Direkt	Wertschöpfung Indirekt	Intrin-sisch	Extrin-sisch
1. Märkte		✓			✓		✓	✓
2. Produkte		✓			✓		✓	✓
3. Preispolitik		✓			✓		✓	✓
4. Kundenservice		✓			✓		✓	✓
5. Zielgruppe		✓			✓		✓	✓
6. Distributionskanäle		✓			✓		✓	✓

Abbildung 14: Wertsteigerungshebel strategische Ausrichtung und die Werttreiber sowie Zuordnung zu den Dimensionen der Wertsteigerung. Eigene Darstellung nach Berg/ Gottschalg 2005: 43; Kaserer et al. 2007: 96.

Das Unternehmen muss die relevanten Märkte und Geschäftsfelder neu definieren und abgrenzen. Mit innovativen Produkten, einer Zielgruppen gerechten Preispolitik und Kundenservice werden Kundenprobleme gelöst und -wünsche erfüllt. Dazu werden auch bestehende Absatzkanäle analysiert und bei Bedarf verbessert und geändert. Für das Unternehmen gilt es, Wettbewerbsvorteile gegenüber der Konkurrenz auf- und auszubauen.

Die Wertschöpfung aufgrund der strategischen Ausrichtung ist teils intrinsischer, aber teils auch extrinsischer Natur, d.h. sie kann nicht nur durch die Private Equity-Gesellschaft initiiert werden. Die strategische Ausrichtung seitens der Private Equity-Gesellschaft wird schon vor der Beteiligung in einem Business Plan detailliert ausgearbeitet und aufgeführt. Die Umsetzung erfolgt natürlich dann während der Beteiligungsphase.

2.2.4.2.3 Operative Unterstützung

Kostenkontrolle und Margenverbesserung

Private Equity-Gesellschaften verändern z.T. das Kosten-Management des Zielunternehmens. Die Kosten werden kontrolliert und Kostenreduzierungsprogramme werden aufgesetzt, um eine Verbesserung der Margen zu erreichen: Z.B. werden Dienstleistungen oder der Fuhrpark ausgelagert, die Kosten des Personals verringert und Overheadkosten abgebaut.

Eine verbesserte Kostenkontrolle soll die Effizienz des Unternehmens steigern. Sie führt zu einer direkten Wertschöpfung, die während der Beteiligungsphase erfolgt. In Abhängigkeit davon, ob sie von der Private Equity-Gesellschaft initiiert wird oder nicht, kann die Wertschöpfung entweder intrinsischen oder auch extrinsischen Ursprungs sein.

Kapitalbindung

Grundsätzlich versuchen Private Equity-Gesellschaften, die Kapitalbindung des Portfoliounternehmens zu verringern. Das Ziel ist es, unproduktive und gebundene Ressourcen, die nicht ausgelastet sind, zu veräußern und das frei werdende liquide Kapital effizienter einzusetzen. Die Rationalisierungsmaßnahmen betreffen auch das Working Capital, welches optimiert wird, und das Debitorenmanagement, wobei Forderungen frühzeitig eingetrieben werden. Auch bei Budgetierungen und Investitionen steht ein effizienter Ressourceneinsatz an erster Stelle. Durch Reorganisation aller Unternehmensbereiche und der ganzen Wertschöpfungskette kann die Kapitalbindung reduziert werden.

Maßnahmen zur Optimierung der Kapitalbindung können sowohl ohne als auch mit dem Einfluss der Private Equity-Gesellschaft erfolgen. Die Optimierung verspricht eine direkte Wertschöpfung, die den Unternehmenswert steigert.

Werttreiber	Phasen			Gründe			Quellen	
	I.	B.	D.	Wert-kaperung	Wertschöpfung Direkt	Wertschöpfung Indirekt	Intrin-sisch	Extrin-sisch
1. Kostenreduzierung und Margenverbesserung								
1. Outsourcing		✓			✓		✓	✓
2. Personalreduktion		✓			✓		✓	✓
3. Reduzierung von Overheadkosten		✓			✓		✓	✓
2. Kapitalbindung								
1. Working Capital-Maßnahmen		✓			✓		✓	✓
2. Effizienterer Ressourceneinsatz		✓			✓		✓	✓
3. Besseres Cash Management		✓			✓		✓	✓
3. Verbesserung Management & Personal		✓			✓		✓	✓
4. Einbringung Managementkapazitäten		✓			✓		✓	✓
5. Nachhaltigkeit								
1. Ausweitung Forschung und Entwicklung		✓			✓		✓	✓
2. Innovationen		✓			✓		✓	✓
3. Höhere Kundenzufriedenheit		✓			✓		✓	✓

Abbildung 15: Wertsteigerungshebel operative Unterstützung und die Werttreiber sowie Zuordnung zu den Dimensionen der Wertsteigerung. Eigene Darstellung nach Berg/ Gottschalg 2005: 43; Kaserer et al. 2007: 96.

Verbesserung von Management und Personal

Ein weiterer Ansatzpunkt zur operativen Unterstützung kann in der Steigerung der Effizienz des Managements liegen. Werden ein Manager oder ein Management-Team als Ursache der unzureichenden Entwicklung des Unternehmens identifiziert, so bleiben der Private Equity-Gesellschaft zwei Möglichkeiten: Entweder der entsprechende Manager wird mit Trainings für seine Aufgabe geschult oder er wird ausgetauscht. Damit nimmt auch die Leistungsfähigkeit des Unternehmens wieder zu.

Der Austausch von Management und Personal während der Beteiligungsphase kann auf Initiative der Private Equity-Gesellschaft erfolgen. Die Quelle dieser Initiative zur Wertschöpfung können aber auch Personen sein, wie z.B. ein Mitglied des Kontrollorgans des Unternehmens, die nicht zur Private Equity-Gesellschaft gehören.

2.2.4.3 Hebel der indirekten Wertschöpfung

Der erste Hebel der indirekten Wertschöpfung besteht in der Verringerung der *Agency-Kosten*. Agency-Kosten sind Kosten, die in einer Auftragsbeziehung zwischen Prinzipal und Agent bei der Reduzierung von Informationsasymmetrien und der Harmonisierung von Zielen auftreten (vgl. Abschnitt 2.4.1.). Ansatzpunkte für eine Verringerung der Agency-Kosten liegen in der *disziplinierenden Funktion des Fremdkapitals*, der *Optimierung der Anreizsysteme* sowie im *Monitoring und Controlling* (vgl. Abbildung 16). In der betriebswirtschaftlichen Forschung zu Unternehmenswertsteigerungen bei Private Equity-Beteiligungen ist die Reduzierung von Agency-Kosten der bekannteste Wertsteigerungshebel. Deswegen erfolgt in einem späteren Abschnitt zusätzlich eine theoretische Betrachtung dieses Wertsteigerungshebels im Kontext von Familienunternehmen (vgl. 2.4.1.).

Der zweite Hebel der indirekten Wertschöpfung ist *Mentoring*, welcher auch *Parenting Advantage* genannt wird. Mentoring setzt sich aus den Werttreibern *Beratung und Coaching*, *Netzwerk* und *Unternehmergeist* zusammen (vgl. Abbildung 17).

2.2.4.3.1 Agency-Kosten

<u>Optimierung der Anreizsysteme</u>

Im Zuge einer Private Equity-Beteiligung können Anreizsysteme für das Management und für Personal auf anderen Hierarchieebenen überarbeitet und optimiert werden. Agency-Kosten können durch eine Interessenkongruenz zwischen den Eigentümern und dem angestellten Management reduziert werden. Dies kann z.B. durch eine Beteiligung des Managements mit einem erheblichen Teil seines privaten Vermögens am Unternehmen erfolgen. In diesem Fall sind die Manager des Unternehmens Miteigentümer, welche von Unternehmenswertsteigerungen direkt profitieren. Somit sinkt auch das Risiko für Fehlverhalten ihrerseits. Nicht nur ihre Rechtsposition, sondern auch der Status verändert sich vom angestellten Manager zum Miteigentümer. Einerseits verspricht diese neue Rolle intrinsische Motivation und Reputation, die es von der Private Equity-Gesellschaft zu wahren und sichern gilt. Andererseits ist das Management in einer doppelten Lock-in-Situation, da es sowohl in der Rolle des Managements als auch in der Rolle des Eigentümers von einer negativen Entwicklung des Unternehmens betroffen sein kann.

Falls das Management am Unternehmen beteiligt wird, darf der Anteil des Vermögens, welches das Management in das Unternehmen investiert, nicht zu hoch sein. Ansonsten verhält sich das Management risikoavers und Unternehmenswertsteigerungen sind nicht zu realisieren. Zudem könnte die Private Equity-Gesellschaft bei schlechter Leistung des Managements schwieriger Sanktionen gegenüber diesem aussprechen, wenn das Management einen hohen Unternehmensanteil hält.

Im Zuge einer Private Equity-Beteiligung an einem Unternehmen wird z.T. das vollständige Entlohnungssystem umgestellt. Das Personal wird mit einer erfolgsabhängigen Vergütung zu mehr Einsatz und besseren Leistungen motiviert. Insgesamt stellen optimierte Anreizsysteme eine indirekte Wertschöpfung dar, weil sie keine direkte Ergebniswirkung haben. Sie können sowohl extrinsischer als auch intrinsischer Natur sein.

Monitoring und Controlling

Bei einer Private Equity-Beteiligung ändert sich die Corporate Governance des Zielunternehmens, sodass sich neue Möglichkeiten für das Monitoring und Controlling ergeben. Das Eigentum konzentriert sich dann, zumindest zum Teil, in den Händen einer Private Equity-Gesellschaft, deren Unternehmensziel darin besteht, ihr Vermögen zu vermehren. Deshalb wird sie ihren Einfluss über ein Kontrollorgan bei der Corporate Governance ausüben und die Entwicklung des Unternehmens sowie die Leistung des Managements genau beobachten und kontrollieren.

Beim Monitoring und Controlling hat die Private Equity-Gesellschaft gegenüber anderen Eigentümern den Vorteil, dass dies eine Kernaufgabe für sie während der Beteiligungsphase darstellt und sie auf Erfahrungen mit ihren anderen Portfoliounternehmen zurückgreifen kann. Die Fähigkeiten und Kenntnisse der Private Equity-Gesellschaft beim Monitoring und Controlling steigt mit jedem weiteren Beteiligungsfall.

Durch striktes Monitoring und Controlling kann die Agency-Problematik zwar nicht gelöst, zumindest jedoch deutlich verringert werden. Da Agency-Kosten Ineffizienzen im Unternehmen hervorrufen, bedeutet eine Reduktion dieser Kosten einen Effizienzgewinn. Monitoring und Controlling liefern somit als indirekte Werttreiber die Basis dafür, dass durch strategische Ausrichtung und operative Unterstützung direkte Unternehmenswerte geschaffen werden können.

Monitoring und Controlling sind eng an die Fähigkeiten der Private Equity-Gesellschaft geknüpft. Daher liegt eine extrinsische und indirekte Wertschöpfung vor, die zwar vorwiegend während der Beteiligungsphase angegangen wird, jedoch schon bei Vertragsschluss geplant wird.

Disziplinierende Funktion des Fremdkapitals

Die Nutzung des Leverage Effekts durch einen hohen Fremdkapitalanteil bei der Finanzierung von Private Equity-Beteiligungen ist Teil des Geschäftsmodells von Private Equity-Gesellschaften. Nach der Free-Cash Flow-Hypothese wirkt das Fremdkapital disziplinierend auf das Management des Portfoliounternehmens, da sich dieses mit einer geringen Entscheidungsfreiheit bei der Kapitalverwendung auseinandersetzen muss: Bei einer relativ geringen Eigenkapitalausstattung kann sich das Management Ineffizienz, Verschwendung und Faulheit nicht leisten, da sonst die Insolvenz des Unternehmens droht.

Da nur ein relativ geringer Risikopuffer in Form von Eigenkapital vorliegt, muss das Management eine effiziente Kapitalverwendung gewährleisten. Bei einer Insolvenz drohen dem Management der Verlust des Arbeitsplatzes und darüber hinaus auch noch ein (Teil-) Verlust seiner Reputation, was sich wiederum auf seine zukünftigen Beschäftigungsverhältnisse auswirken kann. Somit bildet ein hoher Fremdkapitalanteil für das Management einen Anreiz, alle Handlungen und Maßnahmen, die nicht den Wert des Unternehmens maximieren, zu unterlassen.

Da Fremdkapitalgeber verhältnismäßig viel Kapital bei einer Insolvenz des Unternehmens verlieren können, werden sie bei einem hohen Fremdkapitalanteil die Entwicklung des Unternehmens intensiv überwachen. Die Private Equity-Gesellschaft hat damit zumindest zum Teil auch ihre Kontrollfunktion auf die Fremdkapitalgeber ausgelagert. Die Verpflichtungen zur Rückzahlung des Fremdkapitals wirken dabei für das Management des Unternehmens wie ein Budgetplan.

Natürlich sind bei einer relativ geringen Fremdkapitalquote neben der disziplinierenden Wirkung, auch die möglichen Kosten einer Insolvenz zu berücksichtigen, die bei unerwarteten Entwicklungen, wie z.B. drastischen Nachfragerückgängen und Umsatzeinbrüchen, drohen. Schließlich werden durch eine hohe Fremdkapitalquote auch der Handlungsspielraum und die Flexibilität, die das Management ggf. für eine positive Unternehmensentwicklung braucht, eingeschränkt. So können z.B. wichtige Vertriebsmaßnahmen nicht finanziert werden.

Die disziplinierende Funktion des Fremdkapitals wirkt während der Beteiligungsphase. Zwar ist die Nutzung des Leverage Effekts besonders bei Private Equity-Gesellschaften verbreitet, doch kann dieser auch durch andere Manager aus dem Leitungs- oder Kontrollorgan initiiert werden. Es kann daher sowohl eine extrinsische als auch intrinsische indirekte Wertschöpfung vorliegen.

<table>
<tr><th rowspan="3">Werttreiber</th><th colspan="3">Phasen</th><th colspan="3">Gründe</th><th colspan="2">Quellen</th></tr>
<tr><th rowspan="2">I.</th><th rowspan="2">B.</th><th rowspan="2">D.</th><th rowspan="2">Wert-kaperung</th><th colspan="2">Wertschöpfung</th><th rowspan="2">Intrin-sisch</th><th rowspan="2">Extrin-sisch</th></tr>
<tr><th>Direkt</th><th>Indirekt</th></tr>
<tr><td>1. Optimierung der Anreizsysteme</td><td>✓</td><td>✓</td><td></td><td></td><td></td><td>✓</td><td>✓</td><td>✓</td></tr>
<tr><td>2. Monitoring und Controlling</td><td></td><td>✓</td><td></td><td></td><td></td><td>✓</td><td>✓</td><td>✓</td></tr>
<tr><td>3. Disziplinierende Funktion von Fremdkapital</td><td>✓</td><td></td><td></td><td></td><td></td><td>✓</td><td>✓</td><td>✓</td></tr>
</table>

Abbildung 16: Wertsteigerungshebel Agency-Kosten und die Werttreiber sowie Zuordnung zu den Dimensionen der Wertsteigerung. Eigene Darstellung nach Berg/ Gottschalg 2005: 43; Kaserer et al. 2007: 96.

2.2.4.3.2 Mentoring

Unternehmergeist

Unternehmen, an denen sich Private Equity-Gesellschaften beteiligen, weisen z.T. überalterte und verkrustete Strukturen ohne das notwendige unternehmerische Klima auf. Die Gründe dafür können von Unterinvestition, fehlenden Ressourcen oder Risikoaversion bis hin zu mangelnder Erneuerungs- und Verbesserungsbereitschaft reichen. Private Equity-Gesellschaften können diese verkrusteten Strukturen aufweichen und aufbrechen.

Die Private Equity-Gesellschaft kann dem Management genügend unternehmerische Freiheit gewähren: So kann das (neue) Management neue Strukturen aufbauen, Innovationen vorantreiben und das Geschäft revitalisieren. Bürokratie kann in allen Unternehmensbereichen und -ebenen abgebaut und größere Entscheidungsfreiheit den Mitarbeitern eingeräumt werden. Prozesse werden z.T. verschlankt und Verantwortlichkeiten neu zugeordnet. Das Management und die Mitarbeiter können zu engagierten Intrapreneurs werden. Teilweise lässt die Private Equity-Gesellschaft dem Management genügend unternehmerischen Freiraum, solange Meilensteine und Vorgaben erreicht werden. Dann kann sie sich auf ihre beratende und kontrollierende Funktion beschränken.

Die Entfachung eines unternehmerischen Denkens und Handelns durch die Private Equity-Gesellschaft stellt einen extrinsischen Werttreiber dar. Da dies jedoch keinen direkten Ergebniseffekt hat, liegt eine indirekte Wertschöpfung zur Unternehmenswertsteigerung vor.

Beratung und Coaching

Auf der einen Seite kann die Private Equity-Gesellschaft als „Parent Company" dem Management potentiell viel näher beratend und coachend zur Seite stehen als dies nur über traditionelle Weise in Form von Kontrollorganen möglich wäre. Die Kommunikation zwischen den Parteien kann unkompliziert und direkt erfolgen. Auf der anderen Seite sind die Anforderungen der Private Equity-Gesellschaft an die Leistung des Managements wegen ihres Renditeanspruches z.T. auch höher. Das jeweilige Management muss so teilweise deutlich härter und länger arbeiten. Die Private Equity-Gesellschaft sucht das Top Management Team sehr sorgfältig aus und nimmt – bei Bedarf – auch Veränderung in seiner Zusammensetzung vor.

Bei vielen Fragen der strategischen Ausrichtung und operativer Verbesserungen bietet die Private Equity-Gesellschaft dem Management des Portfoliounternehmens eine zusätzliche Perspektive an. Sie ermöglicht dem Management den Zugriff auf ihre Expertise und ihre Erfahrung aus vielen Beteiligungen. Dies stellt eine wertvolle Ressource dar, die anderen Unternehmen so nicht häufig zur Verfügung steht. Die Portfoliounternehmen profitieren von diesem Wissenstransfer über die Private Equity-Gesellschaft.

Netzwerk

Schließlich kann das Management des Portfoliounternehmens auch noch das Netzwerk der Private Equity-Gesellschaft mit Kontakten zu Branchenspezialisten, dem Finanzmarkt, Unternehmensberatungen oder Headhuntern in Anspruch nehmen: Werden neue Geschäftspartner gesucht, neue Manager und Mitarbeiter rekrutiert oder potentielle zusätzliche Akquisitionen angestrebt, zeigen sich die Vorteile, die sich aus dem Netzwerk der Private Equity-Gesellschaft ergeben.

Die extrinsische und indirekte Wertschöpfung der Private Equity-Gesellschaft findet während der Beteiligungsphase statt. Die Eigenschaften der Private Equity-Gesellschaft spielen bei diesem Werttreiber eine entscheidende Rolle und bieten für die Private Equity-Gesellschaft eine Möglichkeit, sich von den jeweiligen Wettbewerbern abzuheben.

Werttreiber	Phasen			Gründe			Quellen	
	I.	B.	D.	Wert-kaperung	Wertschöpfung		Intrin-sisch	Extrin-sisch
					Direkt	Indirekt		
1. Beratung/ Coaching	✓	✓	✓			✓	✓	✓
2. Netzwerk	✓	✓	✓			✓	✓	✓
3. Unternehmergeist								
1. Neue Strukturen	✓	✓				✓	✓	✓
2. Bürokratieabbau	✓	✓				✓	✓	✓
3. Höhere Entscheidungsfreiheit	✓	✓				✓	✓	✓
4. Ganzheitliche Betrachtung aller Bereiche	✓	✓				✓	✓	✓

Abbildung 17: Wertsteigerungshebel Mentoring und die Werttreiber sowie Zuordnung zu den Dimensionen der Wertsteigerung. Eigene Darstellung nach Berg/ Gottschalg 2005: 43; Kaserer et al. 2007: 96.

2.2.4.4 Zusammenfassung und Bewertung im Kontext von Familienunternehmen

BERG/ GOTTSCHALG identifizieren die Wertsteigerungshebel bei Private Equity-Beteiligungen und strukturieren diese anhand der drei Dimensionen der Wertsteigerung, den Phasen, Gründen und Quellen. Der Katalog der Wertsteigerungshebel gibt einen idealtypischen Überblick, welche Optionen zur Unternehmenswertsteigerung von Zielunternehmen grundsätzlich bestehen. Dabei sind die einzelnen Hebel mögliche Ansatzpunkte für die Private Equity-Gesellschaft, die in unterschiedlichen Kombinationen und Zusammensetzungen auf die spezifische Situation des Unternehmens angewendet werden können. Grundsätzlich ist davon auszugehen, dass die Verwendung der Hebel den Unternehmenswert steigert. Jedoch können Private Equity-Gesellschaften natürlich nicht bei jeder Beteiligung Wertsteigerungen realisieren.

Der Katalog von BERG/ GOTTSCHALG stellt ein ausgezeichnetes Instrumentarium zur empirischen Analyse von Private Equity-Beteiligungen an Familienunternehmen dar: Zwar untersucht die vorliegende Arbeit nicht die Wertsteigerungshebel an sich. Da sich Wertsteigerungshebel jedoch den einzelnen Dimensionen der Wertsteigerung zuordnen lassen, werden sie bei der Arbeit als ein Analyserahmen im Sinne der Forschungsfragen verwendet. Wird deutlich, welche Hebel zur Unternehmenswertsteigerung von der Private Equity-Gesellschaft bei der Beteiligung am Familienunternehmen genutzt werden bzw. wurden, ist damit auch offensichtlich, welcher Ausprägung der drei Dimension die Unternehmenswertsteigerung des Familienunternehmens jeweils zuzuordnen ist. Somit hilft der Katalog bei der Systematisierung und Strukturierung des komplexen Themas. Er bildet die Grundlage für die Beantwortung der Forschungsfragen.

2.2.5 Empirische Untersuchungen von Wertsteigerungen bei Private Equity-Beteiligungen

Untersuchungen von Unternehmenswertsteigerungen bei Private Equity-Beteiligungen in Europa wurden einerseits durch die Interessenvertretungen der Private Equity-Branche, wie dem europäischen Dachverband EVCA (European Private Equity & Venture Capital Association) und den europäischen Länderverbänden (z.B. BVK in Deutschland) und andererseits durch „unabhängige" Forscher durchgeführt. Die methodische Vorgehensweise und die Ergebnisse der Untersuchungen werden im Folgenden vorgestellt: Zuerst wird auf drei EVCA Studien zu Wertsteigerungen eingegangen (vgl. Abbildung 18). Danach folgt die Darstellung von fünf weiteren Studien, die von den europäischen Länderverbänden stammen.

Von April bis September des Jahres 2000 führte der EVCA eine Studie zu den ökonomischen und sozialen Auswirkungen von MBOs und MBIs in Europa durch (vgl. hierzu und im Folgenden EVCA 2003). Für den Zeitraum der Jahre 1992 bis 1997 wurden mit Hilfe einer Datenbank alle Private Equity-finanzierten Buyouts identifiziert und schließlich 2359 Unternehmen angeschrieben. Es antworteten 300 Unternehmen, was einer zweistelligen Rücklaufquote (13 %) entspricht. Da zwischen dem Ende der Untersuchungsperiode und der Untersuchung drei Jahre liegen, sollten die mittelfristigen Auswirkungen von Private Equity-Beteiligungen auf die jeweiligen Unternehmen betrachtet werden.

Die Untersuchung kommt zu dem Ergebnis, dass im Durchschnitt der Umsatz der Unternehmen seit dem Buyout um 15 % p.a. und das EBIT um 7 % p.a. gestiegen sind. Die Anzahl der Arbeitsplätze stieg im Durchschnitt jährlich um 14 %. Interessant ist die Verteilung der Zuwächse: Während ein Viertel aller Unternehmen (26 %) weniger Arbeitnehmer ausweisen, nahm jedoch bei 61 % aller Unternehmen die Mitarbeiteranzahl in Folge der Beteiligung zu. Bei 13 % der Unternehmen blieb die Arbeitsplatzanzahl konstant. Die Private Equity-finanzierten Unternehmen internationalisieren (84 statt anfänglichen 73 % der Unternehmen exportieren) und investieren vor allem in Forschung und Entwicklung (+ 66 %), Marketing (+ 59 %) und Humankapital (+ 54 %). Wertsteigerungen konnten primär durch finanzielle und strategische Beratung seitens der Private Equity-Gesellschaft und auf Ebene der operativen Maßnahmen durch optimiertes Liquiditätsmanagement, stärkerer Kundenorientierung und Effizienzsteigerungen bei Prozessen erreicht werden. Ohne Private Equity würden laut 84 % der Umfrageteilnehmer die Unternehmen nicht mehr existieren oder sie wären langsamer gewachsen.

Im Rahmen einer Studie zu Private Equity in ehemaligen Familienunternehmen wurden 1645 Unternehmen angeschrieben (vgl. hierzu und im Folgenden EVCA 2005a). Als Familienunternehmen galten Unternehmen, die sich vor der Transaktion zu über 50 % im Eigentum von einer oder mehreren Familien befanden. Die von Juni bis September 2004 durchgeführte Studie untersucht also den Exitmarkt für Familienunternehmen (vgl. Abschnitt 2.1.3.). 117 Unternehmen beantworteten den zugesandten Fragebogen, was einer Rücklaufquote von 7 % entspricht.

Das durchschnittliche jährliche Wachstum der untersuchten Unternehmen in Bezug auf den Umsatz (15 %) und das EBIT (11 %) entspricht in etwa den Ergebnissen der vorherigen Studie aus dem Jahr 2000 (s.o.). Die Anzahl der Arbeitsplätze stieg über den Untersuchungszeitraum durchschnittlich sogar um insgesamt 67 %. Des Weiteren trieben die Private Equity-Gesellschaften die Internationalisierung der übernommen Unternehmen voran, was sich durch erhöhte Exporte zeigt. Von durchschnittlich knapp 24 % konnte der Anteil der Exporte am Umsatz auf über 28 % gesteigert werden. Die Private Equity-Gesellschaft unterstützte und coachte vielfach das Management-Team. Auf operativer Ebene übte die Private Equity-Gesellschaft häufig ihren Einfluss durch Verbesserungen beim Monitoring, Reporting und bei Prozessflexibilisierungen aus. Nach Einschätzung der Umfrageteilnehmer hätten 33 % der Unternehmen ohne die Private Equity-Beteiligung ihre Unabhängigkeit nicht gewahrt.

Die EVCA untersuchte in einer europäischen Studie die Auswirkungen von Private Equity-Beteiligungen auf die Beschäftigung der Portfoliounternehmen. Sie wurde im Frühjahr 2005 in den Ländern Schweden, Deutschland, Holland, Frankreich, Italien, Spanien und Großbritannien durchgeführt (vgl. hierzu und im Folgenden EVCA 2005b). Der EVCA und die jeweiligen Landesverbände starteten eine Online-Umfrage, wobei über 1000 Private Equity-Fonds angeschrieben wurden und schließlich 201 verwertbare Antworten vorlagen. Für den Zeitraum der Jahre 1997 bis 2004 betrug das jährliche Arbeitsplatzwachstum bei Buyout-finanzierten Unternehmen 2 %. Kleinunternehmen mit bis zu 99 Mitarbeitern verzeichneten mit 7 % das stärkste Wachstum.

Im Rahmen einer Studie des BVCA (British Venture Capital Association) zu den ökonomischen Auswirkungen von Private Equity in Großbritannien antworten 1457 von möglichen 5700 britische Unternehmen, die entweder noch Private Equity-finanziert sind oder es mal waren, auf den entsandten Fragebogen (vgl. hierzu und im Folgenden BVCA 2006). Die von Mai bis August 2006 durchgeführte Umfrage lieferte folgende Ergebnisse: Über den fünfjährigen Untersuchungszeitraum der Jahre 2001 bis 2005 erzielten die untersuchten Unternehmen ein jährliches Umsatzwachstum von durchschnittlich 9 %. Damit entspricht das Umsatzwachstum exakt der Wachstumsrate bei den Beschäftigten, wobei das Wachstum organisch erfolgt ist. Die Exporte wie auch die Investitionen in Forschung und Entwicklung stiegen um durchschnittlich 6 % bzw. um 21 % pro Jahr. Die Private Equity-Gesellschaft konnte häufig bei der Finanzierung und der strategischen Ausrichtung sowie durch ihr Netzwerk das Portfoliounternehmen unterstützen. Über 90 % der Befragten schätzen, dass die Eigenständigkeit des Unternehmens ohne die Private Equity-Finanzierung nicht mehr gegeben wäre und das Wachstum langsamer gewesen wäre.

In der Studie zu den ökonomischen und sozialen Auswirkungen von Private Equity in Spanien des spanischen Verbands ASCRI (Asociacion Espanola de Entidades de Capital Riesgo) aus dem Jahr 2007 wurden aus der eigenen Branchendatenbank 802 spanische Unternehmen ermittelt, die zwischen den Jahren 1993 bis 2001 Private Equity in Anspruch genommen hatten (vgl. hierzu und im Folgenden ASCRI 2007). Dabei wurde die Entwicklung der identifizierten Unternehmen innerhalb der ersten drei Jahre nach Beteiligungsbeginn analysiert. Das durchschnittliche jährliche Umsatzwachstum betrug 25 %. Dies wurde auch durch Investitionen ins Anlagevermögen, die im untersuchten Zeitraum von drei Jahren um 23 % anstiegen, und durch einen Mitarbeiterzuwachs von jährlich 15 % erreicht.

Die AIFI (Associazione Italiana del Private Equity e Venture Capital) untersuchte im Jahr 2006 für eine Studie zu den ökonomischen und sozialen Auswirkungen von Private Equity in Italien 70 Beteiligungen von Private Equity-Gesellschaften, die zwischen den Jahren 2002 und 2004 desinvestiert wurden (vgl. hierzu und im Folgenden AIFI 2006). Der Umsatz konnte während der Beteiligungen durchschnittlich um 10 % p.a. gesteigert werden und das jährliche EBITDA-Wachstum erreichte im Durchschnitt 14 %. Auch die Arbeitsplatzanzahl wuchs mit durchschnittlich 11 % pro Jahr im zweistelligen Bereich.

Die AFIC (Association Francaise des Investisseures en Capital) führte im Jahr 2005 eine qualitative Studie zur Wertsteigerung bei Private Equity-finanzierten Unternehmen durch (vgl. hierzu und im Folgenden AFIC 2005). Mit Hilfe von Experteninterviews wurden 20 Unternehmer eines Private Equity-finanzierten Unternehmens sowie 20 Private Equity-Professionals befragt. Die Private Equity-Gesellschaften unterstützten das Management in vielen Fällen bei der strategischen Ausrichtung, bei Prozessoptimierungen und durch forcierte Expansionspläne. Auf operativer Ebene konnten die Private Equity-Gesellschaften mit einem verbesserten Reporting, mit einem optimierten Management des Umlaufvermögens und mit Exitvorbereitungen zu Unternehmenswertsteigerungen beitragen.

Schließlich untersuchte der BVK im Jahr 2005 den Einfluss von Private Equity-Gesellschaften auf ihre Portfoliounternehmen und die Wirtschaft in Deutschland (vgl. hierzu und im Folgenden BVK 2005). Alle dem BVK bekannten Private Equity-Gesellschaften erhielten einen Fragebogen zu ihren Portfoliounternehmen. Auf Basis von 198 zurückgesendeten Fragebögen wurden auch die Portfoliounternehmen direkt mit dem Fragebogen angeschrieben, sodass ihre Antworten und ihre Perspektiven mit denen der Private Equity-Gesellschaften verglichen werden konnten. Für den Zeitraum der Jahre 2000 bis 2004 konnte ein durchschnittliches Umsatzwachstum von 6 % p.a. und ein durchschnittliches Wachstum des EBIT von 5 % p.a. realisiert werden. Die Mitarbeiterzahl stieg während der Beteiligungsphase um durchschnittlich 3 % an. Das Management wurde von der Private Equity-Gesellschaft beim Netzwerk und bei Entscheidungen beratend unterstützt. Die Private Equity-Gesellschaften berieten zudem in Finanzierungsfragen und ermöglichten dem Management den Zugang zu weiteren Finanzierungsquellen. Die Entwicklung des Portfoliounternehmens wäre ohne den Einfluss der Private Equity-Gesellschaft langsamer gewesen, schätzen zwei Drittel der Befragten aus den Portfoliounternehmen.

Zusammenfassend zeigen sowohl die europaweiten als auch die länderspezifischen Untersuchungen einen sehr positiven Einfluss von Private Equity auf die Portfoliounternehmen. Umsatz und EBIT bzw. EBITDA steigen in der Beteiligungsphase durchschnittlich im einstelligen oder sogar zweistelligen Prozentbereich pro Jahr. Anders als die Kritik der Öffentlichkeit an der Private Equity-Branche vermuten lässt, nimmt die Arbeitsplatzanzahl bei Private Equity-Beteiligungen laut der Studien deutlich zu. Zudem wird die Unterstützung der Private Equity-Gesellschaften bei Finanzierung, Reporting, Controlling und der strategischen Ausrichtung als positiv bewertet. Auch auf operativer Ebene greifen die Private Equity-Gesellschaften in die Geschäftsentwicklung ihrer Portfoliounternehmen ein.

Studie	Geograph. Fokus	Stichprobe	Unternehmenswertsteigerung (Indikatoren)	Wertsteigerungshebel
EVCA: Survey of the Economic and Social Impact of Management Buyouts and Buyins in Europe (2003)	Europa	300 Portfolio-unternehmen von 1992 bis 1997	Umsatzwachstum (15% p.a.); EBIT-Wachstum (7% p.a.); Mitarbeiterzuwachs (14% p.a.); Internationalisierung; Investitionen	Finanzielle und strategische Beratung; operative Maßnahmen: optimiertes Liquiditätsmanagement, stärkere Kundenorientierung und Effizienzsteigerung bei Prozessen
EVCA: Private Equity and Generational Change (2005a)	Europa	117 Portfolio-unternehmen (ehem. Familien-unternehmen) 2004	Umsatzwachstum (15% p.a.); EBIT-Wachstum (11% p.a.); Internationalisierung	Unterstützung und Coaching des Management-Teams; Monitoring & Reporting; Prozessflexibilisierungen
EVCA: Employment Contribution of Private Equity and Venture Capital in Europe (2005b)	Schweden, Großbritannien, Deutschland, Holland, Frankreich, Italien, Spanien	201 Portfolio-unternehmen, davon 114 Buyouts von 1997 bis 2004	Mitarbeiterzuwachs bei Buyouts (2% p.a.)	-
BVCA: The Economic Impact of Private Equity in the United Kingdom (2006)	Großbritannien	1457 Portfolio-unternehmen von 2001 bis 2005	Umsatzwachstum (9% p.a.); Mitarbeiterzuwachs (9% p.a.); Exportwachstum (6% p.a.); Investitionen	Finanzierung; strategische Ausrichtung; Netzwerk
ASCRI: Economic and Social Impact of Venture Capital and Private Equity in Spain (2007)	Spanien	802 Portfolio-unternehmen von 1993 bis 2001	Umsatzwachstum (25% p.a.); Mitarbeiterzuwachs (15% p.a.)	-
AIFI: The Economic Impact of Private Equity and Venture Capital in Italy (2006)	Italien	70 Portfolio-unternehmen von 2002 bis 2004	Umsatzwachstum (10% p.a.); EBITDA-Wachstum (14% p.a.)	-
AFIC: La création de valeurs, résultat d'une alchemie entre entrepreneurs et investisseurs en capital (2005)	Frankreich	20 Portfolio-unternehmen 2005	-	Strategische Ausrichtung; Prozessoptimierungen; Expansionspläne; operative Ebene: Reporting, optimiertes Management des Umlaufvermögens, Exit-Vorbereitungen
BVK: Der Einfluss von Private Equity-Gesellschaften auf die Portfoliounternehmen und die deutsche Wirtschaft (2005)	Deutschland	198 Portfolio-unternehmen von 2000 bis 2004	Umsatzwachstum (6% p.a.); EBIT-Wachstum (5% p.a.); Mitarbeiterzuwachs (3% p.a.)	Netzwerk; Unterstützung bei Entscheidungen; Finanzierung

Abbildung 18: Untersuchungsergebnisse der Private Equity-Branchenvertretungen zu Unternehmenswertsteigerungen bei Private Equity-Beteiligungen. Eigene Darstellung.

Insgesamt zeichnen die Untersuchungen also für die Entwicklung der Portfoliounternehmen ein sehr positives Bild. Dazu sind jedoch einige Kritikpunkte aufzuführen: Bei den Herausgebern der Untersuchung handelt es sich um Interessenvertretungen der Private Equity-Branche selbst. Der BVK z.B. hat sich zum Vereinsziel die „Schaffung bestmöglicher Rahmenbedingungen für Beteiligungskapital in Deutschland" (BVK 2010) gesetzt. Die Interessenlage der Herausgeber kann gegebenenfalls auch die Ergebnisse, die in den vorliegenden Untersuchungen hauptsächlich positiv sind, beeinflussen. Zudem können die durchweg positiven Ergebnisse auch an der Zusammensetzung des Samples liegen. An den Umfragen nehmen unter Umständen nur erfolgreiche Private Equity-Gesellschaften und erfolgreiche Portfoliounternehmen teil. Da ggf. erfolglose Beteiligungsfälle im Sample gar nicht auftauchen, können die Ergebnisse der Studien verzerrt sein und ggf. nicht die Grundgesamtheit der Unternehmen widerspiegeln. Die im Folgenden vorgestellten Untersuchungen zu Unternehmenswertsteigerungen wurden unabhängig von den Interessenvertretungen der Private Equity-Branche erstellt, was die Objektivität der Ergebnisse erhöht (vgl. Abbildung 19).

MEIER untersucht die Maßnahmen von europäischen Private Equity-Gesellschaften, die während der Beteiligungsphase zu Wertschöpfungen im Portfoliounternehmen beitragen (vgl. Meier 2006). Von 454 angeschriebenen Private Equity-Gesellschaften antworteten 101 mit einem ausgefüllten Fragebogen, was einer Antwortquote von 22 % entspricht (vgl. Meier 2006: 122). Für die folgenden drei Maßnahmen konnte ein positiver Einfluss auf die Wertschöpfung nachgewiesen werden (vgl. Meier 2006: 122): Die aktive Führung und Kontrolle des Investments, eingeführte Kontroll- und Informationssysteme und die Nutzung von externer Expertise und externen Ressourcen wurden als Werttreiber ausgemacht. Die Erfahrung der Private Equity-Professionals und eine informelle Beziehung zwischen Private Equity-Professionals und Managern des Portfoliounternehmens tragen hingegen nicht zur Wertschöpfung bei.

SOBCZAK analysiert die Auswirkungen nicht-finanzieller Unterstützung von Private Equity-Gesellschaften während der Beteiligungsphase auf den Erfolg von Buyouts (vgl. Sobczak 2007). Die Autorin führt im Rahmen von fünf Fallstudien Expertengespräche mit Private Equity-Professionals durch. Aufbauend auf den Erkenntnissen der Literaturanalyse und der Fallstudien werden daraufhin Hypothesen aufgestellt, die statistisch an 71 Buyouts im deutschsprachigen Raum überprüft werden (vgl. Sobczak 2007: 7/130). Die Messung des Erfolgs einer Beteiligung erfolgt durch eine subjektive Einschätzung der Befragten (vgl. Sobczak 2007: 124). Die Autorin zeigt, dass Private Equity-Gesellschaften durch ihre Unterstützung tatsächlich den Erfolg ihrer Portfoliounternehmen positiv beeinflussen können (vgl. Sobczak 2007: 165): Dabei spielen die Qualifikation der Private Equity-Professionals, ihre Reputation, ihr Netzwerk sowie die Intensität ihrer Unterstützung in strategischen, operativen und finanziellen Fragen die wichtigste Rolle. Die Qualität des Informationsaustauschs jedoch war für den Erfolg unbedeutend.

PANKOTSCH untersucht die Gestaltungsmöglichkeiten und die Erfolgsfaktoren bei der Zusammenarbeit von Private Equity-Gesellschaften und ihren Portfoliounternehmen (vgl. Pankotsch 2005). Insgesamt beteiligten sich 33 Private Equity-Gesellschaften mit einem Portfolio von insgesamt 157 Unternehmen an der Untersuchung (vgl. Pankotsch 2005: 153). Pankotsch kommt zum Schluss, dass die Übernahme typischer Aufgaben eines Beraters wie Strategieentwicklung und Netzwerkbildung die Rendite der Private Equity-Beteiligung reduziert (vgl. hierzu und im Folgenden Pankotsch 2005: 247). Die Betreuungsintensität nimmt keinen Einfluss auf die Performance der Beteiligung. Wichtig hingegen ist, in welchen Bereichen die Betreuung stattfindet: Die Private Equity-Gesellschaften können ihre Rendite entweder durch operative Unterstützung des Portfoliounternehmens oder durch die passive Rolle als finanzierender Gesellschafter maximieren. Auch ein vertrauensvolles Verhältnis zwischen den Beteiligten und ein guter Informationsaustausch beeinflussen das Ergebnis der Beteiligung positiv.

LOOS untersucht im Jahr 2005 1422 Private Equity-Transaktionen, um Faktoren zu identifizieren, welche die Performance bei Leveraged Buyouts steigern (vgl. Loos 2006). Der Autor zeigt in einer Untersuchung, dass die durchschnittliche Performance von Buyout Deals mit einer 10 bis 20 prozentigen Management-Beteiligung am Eigenkapital höher ist, als wenn das Management weniger als 10 oder mehr als 20 % der Anteile hält (vgl. Loos 2006: 408). Eine angemessene Beteiligung des Managements steigert daher die Performance eines Deals (vgl. Loos 2006: 410). Mit einer zunehmenden Haltedauer des Investments nimmt die Performance eines Buyout Deals hingegen ab (vgl. Loos 2006: 392). Zudem verspricht ein IPO von allen möglichen Exitkanälen die höchste Rendite für die Private Equity-Gesellschaft (vgl. Loos 2006: 393).

GEIDNER stellt positive Entwicklungen von Umsatz und Unternehmensergebnis nach einem Buyout fest (vgl. Geidner 2009: 104). Zur Untersuchung griff die Autorin auf semi-strukturierte Interviews mit Geschäftsführern von Buyout-Unternehmen zurück (vgl. Geidner 2009: 95). Berücksichtigt wurden Buyouts, die zwischen 1998 und 2005 stattfanden (vgl. Geidner 2009: 98). 20 von 25 untersuchten Unternehmen konnten ihren Umsatz nach dem Buyout steigern (vgl. hierzu und im Folgenden Geidner 2009: 104f.). Während acht Unternehmen ihren Umsatz zwischen 5 und 10 % pro Jahr steigern konnten, nahm der Umsatz bei zwei Unternehmen jährlich sogar 20 bis 30 % zu. Drei Unternehmen hingegen mussten Umsatzeinbußen bis zu 8 % pro Jahr hinnehmen. Das durchschnittliche Umsatzwachstum pro Jahr betrug immerhin 6 %. Der Gewinn der Unternehmen wurde durchschnittlich um 19 % pro Jahr gesteigert, wobei die Streuung mit einer negativen Gewinnentwicklung von -1 % bis hin zu einer Gewinnsteigerung von 70 % deutlich breiter als bei der Umsatzentwicklung ist. Mehr als die Hälfte der Unternehmen konnten ihren Gewinn um mehr als 10 % steigern.

PINDUR unterscheidet in seiner Untersuchung von Wertsteigerungen bei erfolgreichen LBOs zwischen Unternehmen, die vorher vom Eigentümer oder vorher vom Management kontrolliert waren (vgl. hierzu und im Folgenden Pindur 2006: 263f.). Verbesserungspotentiale bei der Corporate Governance durch Monitoring, Kontrolle und Interessenharmonisierung liegen bei vom Management kontrollierten Unternehmen höher als bei vom Eigentümer kontrollierten Unternehmen. Daher kann bei ehemals vom Eigentümer kontrollierten Unternehmen davon ausgegangen werden, dass hier für die Private Equity-Gesellschaft geringe Potentiale zur Wertsteigerung durch eine veränderte Corporate Governance bestehen bzw. diese schon vor der Beteiligung der Private Equity-Gesellschaft weitgehend schon ausgeschöpft sind.

Studie	Geograph. Fokus	Stichprobe	Unternehmenswertsteigerung (Indikatoren)	Wertsteigerungshebel
Meier: Post-Investment Value Addition to Buyouts (2006)	Europa	101 Private Equity-Gesellschaften antworten für ihre Portfolio-unternehmen	-	Hands-On Approach zur aktiven Führung und Kontrolle des Investments; eingeführte Kontroll- und Informationssysteme; Nutzung von externer Expertise und externen Ressourcen
Sobczak: Nicht-finanzielle Unterstützung von Private-Equity-Gesellschaften und der Erfolg von Buyouts (2007)	Deutschland, Österreich, Schweiz	71 Buyouts im deutschsprachigen Raum	-	Qualifikation der Private Equity-Professionals, ihre Reputation sowie ihr Netzwerk; die Intensität ihrer Unterstützung in strategischen, operativen und finanziellen Fragen
Pankotsch: Kapitalgesellschaften und ihre Portfoliounternehmen (2005)	Deutschland	157 Portfolio-unternehmen	-	operative Unterstützung; passive Rolle als finanzierender Gesellschafter; vertrauensvolles Verhältnis der Beteiligten; guter Informationsaustausch
Loos: Value Creation in Leveraged Buyouts (2006)	Weltweit	1422 Portfolio-unternehmen	-	Management-Beteiligung; kurze Haltedauer; IPO als Exitkanal
Geidner: Der Wandel der Unternehmensführung in Buyouts (2008)	Deutschland	25 Portfolio-unternehmen aus den Jahren 1998 bis 2005	Umsatzwachstum (6% p.a.); Gewinnsteigerung (19% p.a.)	-
Pindur: Value Creation in Successful LBOs (2006)	Weltweit	-	-	Corporate Governance; Monitoring; Kontrolle; Interessenharmonisierung

Abbildung 19: Untersuchungsergebnisse „unabhängiger“ Forscher zu Unternehmenswertsteigerungen bei Private Equity-Beteiligungen. Eigene Darstellung.

Allgemein bleiben Schwierigkeiten, Unternehmenswertveränderungen und die Auswirkungen von Private Equity-Beteiligungen zu messen. Nur bei einer Bewertung am Markt bei Kauf und Verkauf der Beteiligung kann der Unternehmenswert genau bestimmt werden. Da eine solche Bewertung nur in den seltensten Fällen mangels Datenverfügbarkeit möglich ist, müssen Unternehmenswertsteigerungen mangels Alternativen über eine Veränderung von Kennzahlen wie Umsatz, EBIT oder Jahresüberschuss errechnet werden. Da zur Bewertung von Unternehmen jedoch auch Multiplikatoren dieser Kennzahlen verwendet werden, sind Unternehmensentwicklungen doch recht genau abzubilden.

Untersuchungen von Private Equity-Beteiligungen unterliegen immer der Gefahr eines einseitigen Samplings, das primär erfolgreiche Beteiligungen untersucht. Bei Umfragen sind Rücklaufquoten meist gering, sodass nicht in allen Fällen mit einer repräsentativen Stichprobe gerechnet werden kann. Unterschiedliche Definitionen z.B. von Private Equity und Venture Capital oder den Finanzierungsphasen erschweren die Vergleichbarkeit von Studien in diesem Forschungsbereich. Gerade bei Betrachtung durchschnittlicher Werte, z.B. den durchschnittlichen Umsatzwachstum, können einzelne Werte das Untersuchungsergebnis verzerren. Schließlich bleibt die Frage nach der jeweiligen Benchmark bei Unternehmenswertsteigerungen.

Zusammenfassend gibt es eine Vielzahl an empirischen Untersuchungen zu Unternehmenswertsteigerungen bei Private Equity-Beteiligungen, die entweder von Interessenvertretungen der Private Equity-Branche oder durch „unabhängige" Forscher durchgeführt wurden. Insgesamt werden bei den Studien erhebliche Steigerungen der jeweiligen Unternehmenswerte festgestellt. Danach sorgen Private Equity-Beteiligungen bei den Portfoliounternehmen für Umsatzwachstum und Ergebnissteigerung. Darüber hinaus identifizieren die Untersuchungen Wertsteigerungshebel, die von den Private Equity-Gesellschaften genutzt werden. So unterstützen Private Equity-Gesellschaften ihre Portfoliounternehmen z.B. bei der Finanzierung oder der strategischen Ausrichtung. Trotz der umfangreichen Forschung zu Unternehmenswertsteigerungen bei Private Equity-Finanzierungen gibt es für Beteiligungen an Familienunternehmen noch keine Untersuchungen. Die Besonderheiten des Unternehmenstypus Familienunternehmen werden im folgenden Kapitel vorgestellt.

2.3 Familienunternehmen

In diesem Kapitel (2.3.) werden die Grundlagen von Familienunternehmen innerhalb von vier Abschnitten dargestellt: Der erste Abschnitt (2.3.1.) befasst sich mit der Definition und Begriffsabgrenzung von Familienunternehmen. Der zweite Abschnitt (2.3.2.) beleuchtet die außerordentliche ökonomische Bedeutung von Familienunternehmen. Daraus wird die Relevanz für eine betriebswirtschaftliche Forschung von diesem Unternehmenstypus abgeleitet. Im nächsten Abschnitt (2.3.3.) wird die Rolle von Private Equity im Rahmen der Finanzierung von Familienunternehmen aufgezeigt. Den Schwerpunkt der Grundlagen über Familienunternehmen bildet der Abschnitt über die Ziele von Familienunternehmen bzw. der Unternehmensfamilie (2.3.4.). Insbesondere werden die Unterschiede in den monetären Zielen von Familienunternehmen und Private Equity-Gesellschaft vorgestellt. Besonders relevant ist außerdem das Zielbündel der Unternehmensfamilie, das sowohl monetäre als auch nicht-monetäre Ziele beinhaltet. Schließlich werden empirische Untersuchungen über nicht-monetäre Ziele von Familienunternehmen dargelegt.

2.3.1 Definition und Begriffsabgrenzung

Bis heute hat sich keine allgemein anerkannte Definition von Familienunternehmen in der Wissenschaft durchgesetzt (vgl. Chrisman et al. 2003: 2/8ff.). Es gibt eine Vielzahl unterschiedlicher Definitionen, die meist einen forschungsspezifischen Charakter aufweisen. CHRISMAN ET AL. finden im Rahmen einer Untersuchung über Familienunternehmen allein in 226 wissenschaftlichen Artikeln 34 unterschiedliche Definitionen (vgl. Chrisman et al. 1996: 3ff./55f.). Schon 1989 schrieb HANDLER „Defining the family firm is the most obvious challenge facing family business researchers" (Handler 1989: 258). Natürlich markiert auch heute noch die Definition den Ausgangspunkt jeder wissenschaftlichen Arbeit. Doch durch die Vielzahl unterschiedlicher Definitionen ist die Vergleichbarkeit von wissenschaftlichen Arbeiten und ihren Ergebnissen eingeschränkt, was eine einheitliche Entwicklung zur „Theorie des Familienunternehmens" erschwert.

Die Bestimmung einer einheitlichen Definition von Familienunternehmen fällt deshalb so schwer, weil der Begriff aus der alltäglichen Praxis stammt und in unterschiedlichster Form genutzt wird. Er wird nicht an ein institutionalisiertes Kriterium, wie z.B.

Rechtsform, Größe, Branche, Alter des Unternehmens, Familiengeneration oder Organstruktur, geknüpft.

Der kleinste gemeinsame Nenner einer Definition von Familienunternehmen in der Wissenschaft ist, wie der Name Familienunternehmen schon andeutet: Die Familie spielt im Unternehmen eine Rolle. Je nach Kulturkreis werden jedoch Familien unterschiedlich definiert. Bei anderen Definitionsmerkmalen wie z.B. Eigentum, Governance, Management, Nachfolge oder auch Familiness endet die Einigkeit der Wissenschaftler schon (vgl. Hack 2009: 3ff.).

Zur Strukturierung der unterschiedlichen Definitionen kann in einem ersten Schritt zwischen Beobachtungen erster und zweiter Ordnung unterschieden werden (vgl. Wiechers 2006: 32ff.): Bei Beobachtungen erster Ordnung definieren Wissenschaftler erst, was Familienunternehmen sind und welche Definitionselemente ein Unternehmen erfüllen muss, damit es als ein Familienunternehmen bezeichnet werden kann. Dann folgt die tatsächliche Untersuchung der Unternehmen.

Bei Beobachtungen zweiter Ordnung schätzen sich die Unternehmer selbst als Familienunternehmer ein. Die Wissenschaftler suchen dann nach Merkmalen, Verhaltensweisen und Ausprägungen, die das Familienunternehmen von anderen Unternehmensformen unterscheidet, wie also die Einschätzung der Unternehmer als Familienunternehmer zu Stande kommt.

In einem zweiten Schritt kann die Beobachtung erster Ordnung noch einmal in zwei Ansätze unterteilt werden: Zum einen in den „Components-of-involvement"-Ansatz und zum anderen in den „Essence"-Ansatz (vgl. Chrisman et al. 2005: 555ff.). Beim „Components-of-involvement"-Ansatz gilt der Familieneinfluss auf das Unternehmen als hinreichende Bedingung zur Identifikation eines Familienunternehmens. Der Familieneinfluss kann sich in Stärke und Qualität unterscheiden (vgl. Zellweger/ Mühlebach 2008: 15). Unberücksichtigt dabei bleibt, ob der Familieneinfluss zu einer bestimmten Ausprägung des Unternehmens führt, die es von anderen Unternehmen unterscheidet. Es reicht allein der potentielle Familieneinfluss (vgl. Wiechers 2006: 47).

Der „Essence"-Ansatz basiert auf der Idee, dass nur ein spezifisches Verhalten ein Unternehmen zu einem Familienunternehmen macht. Der Familieneinfluss ist in diesem Fall eine notwendige Bedingung, welcher zu einem besonderen, für Familienunternehmen typischen Verhalten führt. Zum potentiellen muss also noch der tatsächliche Familieneinfluss kommen (vgl. Wiechers 2006: 47).

Allerdings ist der Familieneinfluss nie perfekt messbar, sodass auch eine klare Abgrenzung von Familienunternehmen (FU) zu Nicht-Familienunternehmen (NFU) schwer aufrecht zu erhalten ist. Diese künstliche Dichotomie wird mit Hilfe von kontinuierlichen Ausprägungen eines Familieneinflusses bei verschiedenen Definitionen überwunden (vgl. hierzu z.B. die F-PEC Skala von Astrachan et al. 2002).

Der Begriff Familienunternehmen verdeutlicht, dass in dieser Organisation zwei Systeme miteinander verbunden sind, nämlich eine Familie und ein Unternehmen. „Eine Gruppe von Menschen, die in einem direkten verwandtschaftlichen Verhältnis zueinander stehen und die von einer definierten Ursprungsehe abstammen, sowie deren Ehepartner" definiert KLEIN als die Familie (Klein 2004: 18). Die Autorin bezeichnet ein Unternehmen als eine Organisation, „die als offenes System mit der Herstellung eines Gutes oder Zur-Verfügungstellen einer Dienstleistung eine produktive Funktion wahrnimmt" (Klein 2004: 18).

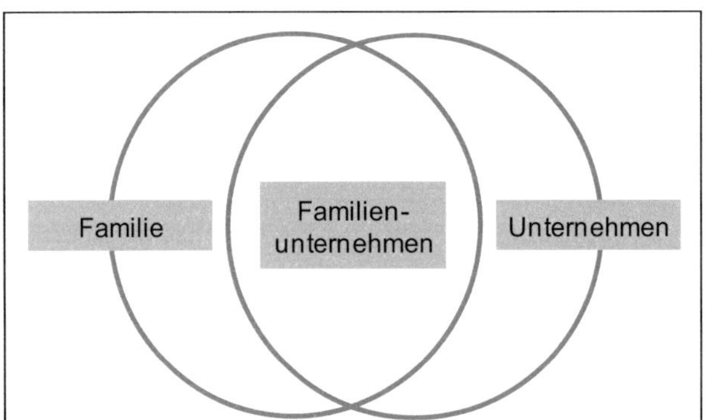

Abbildung 20: Zwei-Kreis-Modell. Eigene Darstellung nach Calder 1961; Donnelly 1964.

Durch die Verbindung und Verknüpfung der beiden selbstständigen und unterschiedlichen sozialen Systeme, welche unterschiedlichen Funktionslogiken, Regeln, Normen, Werten und Zielen gehorchen, entsteht das Familienunternehmen (vgl. Simon et al. 2005: 16ff.). Aus systemtheoretischer Sicht ist von einer „strukturellen Kopplung" zweier Systeme die Rede (Wimmer et al. 2004: 5), sodass in diesem Zusammenhang auch von Ko-Existenz und Ko-Evolution gesprochen wird (vgl. Wimmer et al. 2005: 7ff.). Beide unterschiedlichen Systeme beeinflussen und prägen sich durch „wechselseitige Einfärbung" (Wimmer 2007: 33). Die strukturelle Kopplung und der „wechselseitige Prägungsprozess" (Wimmer et al. 2005: 8) der beiden Systeme Familie und Unternehmen wird im Zwei-Kreis-Modell verdeutlich (vgl. Abbildung 20).

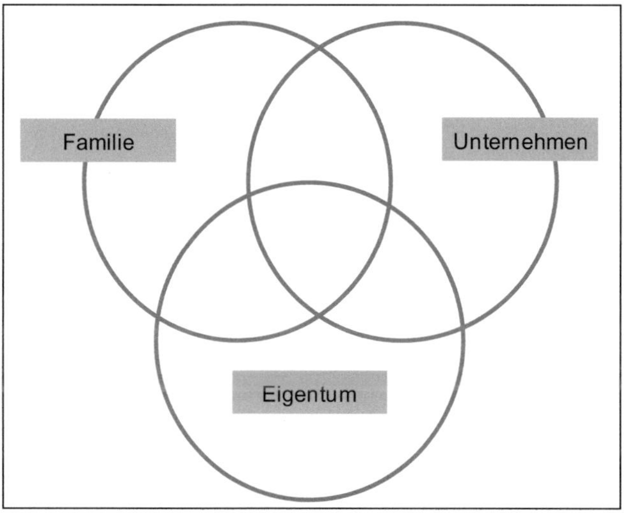

Abbildung 21: Drei-Kreis-Modell. Eigene Darstellung nach Tagiuri/ Davis 1996.

TAGIURI/ DAVIS (1996) ergänzen die beiden Systeme Familie und Unternehmen mit einem weiteren Subsystem des Familienunternehmens, dem Eigentum (vgl. Tagiuri/ Davis 1996; vgl. Abbildung 21). Das *Drei-Kreis-Modell* soll eine ganzheitliche Betrachtung des Familienunternehmens mit seinen Subsystemen ermöglichen. Es beschreibt die sieben Rollen und die vorherrschende Komplexität, welche sich für die Akteure in einem Familienunternehmen durch die Überschneidungen der drei konstituierenden Subsysteme Familie, Eigentum und Unternehmen ergeben können. Das *Drei-Kreis-Modell* ist eine statische Betrachtung des Systems Familienunternehmen. Das *Three-Dimensional-Modell* von GERSICK ET AL. stellt die Entwicklung der drei Subsysteme anhand der Achsen „Familienachse“, „Unternehmensachse“ und „Eigentümerachse“ dynamisch dar (vgl. Gersick et al. 1997: 17). Im Zeitverlauf verändern sich die Konstellationen innerhalb und zwischen den drei Subsystemen, was zu besonderen Chancen und Risiken für das Familienunternehmen führen kann. Unabhängig von einer statischen oder dynamischen Betrachtung der Systeme eines Familienunternehmens, integriert die folgende Definition von Familienunternehmen alle drei Subsysteme:

WIMMER ET AL. definieren ein Familienunternehmen als „ein Unternehmen, bei dem eine Familie bzw. ein Familienverband einen bestimmenden Einfluss auf die Entwicklung des Unternehmens ausübt“ (Wimmer et al. 2004: 3). Diese qualitative Definition von Familienunternehmen ermöglicht eine Betrachtung und einen Einbezug von „unterschiedliche[n] Spielarten der Kopplung von Familie und Unternehmen“, welche durch das Eigentum an demselben hergestellt wird (Wimmer et al. 2005: 7). Weil auch WIMMER ET AL. (2005) die Bedeutung des gemeinsamen Eigentums betonen, kann die obige Definition von Familienunternehmen um diesen Punkt ergänzt werden. Somit greift die vorliegende Arbeit auf folgende Definition zurück:

Ein Unternehmen ist ein Familienunternehmen, wenn „eine Familie bzw. ein Familienverband [aus einer Eigentümerrolle heraus] einen bestimmenden Einfluss auf die Entwicklung des Unternehmens ausübt“ (Wimmer et al. 2004: 3).

2.3.2 Bedeutung von Familienunternehmen

Familienunternehmen haben eine außerordentliche ökonomische Bedeutung in Deutschland: Sie bilden das Fundament und das Rückgrat der Volkswirtschaft (vgl. Wimmer et al. 2005: IX). Familienunternehmen sind nicht Sonderfälle in unserem Wirtschaftssystem, sondern die Normalfälle und die Regel (vgl. Kormann 2005: 8). Dabei ist eine empirische Erfassung der volkswirtschaftlichen Bedeutung von Familienunternehmen alles andere als einfach, denn je nach Definition, Stichprobe, Erhebungsmethode und Erhebungsjahr schwanken die Ergebnisse der Studien erheblich (vgl. Koeberle-Schmid 2008: 7).

Nach Untersuchungen von KLEIN aus dem Jahre 2000 sind ca. 85 % aller deutschen Unternehmen mit Umsätzen zwischen 2 und 9 Millionen DM, ca. 84 % aller Unternehmen mit Umsätzen zwischen 10 und 49 Millionen DM und ca. 73 % aller Unternehmen mit Umsätzen zwischen 50 und 99 Millionen DM Familienunternehmen (vgl. Klein 2004: 41ff.). Dabei sinkt der Anteil der Familienunternehmen an den untersuchten Unternehmen mit steigenden Umsätzen. Bei Unternehmen mit mehr als einer Milliarde DM Umsatz machen sie „nur" noch 41 % aus. Insgesamt sind aber über 70 % der Unternehmen mit mehr als 2 Millionen DM Umsatz Familienunternehmen. Diese Familienunternehmen stellen knapp 60 % der Arbeitsplätze in Deutschland zur Verfügung und erwirtschaften, z.B. im Handwerk, kumuliert höhere Umsätze als Nicht-Familienunternehmen.

Laut dem INSTITUT FÜR MITTELSTANDSFORSCHUNG BONN (2008) stellen Familienunternehmen 95 % aller Unternehmen, 42 % vom Umsatz und 57 % aller in Deutschland Beschäftigten. Allein die 500 größten deutschen Familienunternehmen machen ca. 9 % aller sozialversicherungspflichtigen Arbeitsverhältnisse und ca. 11 % des Umsatzes aller Unternehmen in Deutschland aus (vgl. Stiftung Familienunternehmen 2007: 53). Selbst am deutschen Kapitalmarkt spielen Familienunternehmen eine deutlich wichtigere Rolle als die vorherrschende Meinung erahnen lässt. Sowohl ihre Anzahl als auch ihre Marktkapitalisierung im deutschen Aktienindex CDAX unterstreichen diese Aussage (vgl. Stiftung Familienunternehmen 2009: 93ff.): In den Jahren von 1998 bis 2008 machen börsennotierte Familienunternehmen je nach Jahr zwischen einem Drittel bis über die Hälfte aller börsennotierten Unternehmen (ohne Finanzunternehmen) aus. Zudem stellen Familienunternehmen ungefähr ein Drittel der Marktkapitalisierung des CDAX.

Diese deutschen Zahlen über die ökonomische Bedeutung von Familienunternehmen decken sich mit internationalen Untersuchungen, die ähnliche Ergebnisse liefern: In den USA sind Familienunternehmen für 64 % des Bruttoinlandsprodukts, für 85 % der Arbeitsplätze in der Privatwirtschaft und für 86 % aller im letzten Jahrzehnt geschaffenen Arbeitsplätze verantwortlich (vgl. Poza 2007: 1). Weltweit machen Familienunternehmen zwischen 80 und 98 % aller Unternehmen aus (vgl. Poza 2007: 3).

National und international sind Familienunternehmen also die dominierende Unternehmensform. Daraus leitet sich eine außerordentliche Relevanz für die wirtschaftswissenschaftliche Forschung ab. Bedenkt man die ökonomische Bedeutung von Familienunternehmen in Deutschland, aber auch in dem Rest der Welt, verwundert es, dass die betriebswirtschaftliche Forschung bis in die 80er Jahre des letzten Jahrhunderts Familienunternehmen nur am Rande betrachtete (vgl. Hack 2009: 2).

2.3.3 Finanzierung von Familienunternehmen

Private Equity stellt eine Finanzierungsart dar. Welche Rolle es bei der Finanzierung von Familienunternehmen spielt, wird im folgenden Abschnitt geklärt. Familienunternehmen weisen eine besondere Finanzierungsstruktur auf. Obwohl die Unternehmensfinanzierung (Kapitalbeschaffung) stark von den Investitionsmöglichkeiten (Kapitalverwendung) abhängig ist (vgl. Perridon/ Steiner 2002: 8/486), wird im Sinne der Forschungsfrage dieser Arbeit nur die Seite der Unternehmensfinanzierung betrachtet.

Die Rolle der Unternehmensfamilie ist für die Finanzierung von Familienunternehmen in zweierlei Hinsicht besonders relevant: Erstens stellt die Familie als Eigentümer dem Familienunternehmen das Eigenkapital zur Verfügung und zweitens gilt allgemein der Eigenkapitalanteil der Unternehmensfamilie als ein wichtiges Definitionsmerkmal für Familienunternehmen (vgl. z.B. Klein 2004: 106).

Dabei tritt nach Untersuchungen von KLEIN aus den Jahren 1995 und 2000 die Unternehmensfamilie in 80 bzw. 84 % der analysierten Fälle bei Familienunternehmen als Alleineigentümer, d.h. als einziger Eigenkapitalgeber, auf (vgl. Klein 2004: 108). In weiteren 18 bzw. 13 % der Fälle hält die Unternehmensfamilie als Mehrheitseigentümer den Hauptteil der Anteile. In nur 2 bzw. 3 % der Familienunternehmen hat die Unternehmensfamilie eine Minderheitsposition. Als Alleineigentümer oder zumindest Mehrheitseigentümer kann die Unternehmensfamilie also grundsätzlich unabhängig von dritten Parteien die Ziele der Finanzierung festlegen und über die Aufnahme von weiteren Eigenkapitalgebern, d.h. auch von Private Equity-Gesellschaften, entscheiden.

Die Finanzierungsziele von Familienunternehmen wurden in verschiedenen Untersuchungen erhoben (vgl. Redlefsen/ Eiben 2006: 5f.; vgl. Abbildung 22): Die wichtigsten Ziele sind niedrige Finanzierungskosten, geringe Mitspracherechte der Kapital- bzw. Kreditgeber, Sicherheit und Langfristigkeit der Finanzierung, geringe Höhe der zu leistenden Sicherheiten sowie Flexibilität der Inanspruchnahme des Kapitals. Ähnliche Finanzierungsziele identifizieren ACHLEITNER ET AL. (vgl. Achleitner et al. 2008: 19): Von Familienunternehmen werden Flexibilität/ Liquidität, Verhinderung von Einfluss von externen Akteuren, Zuverlässigkeit/ Langfristigkeit und Unabhängigkeit angestrebt. Auch WIMMER betont den hohen Stellenwert von „unternehmerische[r] Autonomie und finanzielle[r] Unabhängigkeit" bei der Finanzierung von Familienunternehmen (Wimmer 2009: 10).

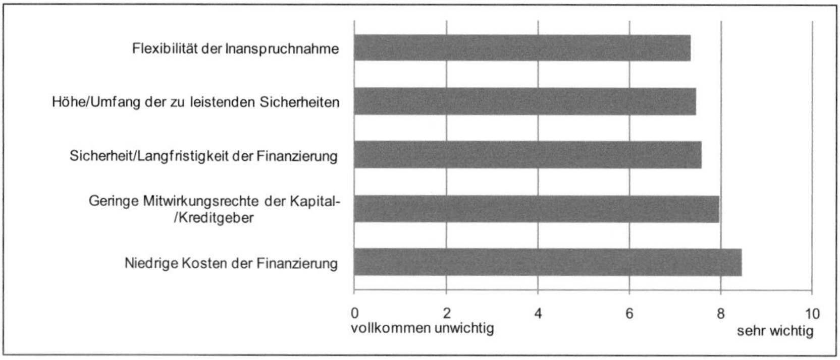

Abbildung 22: Finanzierungsziele von Familienunternehmen. Eigene Darstellung nach Redlefsen/ Eiben 2006: 5.

Entsprechend ihrer Finanzierungsziele wählen Familienunternehmen auch ihre Finanzierungsinstrumente aus: Der Bankkredit als Finanzierungsinstrument der Passivseite und das Leasing als Finanzierungsinstrument der Aktivseite der Bilanz nehmen sowohl in der Bekanntheit des Finanzierungsinstruments als auch in der Nutzung desselben bei deutschen Familienunternehmen eine führende Rolle ein (vgl. Redlefsen/ Eiben 2006: 6ff.). Immerhin nutzen fast 90 % aller Familienunternehmen den Bankkredit und ca. 80 % das Leasing (vgl. Redlefsen/ Eiben 2006: 6ff.). Nach der Studie von ACHLEITNER ET AL. finanzieren sich Familienunternehmen über thesaurierte Gewinne (in 96 % der Fälle), kurzfristige (87 %) und langfristige Kredite (83 %), Leasing (77 %), Gesellschafterdarlehen (71 %) und Einlagen (70 %) (vgl. Achleitner et al. 2008: 28). Auch WIMMER bestätigt die „klare Präferenz“ für den „klassischen Bankkredit“ (vgl. Wimmer 2009: 10). Obwohl 85 % der Familienunternehmen Private Equity als Finanzierungsart kennen, wird es nur von 8 % bzw. 7 % der Unternehmen genutzt (vgl. Redlefsen/ Eiben 2006: 6ff.; bzw. vgl. Achleitner et al. 2008: 27). Die Nutzung von Private Equity ist trotz des hohen Bekanntheitsgrads als Finanzierungsart also verhältnismäßig gering.

Diese Zahlen sprechen für die praktische Relevanz der sog. Pecking-Order-Theory (vgl. hierzu und im Folgenden Myers/ Majluf 1984: 187ff.). Nach dieser Finanzierungstheorie gibt es eindeutige und hierarchische Präferenzen bei der Reihenfolge der Auswahl und Nutzung von Finanzierungsinstrumenten zur Kapitalbeschaffung: Unternehmen bevorzugen demnach eine interne Finanzierung aus dem Cash Flow gegenüber einer externen Finanzierung. Wenn auf eine Außenfinanzierung zurückgegriffen werden muss, wird Fremdkapital gegenüber „fremdem“ Eigenkapital bevorzugt.

Die vorgestellten Untersuchungsergebnisse verdeutlichen, dass ohne besonderen Beteiligungsanlass, wie z.B. Nachfolgelösungen, Ausstieg von Gesellschaftern, den Wunsch zur Professionalisierung oder einer kapitalintensiven Expansionsstrategie, Familienunternehmen nicht auf Private Equity-Gesellschaften als Finanzierungsquelle zurückgreifen. Sofern eine Beteiligung Dritter an Familienunternehmen doch erforderlich wird, bevorzugen Familienunternehmen Minderheitsgesellschafter mit beschränktem Einfluss ohne Sperrminorität (vgl. Klein 2004: 110). „Solange Unternehmerfamilien die Wahl haben, bleiben sie unter sich“ (Klein 2004: 110). Diese Aussage wird durch andere Autoren bestätigt (vgl. z.B. Zellweger/ Mühlebach 2008: 115) und auch durch eine Untersuchung von KLEIN auf Basis von 180.000 Familienunternehmen mit mehr als zwei Millionen Euro Umsatz aus dem Jahre 1995 verdeutlicht (vgl. Klein 2004: 190ff.): 80 % der Familienunternehmen haben gar keine Fremdbeteiligung. Die 20 % der Familienunternehmen mit Fremdbeteiligung haben in ca. der Hälfte der Fälle eine qualifizierte und in 42 % der Fälle immer noch eine einfache Mehrheit. In nur 7 % der Fälle verfügt die Familie über eine Minderheitsposition. Generell wird die Unternehmensfamilie also auch bei einer Private Equity-Beteiligungen an ihrem Familienunternehmen danach streben, eine Mehrheitsposition zu behalten.

Aus der Präferenz der Familienunternehmen für eine interne Finanzierung ergibt sich in vielen Fällen ein hoher Anteil von Eigenkapital am Gesamtkapital. Die durchschnittliche Eigenkapitalquote der von REDLEFSEN/ EIBEN untersuchten Familienunternehmen beträgt 36 % (vgl. Redlefsen/ Eiben 2006: 2f.). Die von ACHLEITNER ET AL. betrachteten Unternehmen weisen mit durchschnittlich knapp 45 % eine höhere Eigenkapitalquote aus (vgl. Achleitner et al. 2008: 28). WIMMER spricht von einer niedrigen Eigenkapitalquote von unter 20 % bei deutschen Familienunternehmen (vgl. Wimmer 2009: 10), was auf eine „Eigenkapitallücke" schließen lassen würde. Zu bedenken dabei ist, dass die Aussagen und Untersuchungen aus verschiedenen Jahren stammen und so konjunkturellen Einflüssen unterliegen können. Zudem verzerrt eine durchschnittliche Betrachtung der Eigenkapitalquoten (vgl. Redlefsen/ Eiben 2006: 2f.; vgl. Abbildung 23): 20 % der untersuchten Familienunternehmen weisen eine Eigenkapitalquote von 20 % oder weniger auf. 43 % der Unternehmen sind mit Eigenkapitalquoten zwischen 20 und 40 % solide finanziert. Immerhin 15 % der Unternehmen sind mit einer Eigenkapitalquote von 60 oder mehr Prozent überfinanziert. Die Bandbreite der Eigenkapitalquoten bei Familienunternehmen ist also als besonders breit einzuschätzen, obwohl viele Familienunternehmen Eigenkapitalquoten von etwa 30 oder 40 % aufweisen (vgl. Redlefsen/ Eiben 2006: 2f.).

Eine solche „mittlere" Eigenkapitalquote ist aus theoretischer Sicht vorteilhaft. Damit wird einerseits einer Unterfinanzierung ohne ausreichende Kapitalreserven vorgebeugt, sodass eine Überschuldung verhindert wird. So dient eine hohe Eigenkapitalquote als Garant für wirtschaftliche Sicherheit und Unabhängigkeit. Bei einer zu hohen Eigenkapitalquote würde eine verminderte Eigenkapitalrentabilität entstehen: Die Kosten der Finanzierung steigen, Steuervorteile können nicht genutzt werden und Wachstumschancen infolge einer Überfinanzierung können eventuell im Gegensatz zu Wettbewerbern nicht wahrgenommen werden.

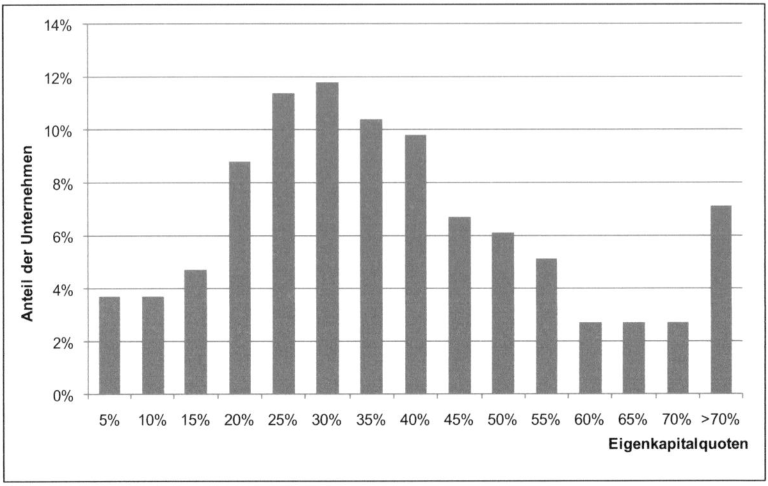

Abbildung 23: Eigenkapitalquoten von Familienunternehmen in Prozent. Eigene Darstellung nach Redlefsen/ Eiben 2006: 2f.

Ein ausreichendes Eigenkapitalpolster in einem Familienunternehmen kann nur durch eine „restriktive Ausschüttungspolitik" (May 2009: 121) und „vorsichtige Entnahmepolitik" (Wimmer et al. 2004: 6) seitens der Unternehmensfamilie aufgebaut werden. Dabei hat die Entwicklung des Unternehmens Vorrang gegenüber einzelnen und individuellen Interessen (vgl. Wimmer et al. 2004: 6). In wirtschaftlichen Notphasen und konjunkturellen Einbrüchen wird z.T. vollständig auf Ausschüttungen verzichtet (vgl. Wimmer et al. 2004: 13), was sich anonyme Publikumsgesellschaften selbst in Notzeiten kaum leisten können. In diesem Sinne stellt die Unternehmensfamilie ihrem Unternehmen geduldiges Kapital, d.h. „patient capital" (Sirmon/ Hitt 2003: 339), zur Verfügung: Langfristige Orientierung zählt mehr als kurzfristiges Gewinnstreben.

Die Finanzierungsverantwortung bei Familienunternehmen liegt mit 44 % der Fälle entweder beim Leitungsorgan (z.B. der Geschäftsführung) oder mit 26 % der Fälle bei den Gesellschaftern, was den starken Einfluss der Gesellschafter auf ihr Unternehmen unterstreicht (vgl. Redlefsen/ Eiben 2006: 3f.). In ca. 22 % der Fälle wird die Finanzierungsverantwortung auch von verschiedenen Gruppen wahrgenommen (vgl. Redlefsen/ Eiben 2006: 3f.).

Bei einer Beteiligung einer Private Equity-Gesellschaft an einem Familienunternehmen liegt die Finanzierungsverantwortung letztendlich bei den Gesellschaftern des Familienunternehmens, da eine Beteiligung ihre Rechtsposition als bisherige Eigentümer beeinflusst und sich die Eigentumsverhältnisse grundlegend ändern können: So kann z.B. der Eigenkapitalanteil eines Familienmitglieds oder eines Familienstammes unter eine kritische Schwelle, wie z.B. die qualifizierte bzw. einfache Mehrheit oder die Sperrminorität, fallen. Deshalb muss je nach Satzung bzw. Gesellschaftsvertrag eine Mehrheit oder gar 100 % des Kapitals der Aufnahme einer Private Equity-Gesellschaft zustimmen. Es bedarf also in den allermeisten Fällen eines einstimmigen Beschlusses zur Aufnahme von Private Equity.

Der Einstieg einer Private Equity-Gesellschaft ist auch mit den Kredit gebenden Banken abzustimmen, die in Deutschland durch die kreditlastige Finanzierung der Unternehmen einen besonderen Stellenwert einnehmen. 95 % der Familienunternehmen verfügen über eine traditionelle Hausbank (vgl. Redlefsen/ Eiben 2006: 9). Fast drei Viertel aller Familienunternehmen werden durch mindestens eine und maximal vier Banken finanziert. Nur wenige der Familienunternehmen greifen bei der Fremdfinanzierung auf mehr Banken zurück. Durch die Fokussierung auf wenige Banken bei der kreditseitigen Finanzierung des Familienunternehmens ist eine Abstimmung und Koordination mit diesen bei der Aufnahme von Private Equity grundsätzlich relativ einfach.

Zusammenfassend lässt sich die Finanzierung von Familienunternehmen als zumeist konservativ und traditionell beschreiben, wobei das Finanzierungsverhalten den Erwartungen der Pecking-Order-Theory entspricht (vgl. Myers/ Majluf 1984): Eine Innenfinanzierung wird einer Außenfinanzierung und eine Finanzierung mit Fremdkapital einer mit „fremden" Eigenkapital bevorzugt. Risiken werden bei der Finanzierung möglichst vermieden. So werden durch thesaurierte Gewinne und Kredite finanzierte organische Wachstumsstrategien gegenüber aggressiven und kapitalintensiven Expansionsstrategien bevorzugt.

Die Finanzierung wird darauf ausgerichtet, die Entwicklung des Unternehmens und den Einfluss der Familie nicht zu gefährden, zumal beinahe das ganze Vermögen der Unternehmensfamilie im Unternehmen gebunden und nicht diversifiziert ist. Unternehmerische Freiheit, Unabhängigkeit und Flexibilität sind wichtige Finanzierungsziele bei Familienunternehmen. Die langfristige Ausrichtung der Finanzierung wird durch eine restriktive Ausschüttungspolitik und „patient capital" (Sirmon/ Hitt 2003: 339) unterstrichen.

Wenn kein besonderer Finanzierungsanlass, wie z.B. eine Nachfolge, ein Gesellschafterkonflikt oder eine notwendige expansive Wachstumsstrategie, vorliegt, vermeiden Unternehmensfamilien die Aufnahme von Private Equity. Aus diesem Grund werden in der nachfolgenden empirischen Untersuchung auch explizit die Beteiligungsanlässe berücksichtigt.

2.3.4 Ziele der Unternehmensfamilie

Dieser Abschnitt thematisiert die Ziele der Unternehmensfamilie. Sie hat eine eigene Perspektive auf die monetären Ziele, welche sie von der Private Equity-Gesellschaft unterscheidet (Absatz 2.3.4.1). Neben der Unternehmenswertsteigerung verfolgt sie auch nicht-monetäre Ziele (Absatz 2.3.4.2). Schließlich wird die bisherige betriebswirtschaftliche Literatur über die nicht-monetären Ziele von Familienunternehmen vorgestellt (Absatz 2.3.4.3).

2.3.4.1 Verschiedene Perspektiven der monetären Ziele

Wie in Kapitel 2.2. beschrieben, möchte sowohl die Private Equity-Gesellschaft als auch die Unternehmensfamilie den Unternehmenswert steigern. Jedoch unterscheiden sich die beiden Parteien in ihrem angestrebten Investitionszeitraum und in der Realisierung dieser Wertsteigerungen.

Während die Private Equity-Gesellschaft den Unternehmenswert bis zum Exit ihrer Beteiligung steigern möchte, hat die Unternehmensfamilie die langfristige Steigerung des Unternehmenswerts, welcher z.T. über Generationen aufgebaut wurde und weiterhin aufgebaut werden soll, zum Ziel. „Maintaining the ability to create value over generations in terms of financial outcomes and strategic sustainability is a primary concern of family firms" (Salvato/ Melin 2008: 259). Nach einer Untersuchung von KOEBERLE-SCHMID haben ca. 97 % der Familienunternehmen eine über die Generationen hinweg langfristige Unternehmenswertsteigerung zum Ziel (vgl. Koeberle-

Schmid 2008: 147). Auch andere Autoren bestätigen diese Aussage (vgl. z.B. Albach 2002: 163ff.; van den Berghe/ Carchon 2002: 225ff.).

Wegen der langfristigen Orientierung von Familienunternehmen wird von „patient capital“ (Sirmon/ Hitt 2003: 339), also geduldigem Kapital, gesprochen. Im Gegensatz dazu stellt Private Equity „non-patient capital“, also ungeduldiges Kapital, dar. Dieser Unterschied in den Betrachtungshorizonten macht sich z.B. in der Investitionspolitik bemerkbar. Während Familienunternehmen Investitionen tätigen, die sich z.T. erst langfristig rentieren, konnte KLÖCKNER in einer Untersuchung über Buyouts in Familienunternehmen zeigen, dass Private Equity-Gesellschaften während ihrer Beteiligung an einem Unternehmen nur solche Investitionen tätigen, die sich noch während der Beteiligungsphase amortisieren (vgl. Klöckner 2009: 326f.): So wurden kurz nach dem Buyout die höchsten Investitionen durch die Private Equity-Gesellschaften durchgeführt, wobei im Beteiligungsverlauf mit dem näher kommenden Exit die Investitionen deutlich nachließen. Private Equity-Gesellschaften vermeiden langfristige Investitionen, wie z.B. Investitionen in Immobilien und in die Nachwuchsförderung (Aussage eines Familienunternehmers in einem Experteninterview).

Neben dem Investitionszeitraum unterscheiden sich Private Equity-Gesellschaft und Familienunternehmen auch hinsichtlich der Realisierung der Unternehmenswertsteigerung: Das Ziel der Private Equity-Gesellschaft besteht von Anfang an in der Realisierung der Wertsteigerung. Nur so kann sie ihr Geschäftsmodell, ihren „Business Cycle“, aufrecht erhalten, die Rendite ihres Deals berechnen und den Investoren ihr Kapital zurückzahlen. Die Unternehmensfamilie jedoch steht vor dem Paradoxon, dass sie zwar den Unternehmenswert steigern, diesen jedoch – mit Ausnahme eines Verkaufs von Unternehmensanteilen – nicht realisieren kann bzw. möchte (vgl. Zellweger/ Mühlebach 2008: 37 ff.).

Zusammenfassend kann festgehalten werden, dass beide Parteien, sowohl die Unternehmensfamilie als auch die Private Equity-Gesellschaft, grundsätzlich eine Unternehmenswertsteigerung zum Ziel haben. Sie unterscheiden sich jedoch in Hinblick auf den Betrachtungshorizont und die Realisierung der Wertsteigerung.

2.3.4.2 Monetäres und nicht-monetäres Zielbündel

Für die Private Equity-Gesellschaft ist die Unternehmenswertsteigerung des Familienunternehmens das einzige Ziel. Die Ziele der Unternehmensfamilie unterscheiden sich jedoch von denen der Private Equity-Gesellschaft und auch von der reinen Unternehmenswertmaximierung, die viele professionell gemanagte anonyme Publikumsgesellschaften anstreben (vgl. Chrisman et al. 1996: 9). Als Ergebnis einer Untersuchung über „Ziele bei Familienunternehmen" stellen ANDERSSON ET AL. fest, dass der monetäre Aspekt zwar wichtig ist, doch selten die primäre Antriebskraft im Familienunternehmen darstellt (vgl. Andersson et al. 2002: 96). Es gibt in Familienunternehmen also Motive für unternehmerische Tätigkeiten, welche über Wertsteigerungen und Gewinne hinausgehen (Zellweger/ Mühlebach 2008: 36).

Unternehmensfamilien sehen nämlich in ihrem Familienunternehmen mehr als nur ein Anlageinstrument zur Renditemaximierung (vgl. Astrachan/ Jaskiewicz 2008: 139). Die Unternehmensfamilie verfolgt also nicht nur monetäre, sondern auch nicht-monetäre Ziele (vgl. Zellweger/ Mühlebach 2008: 25; Klöckner 2009: 101; Wiechers 2006: 264ff.; Lee/ Rogoff 1996. 423ff.; Zellweger/ Astrachan 2008: 357). „The ultimate objective of financial function is to maximize the value of the company´s stock ... in FBs, however, the value of the stock is not only its price, but includes other considerations such as passing on a tradition, offering job opportunities to family members, and staying in power for long periods of time" (Gallo et al. 2004: 314).

Neben der finanziellen Wertsteigerung streben Unternehmensfamilien auch nach nicht-monetären Werten im Unternehmen (vgl. Benner 2008: 54). Damit stellt ein Familienunternehmen für die Unternehmensfamilie die Möglichkeit dar, monetäre sowie nicht-monetäre Ziele zu erreichen und den Nutzen der Eigentümer zu maximieren (vgl. Astrachan/ Jaskiewicz 2008: 140).

Die Unternehmensfamilie verfolgt mit dem Familienunternehmen also nicht ein Ziel, sondern verschiedenartige, multiple Ziele, weshalb von einem Zielbündel oder einem Zielsystem gesprochen werden kann. Monetäre Ziele können dabei nicht-monetäre Ziele ergänzen oder aber diesen widersprechen: Einerseits kann es zu einem Trade-Off zwischen monetären und nicht-monetären Zielen kommen (Zellweger/ Mühlebach 2008: 37). Anderseits kann sogar die Verfolgung nicht-monetärer Ziele dabei helfen, monetäre Ziele zu erreichen (vgl. Zellweger/ Nason 2008). Trotzdem bildet das Erreichen monetärer Ziele eine Grundlage für die nicht-monetären Ziele: Ohne die ersteren wären letztere nicht möglich, da das Unternehmen nicht existieren könnte.

2.3.4.3 Empirische Untersuchungen zu nicht-monetären Zielen von Familienunternehmen

Obwohl eine Vielzahl von Autoren bestätigen, dass Familienunternehmen nicht nur monetäre, sondern auch nicht-monetäre Ziele verfolgen (s.o.), liegen bislang nur wenige Forschungsergebnisse über letztere vor. Nicht-monetäre und private Ziele von Familienunternehmern sind kaum erforscht (vgl. z.B. Wiechers 2006: 30; Debicki et al. 2009: 161).

Im Folgenden werden empirische Untersuchungen zu nicht-monetären Zielen von Familienunternehmen vorgestellt (vgl. Abbildung 24). Zum Teil stellen nicht-monetäre Ziele den Schwerpunkt der vorgestellten Studien dar. In diesen Fällen werden die Untersuchungsergebnisse dargelegt. In vielen Arbeiten stehen nicht-monetäre Ziele nicht im Fokus der Analyse, werden aber trotzdem mit untersucht. In diesen Fällen wird nachfolgend nicht auf die eigentlichen Studienergebnisse, sondern nur auf die erwähnten nicht-monetären Ziele eingegangen. Zudem beschreiben einige Autoren nicht die Ziele des Familienunternehmens, sondern deren Werte. Da nach GUTH/ TAGIURI jedoch Werte erstrebenwerte Ziele darstellen („values are desirable end-states"; Guth/ Tagiuri 1965: 125), werden auch Werte in die folgende Darstellung mit einbezogen.

ANDERSSON ET AL. untersuchen die Ziele von Familienunternehmern aus dem Tourismussektor anhand von drei Fallstudien (vgl. Andersson et al. 2002). Unabhängig vom Untersuchungsland dominieren bei Familienunternehmern in der Tourismusbranche als Ziele Lifestyle und Location (vgl. Andersson et al. 2002: 95). Weitere Ziele sind Unabhängigkeit, Familienvermächtnis, Wachstum, Expansion und Herausforderung (vgl. Andersson et al. 2002: 95ff.).

Studie	Geograph. Fokus	Stichprobe	Ziele (Werte)
Andersson et al.: Family Business Goals in the Tourism and Hospitality Sector: Case Studies and Cross-Case Analysis from Australia, Canada, and Sweden (2002)	Australien, Kanada, Schweden	3 Fallstudien	Lifestyle, Location, Unabhängigkeit, Familienvermächtnis, Wachstum, Expansion und Herausforderung
Dunn: Success Themes in Scottish Family Enterprises: Philosophies and Practices Through the Generations (1995)	Schottland	Manager schottischer Familienunternehmen	Status, Qualität, Schaffung von Arbeitsplätzen, Reputation der Familie innerhalb der Industrie und der lokalen Gesellschaft, Betreuung, Kundenorientierung, Zusammenarbeit der Familien, ein guter Name und gute Familienbeziehungen, Betreuung und Loyalität zu Arbeitnehmern und Kunden, Informalität und Tradition
Garcia-Alvarez/ Lopez-Sintas: A Taxonomy of Founders Based on Values: The Root of Family Business Heterogeneity (2001)	-	Werte von 13 Gründern von Familienunternehmen	Harte Arbeit, Familienorientierung, Wachstum, Entschlossenheit, Befriedigung, Ambition, Geschäftsorientierung, Innovation, Leistungsorientierung und Gefühl für die Familie
Koiranen: Over 100 years of Age But Still Entrepreneurially Active in Business: Exploring the Values and Family Characteristics of Old Finnish Family firms (2002)	Finnland	-	Ehrlichkeit, Glaubwürdigkeit, Gesetzestreue, Qualität, Fleiß, Seriosität, Serviceorientierung, Verantwortung, Flexibilität, Stresstoleranz, Bedürfnisbefriedigung, Wohlbefinden der Belegschaft, Innovativität, Autonomie/ Unabhängigkeit, visionäres Topmanagement, Respekt für Traditionen, gutes öffentliches Image, Einfallsreichtum, Ausdauer/ Beharrlichkeit, Sparsamkeit, Harmonie innerhalb der Familie
Astrachan/ Jaskiewicz: Emotional Returns and Emotional Costs in Privately Held Family Businesses: Advancing Traditional Business Valuation (2008)	-	-	Herstellung von Qualitätsprodukten, Arbeitsplätze für die Familie, Reputation, Stolz, Selbstwert, Bildungsmöglichkeiten, Familieneinbindung, Möglichkeiten für den Nachwuchs/ einen selbst, gesellschaftliche Anerkennung, Unabhängigkeit
Carlock/ Ward: Strategic Planning for the family business (2001)	-	-	Einsatz, Harmonie, Loyalität, Stolz, Zusammengehörigkeit, Vertrauen, Macht, Einfluss, Integrität, Kontrolle, Unabhängigkeit, Selbstwert, Sicherheit
Aronoff: Self-Perpetuation Family Organization Built on Values: Necessary Condition for Long-Term Family Business Survival (2004)	-	-	Professionelle Organisation der Familie, Karriereambitionen, Macht, Status

Abbildung 24: Untersuchungen zu nicht-monetären Zielen in Familienunternehmen. Eigene Darstellung.

Studie (Fortsetzung)	Geograph. Fokus	Stichprobe	Ziele (Werte)
Zellweger: Time Horizon, Cost of Equity Capital, and Generic Investment Strategies of Firms (2007)	-	-	Unabhängigkeit, Arbeitsplätze für die Familie, Prestige
Gallo et al.: Comparison of Family and Nonfamily Business: Financial Logic and Personal Preferences (2004)	-	-	Tradition, Arbeitsplatzmöglichkeiten für die Familie, Macht
Zellweger/ Nason: A Stakeholder Perspective on Family Firm Performance (2008)	-	-	Harmonie, Familienarbeitsplätze, Familienkontrolle, Stolz, Wohlgefühl
Zellweger/ Mühlebach: Strategien zur Wertsteigerung von Familienunternehmen (2008)	-	-	Zugehörigkeitsgefühl, Stolz, Kontrolle, Kontinuität, Harmonie, Vertrauen, Reputation, Status, Sozialbeziehungen, Sinn, Identität, Selbstverwirklichung, Kontrolle, Macht, Sicherheit und Verschwiegenheit

Abbildung 24: Fortsetzung

Im Jahr 1994 untersucht DUNN in einer Reihe von Workshops und Interviews mit schottischen Managern von Familienunternehmen, wodurch Erfolge von Familienunternehmen verhindert und wie solche Hindernisse bewältigt werden können (vgl. Dunn 1995). Es ergeben sich die drei Themengebiete Familienwerte („family values“), Familiendynamiken („family dynamics“) und Reaktionsfreudigkeit bei Veränderungen („responsiveness to change“) als entscheidend für den Erfolg von Familienunternehmen. Als Werte von Familienunternehmen werden Status, Qualität, Schaffung von Arbeitsplätzen, Reputation der Familie innerhalb der Industrie und der lokalen Gesellschaft, Betreuung, Kundenorientierung, Zusammenarbeit der Familie, ein guter Name und gute Familienbeziehungen identifiziert (vgl. Dunn 1995: 18 ff.). Zudem stellen Betreuung und Loyalität zu Arbeitnehmern sowie Kunden, Informalität und Tradition weitere Werte dar (vgl. Dunn 1995: 22ff.).

GARCIA-ALVAREZ/ LOPEZ-SINTAS analysieren auf Basis von Experteninterviews und Dokumentenanalysen die Werte von 13 Gründern von Familienunternehmen (vgl. Garcia-Alvarez/ Lopez-Sintas 2001). Die zehn meist genannten Werte in Bezug auf das Unternehmen und die Familie sind: Harte Arbeit, Familienorientierung, Wachstum, Entschlossenheit, Befriedigung, Ambition, Geschäftsorientierung, Innovation, Leistungsorientierung und Gefühl für die Familie (vgl. Garcia-Alvarez/ Lopez-Sintas 2001: 216ff.).

KOIRANEN analysiert den Einfluss von Werten auf die Langlebigkeit von Familienunternehmen (vgl. Koiranen 2002). Die Werte, welche am stärksten zur Langlebigkeit der 27 untersuchten Familienunternehmen beigetragen haben, sind mit abfallender Bedeutung folgende: Ehrlichkeit, Glaubwürdigkeit, Gesetzestreue, Qualität, Fleiß, Seriosität, Serviceorientierung, Verantwortung, Flexibilität und Stresstoleranz (vgl. Koiranen 2002: 175). Des Weiteren zählen die Werte Bedürfnisbefriedigung und Wohlbefinden der Belegschaft, Innovationskraft, Autonomie oder Unabhängigkeit, visionäres Topmanagement, Respekt vor Traditionen, gutes öffentliches Image, Einfallsreichtum, Ausdauer/ Beharrlichkeit, Sparsamkeit und Harmonie innerhalb der Familie.

ASTRACHAN/ JASKIEWICZ argumentieren, dass neben finanziellen Bestandteilen auch emotionale Aspekte in die Bewertung des „Gesamtwerts“ eines Unternehmens durch den Eigentümer mit einfließen (vgl. Astrachan/ Jaskiewicz 2008). Dabei verfolgen Familienunternehmer nicht-monetäre Ziele, welche sich auf das Unternehmen (z.B. Herstellung von Qualitätsprodukten), auf die Familie (z.B. Arbeitsplätze für die Familie) und auf das Individuum (z.B. Reputation) beziehen können (vgl. Astrachan/ Jaskiewicz 2008: 139f.). Als weitere nicht-monetäre Ziele führen die Autoren Stolz, Selbstwert, Bildungsmöglichkeiten, Familieneinbindung, Möglichkeiten für den Nachwuchs/ sich selbst und gesellschaftliche Anerkennung und Unabhängigkeit an (vgl. Astrachan/ Jaskiewicz 2008: 143).

Eine Vielzahl an nicht-monetären Werten beschreiben auch CARLOCK/ WARD (vgl. Carlock/ Ward 2001). Dazu gehören z.B. Einsatz, Harmonie, Loyalität, Stolz, Zusammengehörigkeit, Vertrauen, Macht, Einfluss, Integrität, Kontrolle, Unabhängigkeit, Selbstwert, Sicherheit etc. (vgl. Carlock/ Ward 2001: 51 ff.).

ARONOFF verdeutlicht die Bedeutung der professionellen Organisation der Familie eines Familienunternehmens für die Langlebigkeit desselben (vgl. Aronoff 2004: 56). Familienmanagement ist besonders dann für ältere Familienunternehmen wichtig, wenn Karriereambitionen, Macht und Status für alle Familienmitglieder nicht ohne weiteres gewährleistet werden können und finanzielle Aspekte in den Vordergrund rücken (vgl. Aronoff 2004: 56).

ZELLWEGER bezeichnet Unabhängigkeit, Arbeitsplätze für die Familie und Prestige als nicht-monetäre Einnahmen („nonmonetary returns“) von Familienunternehmen (vgl. Zellweger 2007: 6). GALLO ET AL. verdeutlichen, dass der „Wert“ eines Unternehmens nicht nur seinen Preis, sondern auch Aspekte wie Tradition, Arbeitsplatzmöglichkeiten für die Familie und Macht umfasst (vgl. Gallo et al. 2004: 314).

ZELLWEGER/ NASON untersuchen die finanziellen und nicht-finanziellen Entwicklungen von Familienunternehmen aus Sicht verschiedener Stakeholdergruppen (vgl. Zellweger/ Nason 2008). Für die Beurteilung der finanziellen und nicht-finanziellen Entwicklung sind auch die Ziele der Unternehmensfamilie als Stakeholdergruppe von Relevanz. Viele Ziele, wie z.B. Harmonie, Familienarbeitsplätze, Familienkontrolle, Stolz und Wohlgefühl, sind nicht-ökonomischer Natur (vgl. Zellweger/ Nason 2008: 207 ff.).

In Anlehnung an ZELLWEGER/ NASON führen ZELLWEGER/ MÜHLEBACH verschiedene nicht-monetäre Ziele von Familienunternehmen auf (vgl. Zellweger/ Mühlebach 2008: 35): Zugehörigkeitsgefühl, Stolz, Kontrolle, Kontinuität, Harmonie, Vertrauen, Reputation, Status, Sozialbeziehungen, Sinn, Identität, Selbstverwirklichung, Kontrolle, Macht, Sicherheit und Verschwiegenheit.

2.3.4.4 Zusammenfassung der nicht-monetären Ziele

In der betriebswirtschaftlichen Literatur über Familienunternehmen besteht Einigkeit über die herausragende Bedeutung von nicht-monetären Zielen der Unternehmensfamilie. Gerade vor diesem Hintergrund ist es erstaunlich, dass dieses Themenfeld auf wissenschaftlicher Ebene wenig Betrachtung und Analyse erfahren hat (vgl. z.B. Debicki et al. 2009: 161). Dieser besondere Umstand hat zur Folge, dass in den vorgestellten Studien zwar eine Vielzahl von nicht-monetären Zielen aufzählt werden, jedoch eine Strukturierung und Klassifizierung häufig nicht vorgenommen wird. Für die nachfolgende empirische Untersuchung wurden die genannten nicht-monetären Werte und Ziele katalogisiert, das Ergebnis findet sich in Abbildung 25.

	Nicht-monetäre Ziele
1.	Kontinuität, Tradition, Vermächtnis
2.	Autonomie, Unabhängigkeit, Selbstständigkeit
3.	Macht, Kontrolle
4.	Reputation, Image, Anerkennung, Status, Prestige
5.	Stolz
6.	Sinn, Identität
7.	Harmonie
8.	Zugehörigkeitsgefühl, Wohlbefinden
9.	Vertrauen
10.	Verantwortung
11.	Ehrlichkeit, Integrität
12.	Verlässlichkeit
13.	Berufliche Herausforderung, Ambition
14.	Einsatz, Fleiß, Ausdauer
15.	Wachstum, Expansion
16.	Arbeitsplätze für Familienmitglieder und Zukunftschancen
17.	Gutes Verhältnis zu den Kunden
18.	Gutes Verhältnis zu den Mitarbeitern

Abbildung 25: Darstellung von nicht-monetären Zielen. Eigene Darstellung.

2.4 Theoretischer Analyserahmen

Der theoretische Analyserahmen verankert die beiden Forschungsschwerpunkte dieser Arbeit, Unternehmenswertsteigerungen und die Bedeutung nicht-monetärer Ziele im Beteiligungskontext, innerhalb relevanter und anerkannter wissenschaftlicher Theorien. Dabei greift diese Arbeit auf verschiedene Theorien zurück: Einerseits wird auf die Agency Theorie (vgl. Jensen/ Meckling 1976) und ihren Gegenentwurf, die Stewardship Theory (vgl. Donaldson 1990; Donaldson/ Davis 1991; Davis et al. 1997), eingegangen. Andererseits wird der Resource Based View (vgl. Penrose 1959; Wernerfelt 1984; Barney 1991) dargestellt, der im Bereich Familienunternehmen durch eine systemtheoretische Perspektive, den der Familiness (vgl. Habbershon/ Williams 1999; Habbershon et al. 2003), ergänzt wird. Alle Theorien finden ihre spezielle Anwendung im Kontext Private Equity-Beteiligungen an Familienunternehmen. Durch die Pluralität der Theorien sollen verschiedene Perspektiven ermöglicht werden.

2.4.1 Agency Theory und Stewardship Theory

2.4.1.1 Gegenstand der Agency Theory

Die Agency Theory bildet zusammen mit dem Verfügungsrechtsansatz (Property Rights Theory) und dem Transaktionskostenansatz (Transaction Cost Theory) die drei wesentlichen Ansätze der Neuen Institutionenökonomik (vgl. Göbel 2004: 49). Zwar unterstellen sie grundsätzlich das Modell des Homo Oeconomicus, gehen jedoch von unvollkommenen Märkten mit Transaktionskosten sowie Informationsasymmetrien und von Akteuren mit begrenzter Rationalität aus (vgl. Göbel 2002: 33ff.).

Im Fokus der Agency Theory steht die Analyse der hierarchischen Auftrags- und Vertragsbeziehung zwischen delegierendem Auftraggeber (Prinzipal) und ausführendem Auftragnehmer (Agent) (vgl. Göbel 2002: 62): Der Auftraggeber delegiert einen Auftrag an den Auftragnehmer, der für die Leistungserbringung eine Gegenleistung verlangt. Nach JENSEN/ MECKLING ist die Auftragsbeziehung „a contract under which one or more persons (the principle(s)) engage another person (the agent) to perform some service on their behalf which involves delegating some decision making authority to the agent" (Jensen/ Meckling 1976: 308). Durch die Art, den Umfang, das Ausmaß und die Qualität der Auftragserfüllung, welche schwer zu messen sind, beeinflusst der Agent das Wohl und die Situation des Prinzipals. Besondere Bedeutung besitzt die Agency Theory in der Anwendung auf die Vertragsbeziehung vom Eigentümer einer Unternehmung, dem Prinzipal, zum angestellten Manager, dem Agenten.

Grundsätzlich wollen beide Akteure das zu Stande kommen der Auftragsbeziehung, d.h. in diesem Sinne haben beide Akteure gemeinsame Interessen. Neben den gemeinsamen Interessen hegen die beiden Akteure jedoch auch konfligierende, d.h. gegensätzliche, Interessen (vgl. hierzu und im Folgenden Buschmann 2006: 92 ff.): Erstens wollen beide Akteure ihren eigenen Nutzen opportunistisch maximieren. Bei unterschiedlichen Nutzenfunktionen bedeutet dies, dass z.T. verschiedene Ziele angestrebt werden und Zielkonflikte zwischen den Akteuren auftreten können. Zweitens herrschen Informationsasymmetrien zwischen Prinzipal und Agent. Durch die Delegation des Auftrags besitzt der Agent einen Informationsvorsprung in Bezug auf diesen. Zudem kennt nur der Agent seine eigenen Fähigkeiten, seine Anstrengungen, seine Kenntnisse, seine Absichten und Motive. Drittens besteht eine zukunftsbezogene Entscheidungsunsicherheit, da die Akteure potentielle Einflüsse, die sich positiv oder negativ auf die Auftragserfüllung auswirken können, nicht abschätzen können. Der Prinzipal kann nicht genau vorhersagen, welche Ergebnisse die Arbeit des Agenten liefert und welche Ergebnisse realistischerweise zu erwarten sind.

Auf Basis der dargestellten Annahmen wurden vier Agency-Probleme identifiziert (vgl. hierzu und im Folgenden Göbel 2002: 100ff.; Breid 1995: 824): Hidden Characteristics, Hidden Intentions, Hidden Actions und Hidden Information (vgl. Abbildung 26).

Beim ersten Problem der Hidden Characteristics bleiben die Eigenschaften des Agenten vor Vertragsschluss verborgen, sodass vom Prinzipal für einen Auftrag möglicherweise ein ungünstiger Agent ausgesucht wird. Bei den Hidden Intentions sind die Absichten des Agenten dem Prinzipal nicht bekannt. Bei der Hidden Information, kann der Prinzipal die Leistung des Agenten nicht einschätzen, obwohl er sie beobachten kann. Beim schließlich vierten Problem der Hidden Actions kann der Prinzipal die Aktivitäten und die Leistungserbringung nicht beobachten.

Bezeichnung	Hidden Characteristics	Hidden Intentions	Hidden Information	Hidden Actions
Entstehungs-zeitpunkt	Vor Vertragsschluss	Vor/ Nach Vertragsschluss	Nach Vertragsschluss	Nach Vertragsschluss
Entstehungs-ursache	Verborgene Eigenschaften	Verborgene Absichten	Nicht-beobachtbarer Informationsstand	Nicht-beobachtbare Aktivitäten
Resultierende Gefahr	Adverse Selection	Adverse Selection/ Hold Up	Moral Hazard	Moral Hazard

Abbildung 26: Kategorisierung der Agency-Probleme. Eigene Darstellung nach Breid 1995: 824.

Die Agency-Beziehung muss jedoch nicht immer einstufig und bilateral ausgestaltet sein. Eine größere Anzahl an Prinzipalen und/ oder Agenten mit unterschiedlichen Hierarchiestufen, verschiedenen und mehrstufigen Aufgaben und mehrperiodigen Beziehungen können die Abhängigkeitsverhältnisse zwischen den Akteuren verändern. Durch die reziproke Beziehungsstruktur zwischen Prinzipal und Agent ist eine Entscheidung über die Rollenverteilung z.T. schwierig, sodass sie oft auch anders ausfallen könnte (vgl. Göbel 2002: 98ff.).

Die Akteure sind sich über die grundlegenden Probleme der Agency-Beziehung bewusst. Damit es trotz z.T. divergierender und konfligierender Interessen dennoch zu einer für beide Seiten potentiell vorteilhaften Auftragsbeziehung kommt, stehen sowohl für den Prinzipal als auch für den Agenten verschiedene Mechanismen zur Verfügung, welche die Informationsasymmetrie senken und Ziele harmonisieren sollen (vgl. Abbildung 27). Diese Mechanismen können einerseits Vor-Vertragsprobleme und andererseits auch Nach-Vertragsprobleme lösen.

Zur Senkung der Informationsasymmetrie zwischen den beiden Akteuren kann der Prinzipal auf Screening sowie Monitoring und der Agent auf Signaling sowie Reporting zurückgreifen. Der Prinzipal möchte dabei Informationen über die Fähigkeiten, Anstrengungen, Kenntnisse, Absichten und Motive des Agenten sammeln. Der Agent seinerseits liefert dem Prinzipal Informationen dazu. Außerdem besteht für die beiden Parteien die Möglichkeit einer Zielharmonisierung. Der Prinzipal gestaltet die

Verträge genau so, dass der Agent seine Zielvorstellungen an denen des Prinzipals ausrichtet. Für den Agenten bestehen verschiedene Optionen, seine eigenen Ziele zu verdeutlichen und an den Zielen des Prinzipals auszurichten.

	Informationsasymmetrie senken		Ziele harmonisieren	
Akteur	Prinzipal	Agent	Prinzipal	Agent
Vor-Vertragsprobleme	Screening	Signaling	Verträge: Self-Selection	Self-Selection/ Reputation
Nach-Vertragsprobleme	Monitoring	Reporting	Anreizverträge	Commitment/ Bonding/ Reputation

Abbildung 27: Agency-Lösungsmöglichkeiten. Eigene Darstellung nach Göbel 2002: 110.

Die Nutzung der Mechanismen zur Reduzierung von Informationsasymmetrien und zur Harmonisierung von Zielen ist jedoch nicht kostenlos: Es entstehen sog. Agency-Kosten, welche sich nach JENSEN/ MECKLING in drei Arten gliedern (vgl. Jensen/ Meckling 1976: 308ff.): Die Überwachung des Agenten durch den Prinzipal führt zu Monitoring Costs, die der Prinzipal zahlt. Beim Agenten entsteht durch vertraglich zugesicherte Informationspflichten sowie durch die Unterlassung von Handlungen, die den Prinzipal schädigen, sog. Bonding Costs. Die dritte Art der Agency-Kosten sind darüber hinaus existierende Residualverluste (Residual Loss). Diese beziffern die verbleibende Abweichung zwischen Ist-Zustand und Wohlfahrtsoptimum, welche sich durch die Differenz zwischen optimalen und tatsächlichen Anstrengungs- und Leistungsniveau des Agenten ergeben. Eine vorteilhafte Vertragsbeziehung zwischen Prinzipal und Agent ist durch möglichst geringe Agency-Kosten gekennzeichnet.

2.4.1.2 Gegenstand der Stewardship Theory

Die Agency Theory und ihre Annahme des Nutzen maximierenden, sich stets opportunistisch verhaltenden Agenten, der sich rücksichtslos seinen ökonomischen Zielen zuwendet, blieben in der betriebswirtschaftlichen Literatur nicht unkritisiert (vgl. hierzu z.B. Donaldson 1990). DONALDSON sieht neben einer rein ökonomischen

Betrachtung eine Reihe anderer Motive, wie. z.B. Anerkennung, Respekt, Altruismus und intrinsische Motivation, die das Handeln von Akteuren zutreffend beschreiben können (vgl. Donaldson 1990: 372). Es entwickelt sich die Stewardship Theory als Gegenstück zur Agency Theory. Auch bei der Stewardship Theory steht die Vertragsbeziehung zwischen zwei Akteuren im Fokus der Analyse, die des Prinzipals und seines Stewards (vgl. hierzu und im Folgenden Donaldson 1990: 377; Davis et al. 1997: 20f./24ff.). Wie bei der Agency Theory delegiert der Prinzipal einen Auftrag. Die Ausführung des Auftrags wird jedoch nicht durch einen opportunistisch, seinen eigenen Nutzen maximierenden Agenten, sondern durch einen Steward ausgeführt. Dieser zieht seinen Nutzen aus kooperativem und, soweit er in Gruppen von Akteuren agiert, kollektivem Handeln.

Differenzierungs-merkmale	Agency Theory	Stewardship Theory
Angenommene Rolle von Auftragnehmern	Agenten	Stewards
Forschungsansatz	ökonomisch	soziologisch und psychologisch
Menschenbild	individualistisch, opportunistisch, eigennützig	kollektivistisch, zuverlässig, uneigennützig
Motivation der Auftragnehmer	extrinsisch, eigene Grundsätze und Ziele	intrinsisch, Ziele der Organisation und des Auftraggebers
Beziehung zwischen Auftraggeber und Auftragnehmer	divergierend	übereinstimmend
Fundament der Beziehung	Kontrolle	Vertrauen
Vorgegebenes Umfeld	Vertragsanreize und Monitoring	Autonomie und Freiheit

Abbildung 28: Vergleich von Agency Theory und Stewardship Theory. Eigene Darstellung nach Davis et al. 1997: 37; Vargas Sanchez 2004: 3.

Der Steward verspürt eine intrinsische Motivation, sich im Interesse des Prinzipals und der Organisation zu verhalten. „Managers are not opportunistic agents [...] but good stewards“ (Donaldson 1990: 377). Der Steward möchte etwas für den Prinzipal und sich selbst erreichen (vgl. hierzu und im folgenden Davis et al. 1997: 37, Vargas Sanchez 2004: 3; vgl. Abbildung 28). Er zieht seinen Nutzen aus der Bewältigung schwieriger Aufgaben und aus der Anerkennung, die ihm deshalb zuteil wird. Vertrauen und Verantwortung sind zentrale Bestandteile der Stewardship Theory. Der Steward hat ein Eigeninteresse an vertrauensvollem und vertrauenswürdigem Verhalten. Es treten keine Agency-Konflikte zwischen Prinzipal und Steward auf.

Damit der Steward seine Leistung abrufen kann, braucht er eine strukturiertes Umfeld, um maximalen Nutzen aus seinem Verhalten und seinem Handeln ziehen zu können: Der Steward braucht Autonomie und Handlungsfreiheit. Nur wenn er selbst über Entscheidungsspielraum verfügt, kann und wird er sich für kooperatives und kollektives Handeln entscheiden. Beschneidet der Prinzipal den Entscheidungsspielraum des Stewards oder wendet er Mechanismen zur Überwachung, z.B. Monitoring, desselben an, wäre das kontraproduktiv, da der Prinzipal dann die intrinsische Motivation für vertrauensvolles Verhalten zerstören würde.

Dieser Umstand bedeutet daher auch, dass sowohl der Prinzipal, der dem Steward genügend Freiheit lässt, als auch der Steward, der die Freiheit zum Wohle seines Prinzipals und seiner selbst nutzt, sich im Sinne der Stewardship Theory verhalten. Keiner verhält sich opportunistisch.

Dies steht im Kontrast zur Agency Theory, welche die Autonomie, die Handlungsfreiheit und den Entscheidungsspielraum des Agenten reduzieren möchte. Sie setzt auf eine Verringerung der Informationsasymmetrie und einer Zielharmonisierung zwischen Prinzipal und Agent (vgl. Göbel 2002: 110). Die Grundannahme der Stewardship Theory jedoch ist die Zielharmonie zwischen Prinzipal und Steward. Auch in der Stewardship Theory besteht zwar eine Informationsasymmetrie zwischen den Akteuren, doch ist diese wegen des kooperativen und vertrauenswürdigen Verhaltens des Stewards sogar von Vorteil, weil der Prinzipal seine Aufträge delegieren kann, aber kein opportunistisches Verhalten des Stewards fürchten muss. Agency-Kosten fallen bei der Stewardship Theory deshalb nicht an.

Anfangs wurde die Stewardship Theory als Gegensatz der Agency Theory gesehen und es wurde diskutiert, welche Theorie falsch und welche richtig wäre (vgl. Davis et al. 1997: 20f.). Es handelt sich jedoch um zwei sich ergänzende Theorien, die je nach Kontext und Untersuchungsschwerpunkt angewendet werden können (Davis et al. 1997: 20f.).

2.4.1.3 Anwendung: Private Equity in Familienunternehmen

Die Agency Theory und die Stewardship Theory können auf das Themengebiet Private Equity in Familienunternehmen angewendet werden. Für die folgende Analyse der Auftragsbeziehung zwischen Prinzipal und Agent bzw. Steward wird zwischen der Situation vor und während der Beteiligungsphase differenziert, da sich unterschiedliche Beziehungskonstellationen ergeben: Vor der Beteiligungsphase dominieren Stewardship- und während der Beteiligungsphase Agency-Beziehungen das Verhältnis zwischen den Eigentümern und dem Management des Familienunternehmens.

Die Unternehmensfamilie als Eigentümer und die Private Equity-Gesellschaft als späterer Miteigentümer fungieren als Prinzipale des Familienunternehmens. Sie delegieren die strategische und operative Führung des Familienunternehmens an das Management. Im Gegenzug wird dieses dafür vom Eigentümer entlohnt.

Vor Vertragsschluss: Prinzipal - Steward

Vor der Beteiligungsphase agiert die Unternehmensfamilie meist als einziger oder zumindest dominierender Prinzipal, da sie entweder den Alleineigentümer oder jedoch den Mehrheitseigentümer des Familienunternehmens darstellt (vgl. Abschnitt 2.3.3.). Die Familie hat sodann das Recht und die Pflicht, ein Leitungsorgan, also je nach Gesellschaftsform eine Geschäftsführung oder einen Vorstand, zur Führung des Familienunternehmens zu berufen. Die Studie von ACHLEITNER ET AL. auf Basis von 237 Familienunternehmen zeigt, dass in nur 6 % der Familienunternehmen kein Mitglied der Familie im Leitungsorgan vertreten ist (vgl. Achleitner et al. 2008: 15). In weiteren 35 % der Fälle stellt die Familie einen Mitgliederanteil von 1 bis 50 % im Leitungsorgan des Familienunternehmens. In 12 % der Familienunternehmen stellt die Familie die Mehrheit im Leitungsorgan und in sogar 47 % der Fälle setzt sich das Leitungsorgan vollständig aus Familienmitgliedern zusammen. Also ist die Unternehmensfamilie im Leitungsorgan mit mindestens einem Familienmitglied in 94 % der Fälle vertreten.

Bei Familienunternehmen liegen vor dem Beteiligungsbeginn das Eigentum und die Führung (großteils) in der Hand einer Unternehmensfamilie. In der Regel ist die Familie im Leitungsorgan repräsentiert. Da das Familienmitglied bzw. die Familienmitglieder im Leitungsorgan einen Teil der Unternehmensfamilie darstellen, werden sie als Stewards eigene und komplementär dazu kollektive Ziele der Unternehmensfamilie verfolgen.

Durch ihre Repräsentanz im Leitungsorgan mit einem bzw. mehreren Stewards kann die Unternehmensfamilie zu einem Großteil von harmonisierten Interessen zwischen ihnen, also den Eigentümern, und dem Management ausgehen. Verfolgt die Unternehmensfamilie neben den monetären Zielen auch ein Bündel an nicht-monetären Zielen (vgl. Abschnitt 2.3.4.), wird sich der Steward für die Erreichung dieser Ziele einsetzen. Der Steward nutzt die zwischen der Unternehmensfamilie und ihm herrschenden Informationsasymmetrien zum Wohle beider Akteure. Baut der Steward z.B. im Laufe seiner Tätigkeit im Familienunternehmen spezifisches Branchenwissen auf, kann er es im Sinne der Unternehmensfamilie für langfristige Wachstumsziele einsetzen, so dass er die Kontinuität des Familienunternehmens sicherstellt. Ein Agent hingegen würde sein spezifisches Wissen dazu nutzen, eigene opportunistische Interessen durchzusetzen. Er könnte die Unternehmensfamilie z.B. erpressen, um ein höheres Gehalt zu erzwingen.

Liegen Eigentum und Führung in der Hand der Unternehmensfamilie, ist durch die Stewardship-Beziehung der Akteure kaum mit Agency-Kosten zu rechnen. Dies zeigt sich auch bei der Bedeutung von Kontrollorganen, wie z.B. einem Beirat oder einem Aufsichtsrat. Diese stellen grundsätzlich ein Mittel dar, mit dem Agency-Beziehungen optimiert werden können, da in der Kontrolle und Überwachung des Managements eine Hauptaufgabe von Kontrollorganen liegt: In 63 % der Familienunternehmen existiert nämlich kein Kontrollorgan (vgl. Achleitner et al. 2008: 15). Bei weiteren 27 % der Fälle sind Familienmitglieder nicht und nur in 11 % der Fälle sind Familienmitglieder im Kontrollorgan vertreten.

Anscheinend benötigen die wenigsten Unternehmensfamilien wegen der Einheit von Eigentum und Führung entweder überhaupt kein Kontrollorgan oder aber keine Repräsentanz der Familie im Kontrollorgan zur Durchsetzung der eigenen Interessen. Wenn das Familienunternehmen über ein Kontrollorgan verfügt, dann setzt sich dieses hauptsächlich aus externen Kräften zusammen. Die Besetzung des Kontrollorgans hat im Sinne des Resource Based View anscheinend vornehmlich mit einer

Vergrößerung des Pools an Humankapital anstatt mit Kontrolle im Sinne der Agency Theory zu tun (vgl. Abschnitt 2.4.2.).

Vor Vertragsschluss: Prinzipal - Agent

Das durch Stewardship geprägte Familienunternehmen muss also kaum mit Agency-Kosten rechnen. Wenn überhaupt beziehen sich diese auf Fremdmanager im Leitungsorgan des Familienunternehmens. Immerhin spielen in etwa der Hälfte (53 %) der Leitungsorgane von Familienunternehmen Fremdmanager eine Rolle (vgl. Achleitner et al. 2008: 15). Da diese keinen Teil der Unternehmensfamilie darstellen, kann bei ihnen grundsätzlich ein Verhalten eines Agenten möglich sein.

Die Unternehmensfamilie verfügt jedoch durch die Präsenz eines oder mehrerer Familienmitglieder im Leitungsorgan über eine Insiderperspektive. So kann sie die Art, den Umfang, das Ausmaß und die Qualität der Auftragserfüllung von Fremdmanagern beobachten und kontrollieren. Seine Fähigkeiten, Anstrengungen, Kenntnisse, Absichten und Motive kann der Fremdmanager nur schwer verbergen. Die Informationsasymmetrie zwischen den Akteuren ist gering. Selbst wenn Fremdmanager als Agenten und nicht als Stewards agieren, werden sie deshalb vor der Beteiligung nur geringe Agency-Kosten hervorrufen.

Nach Vertragsschluss: Zwei Prinzipale

Mit dem Beteiligungsbeginn stellt die Private Equity-Gesellschaft einen zweiten Prinzipal mit eigenen Interessen dar. Ziel der Private Equity-Gesellschaft ist eine Unternehmenswertsteigerung innerhalb des Beteiligungshorizonts und eine anschließende Realisierung der Wertsteigerungen im Zuge eines Exits (vgl. Abschnitt 2.2.3.). Die Private Equity-Gesellschaft und die Unternehmensfamilie verfolgen also nur zum Teil dieselben Ziele. Es existieren zwei Prinzipale auf der gleichen Hierarchiestufe, d.h. als Eigentümer, die jedoch unterschiedliche Aufgaben an das Management delegieren möchten.

Die Private Equity-Gesellschaft verfügt über Möglichkeiten und Instrumente, eigene Interessen durchzusetzen: Den Beteiligungsvertrag, gesonderte Informationsrechte, einen Katalog zustimmungspflichtiger Geschäfte und Veto-Rechte. Zudem kann die Private Equity-Gesellschaft durch eine Repräsentanz im Kontrollorgan oder durch verschiedene Formen der Beratung (vgl. Absatz 2.1.2.1.) Einfluss auf die unternehmerische Entwicklung des Familienunternehmens ausüben. Die Ausübung der Prinzipalfunktion hängt im Wesentlichen vom Beteiligungsansatz der Private Equity-Gesellschaft ab: Verfolgt sie eine Hands-Off Strategie, wird sie eher eine passive Rolle als Prinzipal annehmen. Bei einer Hands-On Strategie wird der angestrebte und tatsächliche Einflussgrad größer sein.

Nach Vertragsschluss: Zwei Auftragnehmer

Während der Beteiligungsphase treten jedoch nicht nur zwei Prinzipale auf, sondern auch auf Seiten der Auftragnehmer ändern sich Abhängigkeitsverhältnisse zwischen den Akteuren: Einerseits wandelt sich die Abhängigkeit des Stewards der Unternehmensfamilie und andererseits die des Fremdmanagers als Agent. Befindet sich auch während der Beteiligung mindestens ein Familienmitglied im Leitungsorgan des Familienunternehmens, so wird die Private Equity-Gesellschaft dieses Mitglied als Steward der Unternehmensfamilie erkennen. Aus der Perspektive der Private Equity-Gesellschaft stellt dieser Akteur keinen Steward dar, da keine Interessenharmonisierung vorliegt. Die Private Equity-Gesellschaft kann ggf. einen eigenen Akteur in das Management entsenden oder aber die Fremdmanager durch Agency-Instrumente wie Monitoring oder über offizielle Anreizverträge oder inoffizielle Seitenverträge zu „ihren Agenten“ machen. Jedenfalls wird die Private Equity-Gesellschaft die erbrachten Leistungen aller Mitglieder des Leitungsorgans ständig und regelmäßig kontrollieren und überwachen. Die Unternehmensfamilie wird prüfen, ob die Fremdmanager zu Agenten der Private Equity-Gesellschaft geworden sind. Beide Prinzipale wissen um die z.T. verschiedenen, mehrstufigen und ein- bzw. mehrperiodigen Aufgaben, welche die unterschiedlichen Mitglieder im Leitungsorgan verfolgen (können). Verfügt die Unternehmensfamilie über keinen Steward im Leistungsorgan, wird sie mit den Rechten aus dem Beteiligungsvertrag, ihrem Stimmenanteil und/ oder durch ihre Präsenz im Kontrollorgan auf die Durchsetzung der eigenen Ziele drängen.

2.4.1.4 Zusammenfassung

Durch die Einheit von Eigentum und Führung bietet sich vor allem die Stewardship Theory zur Analyse der Auftragsbeziehung zwischen der Unternehmensfamilie, dem

Prinzipal, und dem Familienmitglied im Leitungsorgan, dem Steward, an. Mit dem Einstieg der Private Equity-Gesellschaft als Miteigentümer des Familienunternehmens ändert sich die Konstellation, da nun zwei Prinzipale, nämlich die Unternehmensfamilie und die Private Equity-Gesellschaft, ihre z.T. unterschiedlichen Interessen durchsetzen wollen. Für diese Analyse während der Beteiligung eignet sich insbesondere die Agency Theory. Sie besagt, dass beide Prinzipale ihren Einfluss durch „ihren Steward“ bzw. „ihren Agenten“ im Leitungs- oder auch im Kontrollorgan sichern wollen.

Zwar überzeichnen sowohl Agency Theory als auch Stewardship Theory das Verhalten der untersuchten Akteure, d.h. in der Realität verhält sich ein Akteur häufig weder eindeutig als Agent noch als Steward. Vielmehr zeigen die beiden Theorien zwei Extremverhalten auf, die wohl in ihrer Reinform selten zu beobachten sind. Das tatsächliche Verhalten der Auftragnehmer wird jedoch innerhalb der Grenzen dieser theoretischen Annahmen liegen.

2.4.2 Resource Based View und Familiness

2.4.2.1 Gegenstand des Resource Based View

Der Resource Based View (RBV) ist ein Strategieansatz für das Management von Unternehmen, der sich auf die Ressourcen, Fähigkeiten und Kernkompetenzen als Grundlage von Wettbewerbsvorteilen des Unternehmens fokussiert (vgl. hierzu und im Folgenden Barney 1991: 99ff.). Die Geschäftsstrategie wird maßgeblich durch die eigenen internen und unternehmensspezifischen Faktoren bestimmt, was zu überlegenen Gewinnen und Markterfolgen führen soll. Somit bildet der RBV den Gegensatz zum Market Based View (MBV), bei dem die Strategie durch eine marktorientierte Sicht, wie z.B. die Betrachtung und Analyse der Unternehmensumwelt und dem Verhalten der Wettbewerber (vgl. Porter 1980: 4), festgelegt wird.

Der RBV nimmt an, dass Unternehmen heterogen sind und verschiedene immobile Bündel von Ressourcen aufweisen. Als Ressourcen des Unternehmens gelten dabei „all assets, capabilities, organizational processes, firm attributes, information, knowledge [...] controlled by a firm that enable the firm to conceive of and implement strategies that improve its efficiency and effectiveness“ (Barney 1991: 101). Nach dem RBV können dauerhafte Wettbewerbsvorteile als Quelle des wirtschaftlichen

Erfolgs nur durch das Vorkommen, die Kombination und den Wert von spezifischen Ressourcen erreicht werden. Die Ressourcen können vier verschiedenen Klassen zugeordnet werden (vgl. Barney 1991: 101f.; Habbershon/ Williams 1999: 11):

1. Dem physischen Kapital (physical capital resources), wie z. B. Maschinen, Ausstattung und -rüstung, Standort, Zugang zu Rohstoffen etc.;

2. dem Humankapital (human capital resources), wie z. B. Training, Erfahrungen, Beziehungen, Fähigkeiten, Urteilsfähigkeit, Wissen etc.;

3. dem organisatorischen Kapital (organizational capital resources), wie z. B. Reporting-, Kontroll-, Steuerungs- und Informationssysteme, formale und informale strategische Planung etc.;

4. dem Prozesskapital (process capital resources), wie z. B. Zusammenarbeit als Team, spezifisches Prozess-Knowhow, vorhandene Führungskompetenz, Ausprägung der Kommunikationsbereitschaft etc.

Viele Ressourcen gelten jedoch nicht als Quelle von Wettbewerbsvorteilen. Nur strategische Ressourcen bieten eine ausreichende Differenzierungsmöglichkeit, sodass ein anhaltender und nachhaltiger Wettbewerbsvorteil erlangt werden kann. Diese Ressourcen müssen alle vier folgenden Eigenschaften aufweisen (vgl. Barney 1991: 105ff.): Sie sind

1. wertvoll. Sie ermöglichen eine Steigerung der Effizienz und Effektivität des Unternehmens. Mit ihnen können Chancen und Optionen für das Unternehmen ausgeschöpft oder Gefahren und Risiken neutralisiert und reduziert werden;

2. selten verfügbar. Die Nachfrage der Ressource übersteigt ihr Angebot, sodass aktuelle und potentielle Wettbewerber nicht oder nur z.T. über diese Ressourcen verfügen können;

3. nicht vollständig imitierbar. Aufgrund von drei Gründen können die Ressourcen von Wettbewerbern nicht imitier- und kopierbar sein: Sie basieren auf einzigartigen historischen Gegebenheiten und Umständen, ein kausaler Zusammenhang zwischen den Ressourcen des Unternehmens und dem Wettbewerbsvorteil kann vom Wettbe-

werb nicht eindeutig identifiziert werden und schließlich sind die Ressourcen, welche einen Wettbewerbsvorteil hervorrufen, von komplexen sozialen Faktoren abhängig;

4. nicht substituierbar. Der Wettbewerb kann auf keinen Ressourcenersatz zurückgreifen, der häufig verfügbar sowie leicht imitierbar ist und der als eine gleichwertige Alternative für die zu ersetzende Ressourcen gilt.

Die eindeutige und fixe Unterscheidung in strategische oder nicht-strategische Ressourcen wird der Realität jedoch kaum gerecht. Vielmehr gibt es bei der Bedeutung von Ressourcen für ein Unternehmen verschiedene Abstufungen, die jeweilige Wettbewerbsnachteile bzw. -vorteile begründen. Grundsätzlich gilt, je besser die Ressourcen sind, desto größer ist der Wettbewerbsvorteil. Im besten Fall sorgen nicht austauschbare Ressourcen für einen nachhaltigen Wettbewerbsvorteil des Unternehmens (vgl. Müller-Stewens/ Lechner 2005: 224; vgl. Abbildung 29).

	Ressourcen sind...	... und begründen ...
1	schwach/irrelevant	einen Wettbewerbsnachteil
2	wertvoll	Wettbewerbsparität
3	selten	einen temporären Wettbewerbsvorteil
4	nicht kopierbar	einen inkrementellen Wettbewerbsvorteil
5	nicht austauschbar	einen nachhaltigen Wettbewerbsvorteil

Abbildung 29: Stufen der Wettbewerbsvorteile aufgrund von Ressourcen. Eigene Darstellung nach Müller-Stewens/ Lechner 2005: 224.

Zusammenfassend identifiziert der Resource Based View (RBV) als Strategieansatz die Ressourcen, Fähigkeiten und Kernkompetenzen als Grund von Wettbewerbsvorteilen bei Unternehmen.

2.4.2.2 Gegenstand der Familiness

Den RBV greifen Habbershon/ Williams (1999) auf und beziehen den Strategieansatz auf die Wettbewerbsvorteile von Familienunternehmen, da diese durch den Einfluss der Unternehmensfamilie über einzigartige Ressourcen, die sog. Familiness, verfügen: „The bundle of resources that are distinctive to a firm as a result of family involvement are identified as the "familiness" of the firm" (Habbershon/ Williams 1999: 1).

Die Familiness beschreibt ein einzigartiges Bündel von Fähigkeiten und Ressourcen, über das ein Familienunternehmen aufgrund der Interaktion der Subsysteme Familie, Unternehmen und Individuum verfügt (vgl. Habbershon/ Williams 1999: 11). Unternehmensseitige Ressourcen und Fähigkeiten können durch die Kopplung an eine Familie einen so genannten positiven bzw. negativen Familienfaktor („family factor") aufweisen (vgl. Habbershon et al. 2003: 460). Diesbezüglich sind Familienunternehmen „janusköpfig" (vgl. Simon et al. 2005: 22). Dieser Familienfaktor stellt eine tief verwurzelte charakteristische Prägung dar, d.h. er prägt die potentiell vorhandenen Ressourcen eines Familienunternehmens (vgl. Habbershon et al. 2003: 460). Die Summe all dieser Familienfaktoren, die eine positive, d.h. für das Unternehmen vorteilhafte und förderliche, bzw. negative, d.h. für das Unternehmen unvorteilhafte und hinderliche, Ausprägung aufweisen können, stellt die Familiness eines Unternehmens dar (vgl. Habbershon et al. 2003: 460).

Eine positive Prägung durch den Familienfaktor führt demnach zu einem Unterscheidungsmerkmal bzw. Vorteil des Unternehmens. Beispielweise kann ein Familienunternehmen durch eine langfristige Perspektive bei strategischen Entscheidungen, Generationsdenken, eine starke Unternehmenskultur mit ausgeprägter Loyalität, hohe Produktqualität, Marktkenntnisse, Flexibilität und Schnelligkeit Wettbewerbsvorteile erreichen (vgl. Mühlebach 2004: 24ff.).

Eine negative Prägung demgegenüber führt zu einer Einschränkung der Wettbewerbsfähigkeit bzw. einem Nachteil. Ein Familienunternehmen kann z.B. durch Nepotismus, der Übertragung familiärer Konflikte auf das Unternehmen, durch strategische Starre und Veränderungs- und Wandelresistenz oder eine geringe Professionalisierung auffallen (vgl. Mühlebach 2004: 26ff.).

Insgesamt kann das Konzept der Familiness diejenigen strategischen Vorteile und Stärken oder Nachteile und Schwächen eines Familienunternehmens erklären, die auf eine wechselseitige Prägung von Unternehmen und Familie zurückzuführen sind. So können z.B. strategische und komparative Wettbewerbsvorteile des Familienunternehmens begründet werden. Die durch Ko-Evolution von Familie und Unternehmen geprägten Unternehmensressourcen und spezifischen Fähigkeiten können eine Quelle für zusätzliche Erträge darstellen (vgl. Wimmer et al. 2005: 7ff.). Daher hängt die Zukunftsfähigkeit von Familienunternehmen in der Regel davon ab, wie die Familie als Ressource für die Entwicklung des Unternehmens genutzt werden kann (vgl. von Schlippe/ Groth 2006: 114).

2.4.2.3 Anwendung: Private Equity in Familienunternehmen

Der RBV und der Familiness-Ansatz sehen die Ressourcen, Fähigkeiten und Kernkompetenzen als Grund von Wettbewerbsvorteilen bei (Familien-)Unternehmen. Im Folgenden werden beide Ansätze auf Private Equity-Beteiligungen an Familienunternehmen angewendet.

Meist befindet sich das Familienunternehmen anfänglich im Alleineigentum einer Unternehmensfamilie. In der Ausgangslage vor der Beteiligung der Private Equity-Gesellschaft zeigt sich für das Familienunternehmen, dass das familienunternehmerische Ressourcenprofil zukünftigen Anforderungen nicht mehr entspricht. Gründe dafür und Anlässe für eine Beteiligung können z.B. kapitalintensive Expansionspläne, Nachfolgelösungen oder Gesellschafterausstiege sein. Unabhängig vom Beteiligungsanlass fehlt es dem Familienunternehmen an Eigenkapital und ggf. auch an Managementunterstützung. Eine Private Equity-Beteiligung soll das notwendige Ressourcenprofil auf- und ausbauen.

Beteiligt sich die Private Equity-Gesellschaft am Familienunternehmen, wird sie es ihrerseits bei Maßnahmen zur Wertsteigerungen unterstützen, da sie die Maximierung des Unternehmenswerts zum Ziel hat. Die Bandbreite der Wertsteigerungshebel ist groß (vgl. Abschnitt 2.2.4.): So kann die Private Equity-Gesellschaft beispielsweise ihre Managementressourcen für eine Optimierung von Management-Informationssystemen einsetzen. Die Bearbeitung von finanztechnischen Fragen, wie z.B. der Kapitalstruktur, der Fremdkapitalkosten und -konditionen, gehört zum Schwerpunkt der Arbeit von Private Equity-Gesellschaften. Auch hier kann die Private Equity-Gesellschaft ihre Ressourcen zur Verfügung stellen. Genauso kann die Private Equity-Gesellschaft bei Fragen der Strategieentwicklung, des Kontaktnetzwerks und der Corporate Governance ressourcenseitig unterstützen.

Zusammenfassend bringt die Private Equity-Gesellschaft ihre Ressourcen in das Familienunternehmen zwecks Professionalisierung und Unternehmenswertsteigerung ein. Der Ressourcenpool, auf welchen das Familienunternehmen potentiell zurückgreifen kann, wird mit der Private Equity-Beteiligung deutlich vergrößert. Es stehen dem Familienunternehmen nicht mehr nur eigene und interne, sondern auch fremde und externe Ressourcen zur Verfügung, auf die das Familienunternehmen ohne Private Equity-Beteiligung nicht zurückgreifen könnte. Zudem kann es zu Gunsten beider Unternehmen zu einem Transfer von Expertise, Wissen, Erfahrung und Kontakten kommen.

Das Ressourcenprofil des Familienunternehmens vor der Beteiligung determiniert die Anforderungen der Unternehmensfamilie an die Ressourcen der Private Equity-Gesellschaft und das Ausmaß, in dem das Unternehmen von den zusätzlichen Ressourcen der Private Equity-Gesellschaft profitieren kann. Einerseits kann der Schwerpunkt der Anforderungen auf der Kapitalseite liegen. Dann stehen eher das Volumen und die Konditionen der Finanzierung im Fokus der Beteiligungsverhandlung. Andererseits können die Anforderungen auf Seiten der Managementunterstützung liegen. Dann ist für die Unternehmensfamilie entscheidend, welchen Zusatznutzen, wie z.B. welche Branchenerfahrung, die Private Equity-Gesellschaft bieten kann. Ist der Schwerpunkt der Anforderungen in der Managementunterstützung zu finden, zeigt sich der Vorteil von Private Equity gegenüber anderen Finanzierungsarten, welche diesen Zusatznutzen nicht vorweisen können. Ob ein Familienunternehmen über ein angemessenes Ressourcenprofil verfügt, zeigt sich im Benchmarking mit vergleichbaren Unternehmen aus derselben Branche. Identifiziert die Unternehmensfamilie ein Mangel an unternehmerischen Ressourcen bei ihrem Familienunternehmen, bietet sich Private Equity als Ressourcenlieferant an.

Die durch die Interaktion zwischen Familie und Unternehmen beeinflussten Unternehmensressourcen werden unter dem Begriff „Familiness“ zusammengefasst (vgl. Absatz 2.4.2.2.). Diese Familiness kann eine positive oder negative Ausprägung annehmen. Mit dem Eintritt der Private Equity-Gesellschaft in das Familienunternehmen werden familienspezifische Ressourcen, also Teilelemente der Familiness, ggf. beeinflusst. Der Einfluss der Private Equity-Gesellschaft auf diese Ressourcen kann verschiedene Konsequenzen haben (vgl. Abbildung 30): Sie kann einen vorteilhaften Einfluss haben, wenn sie positiv geprägte Ressourcen verstärkt oder negativ geprägte Ressourcen reduziert. Umgekehrt kann sie einen nachteiligen Einfluss ausüben, wenn sie positiv geprägte Ressourcen reduziert und negativ geprägte Ressourcen verstärkt. Außerdem kann die Private Equity-Gesellschaft auch keinen Einfluss auf diese Ressourcen ausüben.

- 1. Vorteilhafter Einfluss: Private Equity-Gesellschaft ...
  - ... verstärkt positiv gefärbte Ressourcen
  - ... reduziert negativ gefärbte Ressourcen
- 2. Kein Einfluss: Private Equity-Gesellschaft hat keinen Einfluss auf ...
  - ... positiv gefärbte Ressourcen
  - ... negativ gefärbte Ressourcen
- 3. Nachteiliger Einfluss: Private Equity-Gesellschaft ...
  - ... verstärkt negativ gefärbte Ressourcen
  - ... reduziert positiv gefärbte Ressourcen

Abbildung 30: Der Einfluss der Private Equity-Gesellschaft auf gefärbte Ressourcen. Eigene Darstellung.

Für die Entwicklung des Familienunternehmens wäre es die optimale Konstellation, wenn die Private Equity-Gesellschaft durch ihren Einfluss nach dem Einstieg einerseits die positiv gefärbten Ressourcen verstärken oder zumindest nicht reduzieren würde und andererseits die negativ gefärbten Ressourcen abschwächen oder gar vollkommen neutralisieren könnte. Besonders nachteilig für die Entwicklung des Familienunternehmens wäre ein genau gegensätzlicher Einfluss der Private Equity-Gesellschaft.

Im ersten Fall z.B. könnte die Private Equity-Gesellschaft nichts an der Schnelligkeit und Flexibilität bei Entscheidungen im Familienunternehmen ändern, doch die Qualität der Entscheidungen durch zusätzliches Wissen und zusätzliche Erfahrung weiter verbessern. Außerdem könnten nepotistisch orientierte Entscheidungen durch die Private Equity-Gesellschaft über Corporate Governance Strukturen verhindert werden. Zudem würde die Private Equity-Gesellschaft eine strategische Starre nicht dulden, weil ihre eigenen Renditeansprüche in Gefahr geraten.

Im zweiten Fall könnte die Private Equity-Gesellschaft die auf Loyalität, Mitarbeiterbeziehung und Sparsamkeit gerichtete Unternehmenskultur des Familienunternehmens durch überzogene Ausgaben bei Annehmlichkeiten wie Geschäftsautos, Hotelübernachtungen oder Flügen zerstören. Zudem könnte die Private Equity-Gesellschaft die langfristige Ausrichtung des Familienunternehmens mit „patient capital" und überlegener Produktqualität durch kurzfristige, am eigenen Beteiligungshorizont ausgerichtete, Optimierungsmaßnahmen, wie z.B. drastische Kostensenkungen zu Lasten der Qualität, negativ beeinflussen. Außerdem könnte die Private Equity-Gesellschaft ein Interesse daran haben, bestehende Konflikte zwischen Gesellschaftern oder Gesellschaftergruppen zu verschärfen, damit ihre eigene Machtposition gestärkt wird, was sich auf Mehrheits- und Abstimmungsverhältnisse auswirken kann.

2.4.2.4 Zusammenfassung

Insgesamt kann gesagt werden, dass der Ressourcenpool des Familienunternehmens mit dem Beginn der Private Equity-Beteiligung deutlich vergrößert wird, was sich grundsätzlich positiv auf die Entwicklung des Familienunternehmens auswirken kann. Dabei müssen die Auswirkungen der Private Equity-Beteiligung auf die geprägten Ressourcen und die Familiness beachtet werden. Der Einfluss der Private Equity-Gesellschaft auf diese Ressourcen kann besonders förderlich und vorteilhaft, aber auch hinderlich und nachteilig sein.

Der Resource Based View und die Konzeption der Familiness stellen einen wertvolles Theoriegerüst zur Verankerung der nachfolgenden empirischen Untersuchung in der betriebswirtschaftlichen Forschung dar. Die beiden Ansätze ermöglichen eine Integration der Spezifika von Familienunternehmen in den Untersuchungskontext. Beide Ansätze lassen sich als hilfreiches Sortierungskriterium nutzen, um den Einfluss der Unternehmensfamilie und der Private Equity-Gesellschaft auf die Unternehmenswertsteigerung und die Bedeutung der nicht-monetären Ziele zu analysieren. Gerade die Familiness ist für die folgenden Analysen innerhalb der Fallstudien außerordentlich wichtig. Sie macht den Unterschied und die Besonderheit von Private Equity-Beteiligungen an Familienunternehmen im Gegensatz zu Private Equity-Beteiligungen an Nicht-Familienunternehmen aus. Sie ist daher zu berücksichtigen, um den Besonderheiten von Private Equity-Beteiligungen an Familienunternehmen Rechnung zu tragen.

3. Forschungsdesign und -methodik

3.1 Einleitung

Die Dokumentation des Forschungsdesigns ist bei qualitativen wissenschaftlichen Untersuchungen ein wichtiges Gütekriterium (vgl. Mayring 2002: 144ff.). Das Forschungsdesign stellt einen Plan zur Beantwortung der Forschungsfragen dar (vgl. Ragin 1994: 191). Im Folgenden wird es, d.h. die Methoden der Datenerhebung, der Datenaufbereitung und der Datenauswertung, erläutert (vgl. Mayring 2002).

Der Wert einer Forschungsmethode ermisst sich an der Eignung, den wissenschaftlichen Fragen – in diesem Falle nach den Unternehmenswertsteigerungen bei Private Equity-Beteiligungen an Familienunternehmen und den nicht-monetären Zielen der Unternehmensfamilie – Rechnung zu tragen (vgl. Bortz/ Döring 2006: 49). Da im untersuchten Forschungsbereich wissenschaftliches Neuland betreten wird, bietet sich zur Beantwortung der Forschungsfragen eine qualitative Fallstudienuntersuchung an, die den jeweiligen Fall genau beschreiben, neue Erkenntnisse aufdecken und komplexe Zusammenhänge sichtbar machen kann (vgl. Bortz/ Döring 2006: 31; Flick 2005a: 253).

YIN definiert: „ A case study is an empirical inquiry [...] in which multiple sources of evidence are used.“ (Yin 1994: 23). Fallstudien erlauben also einen Rückgriff auf verschiedene Quellen mit unterschiedlichen Erhebungsmethoden. Dieser besondere Vorteil soll für die Untersuchung mit dem Einbezug von teilstrukturierten Experteninterviews und einer ergänzenden Dokumentenanalyse genutzt werden, sodass sich ein umfassendes Bild des Untersuchungsgegenstands ergibt, was die Ergebnisse der Arbeit absichert und vergleichbar macht (vgl. Flick 2004: 49). Die Forschungsfragen können somit auf Basis eines wissenschaftlichen Fundaments beantwortet werden.

Da qualitative Forschung jedoch immer wieder mit dem Vorwurf einer „Beliebigkeit und Willkürlichkeit“ (Steinke 2005: 321f.) konfrontiert wird, widmet sich das letzte Kapitel explizit der Darstellung, wie diese Untersuchung qualitativen Gütekriterien gerecht wird.

3.2 Datenerhebung

3.2.1 Methodik

Methoden der Datenerhebung dienen der Gewinnung sowie Sammlung von wissenschaftlichen Erkenntnissen und von aussagekräftigem Material (vgl. Mayring 2002: 65; Diekmann 1995: 274). Die Methode der Datenerhebung muss dem Untersuchungsgegenstand, der Fragestellung und den angestrebten Aussagen angemessen sein (vgl. Mayring 2005: 474; Flick 2005a: 258; Flick 1995: 148).

Schwerpunkt der vorliegenden Datenerhebung sind Experteninterviews mit Managern der Private Equity-Gesellschaft und des Familienunternehmens. Die Experten kommen also aus verschiedenartigen Subsystemen des untersuchten Forschungsfelds (vgl. Froschauer/ Lueger 2003: 54). Der Expertenstatus ist abhängig vom jeweiligen Forschungsinteresse des Forschers (vgl. Meuser/ Nagel 1991: 443). Als Experte gilt dabei jemand, der „in irgendeiner Weise Verantwortung trägt für den Entwurf, die Implementierung oder die Kontrolle einer Problemlösung oder wer über einen privilegierten Zugang zu Informationen über Personengruppen oder Entscheidungsprozesse verfügt“ (Meuser/ Nagel 1991: 443). Der Befragte ist dabei in seiner Funktion als Experte für ein Thema und Repräsentant einer Gruppe von Interesse (vgl. Mayer 2004: 37). Die subjektive Perspektive des Experten kann erfasst und sein Wissen über das jeweilige Forschungsfeld kann ermittelt werden (vgl. Hopf 2005: 350).

Die Einzelinterviews orientieren sich an einem teilstrukturierten Leitfaden. Dies bietet verschiedene Vorteile: Der Leitfaden ermöglicht eine „thematische Steuerung“ (Flick 1995: 143) und Strukturierung, sodass das Gesprächsthema vorgegeben und auf dieses fokussiert werden kann (vgl. Meuser/ Nagel 1991: 488; Schnell et al. 2005: 387). Relevante thematische Aspekte können im Interview nicht übersehen werden, eine Vergleichbarkeit und Zusammenfassung der Interviews wird ermöglicht, die Gewinnung der Forschungsergebnisse ist intersubjektiv nachprüfbar und die Auswertungsarbeit wird entscheidend erleichtert (vgl. Mayer 2004: 36; Schnell et al. 2005: 387; Flick 2005a: 261; Klammer 2005: 234). Der Inhalt, die Anordnung und die Anzahl der Fragen des Leitfadens werden durch aktuelle Erkenntnisse im Forschungsfeld bestimmt und die Formulierung von Fragen erfolgt nach allgemeinen

Regeln wissenschaftlicher Fragestellung (vgl. Atteslander 2006: 125; Klammer 2005: 226).

Die Experteninterviews werden mit offenen Fragen geführt. Offen formulierte Fragen lassen die Interviewpartner als Experten zur Sprache kommen (vgl. Mayring 2002: 66). Sie erweitern den Antwortspielraum, ermöglichen tieferen Einblick in das Thema, verdeutlichen den Bezugsrahmen und die Relevanzstrukturen des Interviewpartners und eröffnen den Zugang zu Erfahrungshintergründen (vgl. Schnell et al. 2005: 387). Der Interviewpartner kann seine subjektive Perspektive darlegen und eigene, größere Zusammenhänge im Verlauf des Interviews entwickeln (vgl. Mayring 2002: 68). Zudem kann der Interviewer bei offenen Fragen zu bestimmten Themen nachfragen und Sachverhalte gezielt tiefergehend besprechen (vgl. Kromrey 2006: 389). Insgesamt soll das offene, teilstrukturierte Experteninterview „ein hohes Maß an Offenheit und Nicht-Direktivität mit [einem] hohe[n] Niveau der Konkretion und der Erfassung detaillierter Informationen" kombinieren (Hopf 2005: 351).

Die verschiedenen Experteninterviews innerhalb eines Falls werden zum Zwecke einer Daten-Triangulation durchgeführt, sodass bei der Beantwortung der Forschungsfragen unterschiedliche und ergänzende Perspektiven auf den Forschungsgegenstand eingenommen werden (vgl. Flick 2004: 12; Flick 2005b: 309ff.; Kelle/ Erzberger 2005: 308). Die Erfassung, Beschreibung und Erklärung des Gegenstandsbereichs aus verschiedenen Perspektiven wird dadurch möglich (vgl. Kelle/ Erzberger 2005: 304). Wenn die Triangulation divergente Perspektiven verdeutlicht, ist sie besonders aufschlussreich (vgl. Flick 2005b: 318). Sie erweitert, verdichtet und vertieft die Erkenntnisse über den Forschungsgegenstand (vgl. Denzin 1989: 247).

Um möglichst aussagekräftige Forschungsergebnisse zu erhalten, verwendet diese Untersuchung neben einer Daten-Triangulation auch eine Methoden-Triangulation, um durch eine Methodenvielfalt den Untersuchungsgegenstand angemessener sowie umfassender abbilden zu können (vgl. Flick 2004: 19). Durch eine Kombination von Einzelmethoden sollen deren Grenzen und Schwächen überwunden werden (vgl. Flick 2004: 15f.): Die reaktive Erhebungsmethode der Experteninterviews wird durch das nicht-reaktive Verfahren der Dokumentenanalyse ergänzt.[2] Bei einer Dokumentenanalyse wird Material untersucht, welches vom Forscher nicht erst durch die Nutzung eines Verfahrens der Datenerhebung geschaffen werden muss und nicht speziell für die Forschung erstellt wurde (vgl. Mayring 2002: 47; Flick 2005b: 313).

Wenn ein Zugriff auf Quellen möglich ist, kann die Dokumentenanalyse vorteilhaft in die Untersuchung integriert werden; die qualitative Interpretation des Dokuments reichert die Forschungserkenntnis an (vgl. Mayring 2002: 47/49). Ein Nichteinbezug des Verfahrens bedeutet einen Verzicht auf wertvolle und neutrale Informationsquellen (vgl. Mayring 2002: 49). Für diese Untersuchung bietet sich ganz besonders die Analyse von Jahresabschlüssen, Zeitungsartikeln und internen Schreiben an.

Fallübergreifend nutzt die Untersuchung theoretisches Sampling.[3] FLICK sieht im theoretischen Sampling die für qualitative Forschung angemessene Sampling-Strategie (vgl. Flick 1995: 86). Ausgehend vom jeweiligen Erkenntnisstand wird dabei die Samplestruktur während des Forschungsprozesses schrittweise festgelegt, erweitert und ergänzt (vgl. Flick 1995: 81; Merkens 2005: 292). Die einzelnen Fälle werden einbezogen, wenn sie im Bezug auf die Beantwortung der Forschungsfragen potentiell etwas Neues bieten können (vgl. Flick 1995: 82). Als Fälle, die zur Untersuchung geeignet sind, sind Extremfälle und abweichende Fälle, Idealtypen und typische Fälle, häufige oder seltene Fälle, Grenzfälle, Fälle mit hoher erwarteter Intensität des Forschungsgegenstands oder politisch wichtige und sensible Fälle denkbar (vgl. Mayring 2002: 43; Flick 1995: 87).

Innerhalb der Erhebungsmethoden eines Falls, aber auch fallübergreifend, wird das Sampling so lange durchgeführt, bis eine theoretische Sättigung erreicht wird. Diese liegt vor, wenn man keine neuen Informationen mehr erlangen oder der Erkenntnisgewinn durch zusätzlichen Forschungsaufwand und neue Daten nicht mehr gesteigert werden kann (vgl. Kvale 1996: 102; Flick 2005b: 318).

---

[2] Die Kombination von reaktivem und nicht-reaktivem Verfahren entspricht einem Vorschlag von Marotzki (vgl. Marotzki 1995: 55ff.).

[3] Glaser/ Strauss entwickelten das theoretische Sampling im Rahmen ihrer Grounded Theory (vgl. hierzu Glaser/ Strauss 1967).

Durch die maximale Bandbreite der einzelnen Fallstudien, ihre theoretische Reichweite und ihre berücksichtigten Dimensionen bis zur theoretischen Sättigung kann auf Basis der Untersuchungsergebnisse eine theoretische Generalisierung durchgeführt werden, sodass die Forschungsergebnisse über die untersuchten Fälle hinaus wissenschaftliche Bedeutung erlangen können (vgl. Flick 2005a: 260; Flick/ Bauer 2005: 604).

3.2.2 Anwendung

Die Datenerhebung im Rahmen der Fallstudien erwies sich als besonders schwierig, da es keine Datenbank gibt, welche Private Equity-Beteiligungen an deutschen Familienunternehmen aufführt. Deshalb mussten in einem ersten Schritt Private Equity-Beteiligungen an Familienunternehmen, die den Definitionsansprüchen dieser Arbeit genügen, durch Recherchearbeit ermittelt werden. Recherchiert wurde u.a. im Internet (z.B. www.BVK.de), in Fach- und Tageszeitungen (z.B. „Handelsblatt", „Financial Times Deutschland", „Frankfurter Allgemeine Zeitung") und in Fachzeitschriften (z.B. „Unternehmer Edition: Private Equity 2009").

Aus forschungstechnischen Gründen werden verschiedene Einschränkungen bei der Auswahl der Fallstudien vorgenommen (vgl. Abbildung 31). Diese sollen das Forschungsgebiet klar abgrenzen und eine Ähnlichkeit der untersuchten Fälle ermöglichen: Die Untersuchung von Private Equity-Beteiligungen an deutschen Familienunternehmen stellt erstens eine inhaltliche und zweitens auch eine geographische Einschränkung dar. Drittens besteht eine zeitliche Einschränkung der einbezogenen Fallstudien. Der Beteiligungsbeginn darf frühestens im Jahr 1990 erfolgt sein. Diese Einschränkung dient einerseits der Aktualität und Relevanz der Ergebnisse in einem noch jungen Private Equity-Markt. Andererseits dürfen die Fälle nicht zu lange zurückliegen, da Erinnerungen der Interviewpartner an einzelne Aspekte und Sachverhalte der Beteiligung vorliegen müssen. Zuletzt bestehen praktische Einschränkungen bei der Ermittlung einzelner Beteiligungsfälle: Der Zugang zu ihnen ist sehr eingeschränkt. Letztendlich konnten so ca. 20 Private Equity-Beteiligungen an Familienunternehmen identifiziert werden.

	Einschränkung	Ausprägung
1	Inhaltlich bzw. erfahrungsbezogen	Private Equity-Beteiligungen an Familienunternehmen
2	Geographisch	Deutschland (+ eine Fallstudie aus Österreich)
3	Zeitlich	Beteiligungsbeginn frühestens im Jahr 1990
4	Praktisch	Identifikation von Fällen anhand von externen Informationsquellen sowie Zugang zu Fallstudien

Abbildung 31: Einschränkung der Forschungsarbeit. Eigene Darstellung.

Diese 20 Beteiligungsfälle wurden in einem zweiten Schritt intensiver recherchiert, sodass über diese Fälle aussagekräftige Grundinformationen, wie z.B. den Zeitraum der Beteiligung, die Beteiligungsquoten und die Exitkanäle, vorlagen. Daraufhin folgte in einem dritten Schritt die Auswahl der letztendlich acht Fallstudien anhand von theoretischem Sampling. In die Untersuchung konnten Familienunternehmen aufgenommen werden, die sich in vielen Aspekten voneinander unterscheiden und damit eine theoretische Sättigung ermöglichen.

Bezugspunkt	Differenzierungsaspekt	Ausprägung
Familie	Familiengeneration	1 bis 6
	Familiengesellschafter	1 bis > 10
Familienunternehmen	Alter des Familienunternehmens	< 10 Jahre bis > 100 Jahre
	Branche	Maschinenbau, Chemie
	Region	Deutschland plus eine Fallstudie aus Österreich
	Umsatz	< 10 Mio. Euro bis > 2 Mrd. Euro
	Mitarbeiteranzahl	< 50 bis > 4.000
Beteiligung	Beteiligungsanlass	Wachstumsfinanzierung, Gesellschafterausstieg etc.
	Fonds	Closed-End und Evergreen
	Beteiligungsstatus	Drei laufende und fünf abgeschlosse Beteiligungen
	Beteiligungsdauer (abgeschl. Deals)	< 3 Jahre bis > 10 Jahre
	Beteiligungsansatz	Hands-On und Hands-Off
	Beteiligungsquote	Eine Mehrheits- und sieben Minderheitsbeteiligungen
	Exitkanäle	Buyback, Börse etc.

Abbildung 32: Anwendung des theoretischen Samplings. Eigene Darstellung.

Die acht Unternehmen unterscheiden sich im Hinblick auf die Familie, das Familienunternehmen und die Beteiligung (vgl. Abbildung 32): Die Familienunternehmen sind z.T. noch jung (< 10 Jahre) und befinden sich erst in der ersten Generation, andere hingegen sind über hundert Jahre alt, was sich auch in der Anzahl der Generationen niederschlägt. Tendenziell haben die älteren Unternehmen auch mehr (Familien-) Gesellschafter. Die Familienunternehmen stammen aus verschiedenen Branchen. Sie alle haben mit einer Ausnahme, die dem regionalen Aspekt des theoretischen Samplings entspricht, ihren Hauptsitz in Deutschland. Das kleinste Familienunternehmen erwirtschaftet weniger als 10 Millionen Euro, das größte mehr als 2 Mrd. Euro Umsatz, was sich auch in einer großen Bandbreite bei der Mitarbeiteranzahl verdeutlicht.

Auch im Hinblick auf die Private Equity-Beteiligung bzw. den Deal unterscheiden sich die Unternehmen deutlich voneinander: Die Deals weisen verschiedene Beteiligungsanlässe auf. Manche Unternehmen bekommen das Eigenkapital der Private Equity-Gesellschaft durch Closed-End Fonds und andere durch Evergreen Fonds zur Verfügung gestellt, was sich auch auf die Dauer der laufenden und abgeschlossenen Beteiligungen auswirkt. Die unterschiedlichen Private Equity-Gesellschaften verfolgen dabei sowohl aktive als auch passive Beteiligungsansätze. Ein Konsortium geht eine Mehrheits-, die restlichen Private Equity-Gesellschaften gehen Minderheitsbeteiligungen ein. Manche Unternehmer bzw. Unternehmensfamilien kaufen die Anteile der Private Equity-Gesellschaft zurück. Bei anderen Familienunternehmen hingegen steigt die Private Equity-Gesellschaft über einen Börsengang aus dem Familienunternehmen aus.

Die Durchführungsphase der Experteninterviews dauerte ein halbes Jahr von Oktober 2009 bis März 2010. Im ersten Schritt wurden nur Interviewpartner auf der Seite der Familienunternehmer angesprochen. Für jede der acht Fallstudien wurde ein Experteninterview mit einem Entscheidungsträger des Familienunternehmens geführt. Hierbei handelte es sich ausschließlich um Mitglieder aus dem Leitungs- bzw. Kontrollgremium des Familienunternehmens. Zumeist sind sie bzw. waren sie zum Zeitpunkt der Beteiligung sogar als Vorsitzende des jeweiligen Gremiums aktiv. In sieben von acht Fällen sind sie zudem auch Mitglieder der Unternehmensfamilie.

Im zweiten Schritt konnten dann bei allen acht Fallstudien auch Vertreter der Private Equity-Gesellschaften für ein entsprechendes Interview gewonnen werden. Wiederum waren die Interviewpartner Entscheidungsträger. In drei Fällen wurde das

Interview mit Projektbetreuern geführt, in den übrigen fünf Fällen mit aktuellen oder ehemaligen projektverantwortlichen Vorstandsmitgliedern bzw. Geschäftsführern.

Die Experteninterviews wurden anhand eines Leitfadens geführt. Sowohl für die Unternehmer- als auch für die Private Equity-Seite wurden je eigene, jedoch ähnliche Interviewleitfäden entwickelt. Dies trug den verschiedenen Perspektiven der beiden Gruppen Rechnung. Der Leitfaden bestand aus drei Abschnitten: Der erste Abschnitt beinhaltete Hintergrund- und Basisinformationen über den Interviewpartner, das entsprechende Familienunternehmen, die entsprechende Private Equity-Gesellschaft und die jeweilige Beteiligung. Diese Hintergrund- und Basisinformationen bildeten den Kontext für den Hauptteil der Untersuchung im zweiten Abschnitt. Der zweite Abschnitt des Leitfadens thematisierte zum einen die Unternehmenswertsteigerungen und die dazugehörigen Wertsteigerungshebel und zum anderen die nicht-monetären Ziele der Unternehmensfamilie. Während im ersten Teil des Leitfadens primär nach quantitativen Aspekten gefragt wurde, ermöglichte der zweite Teil des Leitfadens eine offene, beinahe narrative Form der Interviewführung, bei welcher die Interviewpartner ihre eigene Perspektive in Bezug auf die Untersuchungsschwerpunkte einnehmen und äußern konnten. Im dritten und letzten Abschnitt des Leitfadens konnte der Interviewpartner ein Resümee ziehen. Hier konnte er eigene Anmerkungen und Diskussionspunkte einbringen, die seine Antworten im Leitfaden ergänzten.

Die persönlichen Interviews wurden jeweils im „Vier-Augen-Gespräch“ am Standort des Familienunternehmens bzw. der Private Equity-Gesellschaft durchgeführt. Bei einem Interview waren zwei Vertreter der Private Equity-Seite anwesend. Die Interviewdauer betrug zwischen ca. 15 Minuten und ungefähr 2 Stunden. Die meisten Interviews dauerten etwa eine Stunde. Neben den insgesamt 16 Interviews wurden eine Reihe weiterer Daten und Dokumente, wie z.B. Jahresabschlüsse und Zeitungsartikel, hinzugezogen, sodass die jeweilige Fallstudie durch die Methoden-Triangulation inhaltlich weiter angereichert werden konnte.

3.3 Datenaufbereitung

Die Methoden der Datenaufbereitung stellen das Bindeglied zwischen Datenerhebung und -auswertung dar. Sie bereiten die erhobenen Daten für die Auswertung vor. In dieser Untersuchung wurde für jedes Interview ein transkribiertes selektives Protokoll angefertigt (vgl. Mayring 2002: 97f.).

Bei den Interviews werden nur diejenigen Teile transkribiert, die für die Beantwortung der jeweiligen Forschungsfrage(n) von Bedeutung sind und tatsächlich analysiert werden (vgl. Strauss 1991: 266; Kowal/ O`Connell 2005: 444). Bei der Transkription wird häufig die Fragestellung außer Acht gelassen, sodass mehr transkribiert als analysiert wird (vgl. Kowal/ O`Connell 2005: 443). Der Transkriptionsaufwand soll also in einem gesunden Verhältnis zum Transkriptionsertrag stehen (vgl. Flick 1995: 192).

Bei Experteninterviews soll das Expertenwissen ermittelt werden, sodass der „offenkundige sowie unverdeckte Kommunikationsinhalt" der Antworten transkribiert werden muss (Lamnek 1995: 207). Das selektive Protokoll ist auf die inhaltlich-thematische Seite des Materials fokussiert.

3.4 Datenauswertung

Die Auswertung von Texten kann mit Hilfe von verschiedenen Verfahren erfolgen (vgl. dazu z.B. Gläser/ Laudel 2004: 41ff.). Dabei wird in den Texten nach Hinweisen auf den Untersuchungsgegenstand gesucht, die eine Antwort auf die Forschungsfrage ermöglichen (vgl. Böhm 2005: 477). Bei der Auswertung von Experteninterviews werden die Inhalte der verschiedenen Experten analysiert und verglichen (vgl. Flick 1995: 110). Mit der Dokumentenanalyse wird eine weitere inhaltlich-thematische Perspektive ausgewertet.

Für die systematische und theoriegeleitete Auswertung von Texten eignet sich besonders die qualitative Inhaltsanalyse (vgl. Mayring 2002: 121; vgl. hierzu und im Folgenden: Mayring 2002; Mayring 2003; Mayring 2005).[4] Je nach Untersuchungsschwerpunkt bieten sich unterschiedliche Verfahren der qualitativen Inhaltsanalyse

[4] Auch Gläser/ Laudel kombinieren Experteninterviews als Erhebungsmethode mit der qualitativen Inhaltsanalyse als Auswertungsmethode (vgl. Gläser/ Laudel 2004).

an. Diese Untersuchung greift auf die inhaltlich-strukturierende qualitative Inhaltsanalyse zurück, die ihren Schwerpunkt auf das Herausfiltern und Auswerten inhaltlicher Aspekte legt: „Ziel der Analyse ist es, bestimmte [inhaltliche] Aspekte aus dem Material herauszufiltern, unter vorher festgelegten Ordnungskriterien einen Querschnitt durch das Material zu legen oder das Material auf Grund bestimmter Kriterien einzuschätzen" (Mayring 2002: 115).

Die strukturierende qualitative Inhaltsanalyse hat also zum Ziel, relevante inhaltliche Informationen aus den einzelnen Textpassagen der transkribierten Experteninterviews und der Dokumente schrittweise und systematisch zu extrahieren. Anhand eines Kodierleitfadens werden die Informationen ex ante entwickelten und theoriegeleiteten Auswertungskategorien, d.h. Haupt- und Unterkategorien, zugeordnet. Diese Extraktionsergebnisse bilden die Grundlage für eine anschließende Analyse und Interpretation (vgl. Gläser/ Laudel 2004:194).

Das Ablaufmodell inhaltlicher Strukturierung besteht insgesamt aus zehn verschiedenen Schritten: Im ersten Schritt werden die 16 transkribierten Experteninterviews und die zusätzlichen Dokumente, wie z.B. Jahresabschlüsse oder Zeitungsartikel, als Analyseeinheiten bestimmt. Dann werden die inhaltlichen Hauptkategorien theoriegeleitet festlegt. Als inhaltliche Hauptkategorien bieten sich einerseits die Wertsteigerungshebel und andererseits die unterschiedlichen nicht-monetären Ziele an. Sie werden auf Basis wissenschaftlicher Forschung theoriegeleitet festgelegt und von den Forschungsfragen dieser Arbeit abgeleitet. Im dritten Schritt werden die Hauptkategorien durch Unterkategorien ergänzt, was zu einer Vervollständigung und Ausdifferenzierung des Kategoriensystems führt. Die Wertsteigerungshebel als Hauptkategorien werden bspw. durch die einzelnen Werttreiber als Unterkategorien ergänzt.

Danach werden Definitionen, Ankerbeispiele und Kodierregeln zu den einzelnen Kategorien formuliert. Steigt z.B. der Unternehmenswert einer Beteiligung nur aufgrund einer konjunkturellen Erholung, wird diese Wertsteigerung dem Werttreiber Bewertungsänderung aufgrund von Konjunkturzyklen und dem Wertsteigerungshebel Financial Arbitrage zugeordnet. Es wird also für jede Auswertungskategorie definiert, welche Textpassagen in welche Kategorie fallen. Ankerbeispiele sind beispielhafte und prototypenähnliche Textpassagen, die verdeutlichen sollen, welche Textabschnitte eindeutig zu welcher Kategorie gehören. Wenn Abgrenzungsprobleme zwischen den einzelnen Kategorien bestehen, werden die Zugehörigkeiten durch Kodierregeln bestimmt.

Beim folgenden Materialdurchlauf werden die einzelnen Fundstellen anhand des Kodierleitfadens den einzelnen Auswertungskategorien zugeordnet und extrahiert. Falls Material den Auswertungskategorien nicht entspricht, wird eine neue Auswertungskategorie ergänzt oder eine alte abgeändert.[5]

Besteht kein Anpassungsbedarf, wird als nächstes das extrahierte Material paraphrasiert. Die Paraphrasierung soll nichts unterschlagen, hinzufügen oder verzerrt wiedergeben (vgl. Meuser/ Nagel 1991: 457). Im neunten und dem darauf folgenden letzten Schritt werden die Zuordnung des extrahierten Materials geprüft und die Ergebnisse der Inhaltsanalyse strukturiert pro Kategorie zusammengefasst.

Ist die inhaltliche Strukturierung der einzelnen Texte eines Falls abgeschlossen, können diese auf Gemeinsamkeiten und Unterschiede hin untersucht werden. Dabei können die Ergebnisse der Auswertung der jeweiligen Experteninterviews und der Dokumente konvergieren, komplementär sein oder sich gegenseitig widersprechen. Die Ergebnisse der qualitativen Inhaltsanalyse werden in Beziehung zum Fallkontext gesetzt, wobei die strukturellen Daten aus dem ersten Teil des Leitfadens herangezogen werden.

Nachdem die Analyse des einzelnen Falls abgeschlossen ist, erfolgt dieselbe Analyse fallübergreifend, sodass Gemeinsamkeiten und Unterschiede der betrachteten Fälle deutlich werden. Die Ergebnisse der einzelnen und fallübergreifenden Auswertung werden in den Kapiteln 4.1. bzw. 4.2. dargestellt.

---

[5] Dieser Schritt entspricht einem Vorschlag von Gläser/ Laudel (2004). Mayrings Ablaufmodell verfährt hier anders: Falls Anpassungsbedarf bei den Auswertungskategorien und dem Kodierleitfaden besteht, werden diese im siebten Schritt überarbeitet und ggf. werden alte Auswertungskategorien durch neue ersetzt, damit der Auswertungsprozess ab dem dritten Schritt in veränderter und verbesserter Form erneut durchgeführt werden kann. Bei Mayrings siebten Schritt besteht also die Gefahr, dass durch den Wegfall einer theoriegeleitet entwickelten Auswertungskategorie theoretische Vorüberlegungen verloren gehen und aus der Datenauswertung komplett verschwinden (vgl. Gläser/ Laudel 2004: 198f.). Diese Gefahr besteht bei Gläser/ Laudel nicht, sodass für den siebten Schritt an dieser Stelle auf Gläser/ Laudel zurückgegriffen wird).

Die Auswertungsmethode des Forschungsmaterials stellt das Herzstück des Forschungsdesigns dar. Die Vorteile der strukturierenden qualitativen Inhaltsanalyse liegen mit dem systematischen, schrittweisen und regelgeleiteten Vorgehen zur Auswertung von Datenmengen auf der Hand: Dadurch werden alle vorliegenden Informationen, sowohl transkribierte Interviews als auch begleitende Dokumente, gleichberechtigt untersucht. Zudem ist das Verfahren transparent und nachvollziehbar. Weiterhin liegt entsprechend dem Ziel und Zweck dieser Untersuchung ein passgenaues Ablaufmodell für die Untersuchung von inhaltlich-thematischen Aspekten der Wertsteigerungen und der nicht-monetären Ziele vor.

3.5 Qualitätssicherung der Untersuchung

Zur Qualitätssicherung der Untersuchung muss auch qualitative Forschung wissenschaftlichen Gütekriterien genügen, da sonst die Gefahr der „Beliebigkeit und Willkürlichkeit qualitativer Forschung“ (Steinke 2005: 321f.) droht. Dabei gilt es, eigenen Gütekriterien qualitativer Forschung im Hinblick auf Methode, Aufbau, Ziel und Zweck der Untersuchung zu entsprechen (vgl. Mayring 2002: 140ff.).

MAYRING nennt sechs Gütekriterien qualitativer Forschung, denen diese Arbeit entsprechen soll (hierzu und im Folgenden Mayring 2002: 144ff.): Verfahrensdokumentation, argumentative Interpretationsabsicherung, Regelgeleitetheit, Nähe zum Gegenstand, kommunikative Validierung und Triangulation. Im Folgenden wird dargestellt, wie die vorliegende Arbeit diese sechs Gütekriterien erfüllt.

Die Verfahrensdokumentation soll das Forschungsdesign und die Methoden der Datenerhebung, -aufbereitung und -auswertung für andere Forscher nachvollziehbar machen. Der dritte Teil der vorliegenden Arbeit trägt dieser Anforderung Rechnung. Interpretationen, die sich zwar nicht beweisen lassen, jedoch eine bedeutende Rolle in der qualitativen Forschung spielen, werden argumentativ abgesichert. Soweit in dieser Arbeit Interpretationen vorkommen, werden diese fundiert begründet.

Unter Regelgeleitetheit versteht MAYRING eine systematische und nach bestimmten Regeln vorgehende qualitative Forschung. Dieser Forderung wird mit dem schrittweisen und sequentiellen Vorgehen bei der Datenerhebung, -aufbereitung und -auswertung entsprochen. Dabei greift die Arbeit auf ausgereifte Verfahren wie z.B. halbstandardisierte, offene Experteninterviews in der Datenerhebung oder auf die strukturierende qualitative Inhaltsanalyse in der Datenauswertung zurück. Unter Nähe zum Gegenstand versteht Mayring eine Forschung, die eng am Forschungsfeld und -gegenstand arbeitet, was auch als „Gegenstandsangemessenheit“ bezeichnet wird (Mayring 2002: 146). Durch den Einbezug verschiedener Fälle mit Experteninterviews und ergänzender Dokumentenanalyse ist diese Arbeit nah am Untersuchungsgegenstand.

Bei der kommunikativen Validierung werden dem Experten die Aussagen und Ergebnisse der ersten Interviews zu einem späteren Zeitpunkt nochmals vorgelegt, besprochen, diskutiert und vom Experten kommunikativ validiert. Aus zwei Gründen wurde im Rahmen dieser Untersuchung auf die kommunikative Validierung verzichtet: Erstens wird durch die beiden Varianten der Triangulation und die Menge der untersuchten Daten automatisch der Forschungsgegenstand von verschiedenen, sich ergänzenden Seiten betrachtet. Die Validierung der Ergebnisse wird also durch unterschiedliche Perspektiven gewährleistet. Der zweite Grund ist praktischer Natur: Die Interviewpartner waren bzw. sind alle in entscheidenden Führungspositionen ihres Unternehmens tätig und unterliegen deshalb starken zeitlichen Restriktionen, sodass allein die Durchführung des Interviews ein Entgegenkommen der Interviewpartner darstellt. Ein weiteres Gespräch über die Ergebnisse und Aussagen des ersten Interviews wäre daher kaum umsetzbar gewesen.

Schließlich kann die Qualität der Forschungsarbeit durch Triangulation erhöht werden (vgl. Kapitel 3.2.). Mit Triangulation auf zwei Ebenen, d.h. mit Daten-Triangulation und mit Methoden-Triangulation, entspricht diese Arbeit auch dem letzten Gütekriterium qualitativer Forschung.

4. Empirische Untersuchung

Im Folgenden werden die Ergebnisse der empirischen Untersuchung vorgestellt. Im ersten Schritt erfolgt eine einzelne Darstellung der acht Fallstudien (Kapitel 4.1.). Die Ausgangslage des Familienunternehmens vor Beteiligungsbeginn und der Exit bilden den Kontext für die beiden Schwerpunkte der Untersuchung: Die Unternehmenswertsteigerungen und die nicht-monetären Ziele werden dargestellt und analysiert. Im zweiten Schritt werden die beiden Untersuchungsschwerpunkte fallübergreifend analysiert und die einzelnen Forschungsfragen beantwortet (Kapitel 4.2.). Die Erkenntnisse der Untersuchung in den beiden Teilbereichen werden schließlich als Hypothesen formuliert.

4.1 Untersuchung einzelner Fallstudien

4.1.1 Fall 1: Private Equity als neutraler Dritter

4.1.1.1 Ausgangslage

Das Familienunternehmen Alpha aus dem süddeutschen Raum kommt aus der Maschinenbaubranche. Durch starke Kunden- und Marktorientierung sowie Produktführerschaft konnte die Aktiengesellschaft über Jahre stetig wachsen und expandieren. Alpha produziert auf drei Kontinenten und verfügt weltweit über Tochter- und Vertriebsgesellschaften. Über 2.000 Mitarbeiter erwirtschaften einen Umsatz von mehreren 100 Millionen Euro. Das Unternehmen ist konservativ finanziert, was sich u.a. in einer sehr hohen zweistelligen Eigenkapitalquote zeigt. Im Jahr des Beteiligungsbeginns sind sowohl EBITDA und EBIT als auch der Jahresüberschuss deutlich positiv.

Das über 100 Jahre alte Familienunternehmen befindet sich im alleinigen Eigentum von 10 bis 20 Familiengesellschaftern, die vornehmlich aus der fünften oder sechsten Generation stammen. Die Führung von Alpha obliegt einem Familienmitglied als Vorstand. Dieses wird durch Fremdvorstände unterstützt. Ein Aufsichtsrat, dem auch Familienmitglieder angehören, ist wegen der Gesellschaftsform Pflicht.

Im Gesellschafterkreis gibt es schon lange schwelende Konflikte zwischen einzelnen Akteuren und Gesellschafterstämmen. Die Situation ist fest gefahren, was sich durch reflexartige, konträre Äußerungen des einen Stammes bei Meinungen, Vorschlägen und Wünschen des anderen zeigt. Das Ziel bzw. der Beteiligungsanlass liegt darin, eine Private Equity-Gesellschaft als neutralen Dritten in den Gesellschafterkreis einzubeziehen: Diese soll die Gesellschafterkonflikte befrieden und die betriebswirtschaftliche Entwicklung wieder in den Vordergrund stellen. Finanzielle Überlegungen, wie z.B. die Initiierung von Wachstum, spielen eine untergeordnete Rolle.

Da auf Seiten von Alpha kein Zeitdruck durch die finanzielle Situation besteht, können sich die Verantwortlichen mit der Suche einer geeigneten Private Equity-Gesellschaft Zeit lassen. Nach ca. eineinhalb Jahren Investorensuche entscheidet sich Alpha schließlich für die deutsche Vertretung einer großen amerikanischen Private Equity-Gesellschaft A mit mehreren Milliarden Dollar Fondsvolumen.

Ausschlaggebend für die Entscheidung für A ist ihr Repräsentant in Deutschland, der als erfahrener Manager hohe Reputation und Glaubwürdigkeit genießt. A ist auf Wachstums- und Expansionsfinanzierung von deutschen Industrieunternehmen spezialisiert. Ihr Fonds zeichnet sich durch eine sehr lange Laufzeit und einzelne Investitionsvolumina von mehreren zehn bis mehreren hundert Millionen Euro Eigenkapital aus. Bei der Minderheitsbeteiligung an Alpha im Rahmen einer Kapitalerhöhung liegt das Investitionsvolumen am unteren Ende der Bandbreite. Bei der Beteiligung von A wird auf die Aufnahme von zusätzlichem Fremdkapital verzichtet. Ein Familiengesellschafter nutzt die Chance für einen Ausstieg und verkauft seine Anteile an Alpha mit dem Beteiligungsbeginn.

Der neu gebildete Aufsichtsrat besteht aus sechs Mitgliedern, wobei die Private Equity-Gesellschaft neben dem Aufsichtsratsvorsitz noch ein weiteres Mitglied stellt. Die Unternehmensfamilie wird durch zwei Familienmitglieder repräsentiert, wovon einer als stellvertretender Aufsichtsratvorsitzender agiert. Die übrigen zwei Positionen des Gremiums werden durch Vertreter der Arbeitnehmerseite besetzt. Über einen engagierten und aktiven Aufsichtsratsvorsitzenden verfolgt A eine Buy-and-Build Strategie zur Steigerung des Unternehmenswerts. Dabei sollen neben organischem Wachstum auch verstärkt M&A Aktivitäten zum Unternehmenserfolg beitragen.

Die geplante Beteiligungsdauer beträgt fünf bis sieben Jahre. Laut Beteiligungsvertrag sind alle Exitkanäle grundsätzlich möglich, wobei A einen Börsengang favorisiert. Einerseits besitzt die Unternehmensfamilie die Möglichkeit eines Buybacks.

Andererseits gibt es eine Drag-Along Regelung als Notausstiegsszenario für die Private Equity-Gesellschaft. Diese kann den Drag-Along ausführen, wenn entweder eng definierte Bedingungen eintreten, wie z.B. mehrmalige Überstimmung der Private Equity-Vertreter im Aufsichtsrat bei wichtigen Entscheidungen, oder wenn sich für die Minderheitsbeteiligung von A kein Käufer findet.

4.1.1.2 Darstellung der Wertsteigerung

Aus Perspektive der Private Equity-Gesellschaft beteiligt sie sich zu einem günstigen Zeitpunkt an dem Familienunternehmen. Hingegen erfolgt der Beteiligungsbeginn aus Sicht der Unternehmensfamilie zum „unglücklichsten Zeitpunkt“ (Interviewpartner Familienunternehmen Alpha), da die Private Equity-Gesellschaft auf Basis zweier relativ schlechter Geschäftsjahre bei Alpha einsteigt. Einige Familiengesellschafter wollen deshalb auf den Eintritt, zumindest zu diesem Zeitpunkt, einer Private Equity-Gesellschaft verzichten, doch Familienkonflikte verhindern eine Änderung der vereinbarten Pläne. Während der Beteiligungsphase kann sich die relevante Branche deutlich erholen und auch der anziehende Konjunkturzyklus sorgt für eine Steigerung des Unternehmenswerts.

Jedoch hat A beim Einstieg keinen Informationsvorsprung gegenüber dem Zielunternehmen oder anderen Private Equity-Gesellschaften in Bezug auf Märkte, Trends und Entwicklungen. Zwar hat sich A mit der entsprechenden Branche beschäftigt, doch greift sie dabei eher auf „allgemeines Gedankengut“ (Interviewpartner Private Equity-Gesellschaft A) zurück. Im Laufe der Beteiligungsphase kann sie jedoch durch die Aufsichtsratskenntnisse, insbesondere die des Vorsitzenden des Aufsichtsrats, entsprechende Informationsvorsprünge aufbauen.

A kann besondere Transaktionskompetenz beweisen: Durch das weit verzweigte Netzwerk der handelnden Private Equity-Professionals konnte sie Alpha als Zielunternehmen identifizieren und den Käuferwettbewerb zumindest teilweise begrenzen. Die ursprüngliche Suche nach einem Investor ging hingegen von Alpha aus. A beteiligt sich grundsätzlich kaum an Ausschreibungen sowie Auktionen und tätigt nur „Beziehungsgeschäfte“ (Interviewpartner Private Equity-Gesellschaft A).

Bei der Verhandlung, der Bewertung und der Vertragsgestaltung kann das Private Equity-Team von A auf langjährige Erfahrung zurückgreifen. Der verantwortliche Manager und das Team nutzen Wissen, was sie in über 140 Transaktionen aufgebaut haben. Dabei strukturierten sie Deals von kleinen bis zu sehr großen Unternehmen mit mehreren Milliarden Euro Umsatz. Als Bewertungsgrundlage wird jeweils ein Unternehmenswert („Fair Value“) angesetzt, der von unabhängigen Investmentbanken ermittelt wird.

Durch die sehr hohe Eigenkapitalquote von Alpha kann mit Beteiligungsbeginn die Kapitalstruktur nur begrenzt optimiert werden, da die hohe Eigenkapitalquote zu den finanzierungspolitischen Zielen der Unternehmensfamilie gehört. Der Leverage Effekt wird also nicht zur Optimierung der Kapitalstruktur eingesetzt. Bei der Finanzierung von M&A Projekten wird durch A auf langfristige und günstige Kondition mit hohem Fremdkapitalanteil geachtet. A setzt sich während der Beteiligungsphase für eine bewusste und situationsabhängige Finanzierung ein, so dass nicht einfach aus dem Liquiditätsbestand der Unternehmensgruppe finanziert und überwiesen werden soll. Da das Unternehmen kaum Schulden hat, werden im Verlauf der Beteiligung die Ausschüttungen im Einvernehmen aller Parteien leicht angehoben.

Die Steuerbelastung wird kaum verändert, da weder der Leverage Effekt genutzt wird noch Alpha Verlustvorträge vorzuweisen hat. Die Abschreibungen werden maximiert, was jedoch nur kleinere Änderungen darstellt.

Zum Zeitpunkt des Beteiligungsbeginns ist Alpha schon auf allen wesentlichen geographischen Märkten aktiv. A forciert jedoch den Aufbau des Geschäfts in Asien. Ganz besonders wird hierbei auf die Verstärkung des Vertriebs geachtet. Weltweit werden über 100 neue Servicestationen aufgebaut, die nahe beim Kunden Reparaturarbeiten verrichten können. Zudem wird der Geschäftsbereich für Mietmaschinen deutlich ausgebaut. Zum einen können so neue Kundengruppen erschlossen und zum anderen die Preispolitik einfacher gestaltet werden, weil sich die Kunden im Mietgeschäft weniger preissensibel zeigen. Beim klassischen Verkauf der Produkte werden den Kunden kaum noch Nachlässe gewährt. Die Vorteile der eigenen Produkte werden systematisch bei der Preiskalkulation berücksichtigt und Modifikationen sowie Spezifizierungen der Produkte stark beschnitten. Durch die geringere Komplexität der Produkte wird auch ihre Herstellung vereinfacht.

Das Produktportfolio kann Alpha durch drei Akquisitionen nachhaltig ergänzen und erweitern. Bis zu diesem Zeitpunkt hat Alpha in ihrer Unternehmensgeschichte keine M&A Erfahrung gesammelt und auf organisches Wachstum gesetzt. Über die Akquisitionen werden neue Kundenstämme gewonnen, an die auch die ursprünglichen Produkte verkauft werden können. Im Gegenzug können die Produkte der akquirierten Unternehmen auch an Bestandskunden von Alpha vertrieben werden.

Durch Outsourcing einzelner Bereiche und Tätigkeiten werden Kosten gesenkt. Die Overheadkosten werden reduziert. Zwar nimmt die Anzahl der Arbeitnehmer in einzelnen Bereichen des Unternehmens ab, doch wächst der Personalstand insgesamt im Beteiligungszeitraum um ca. 30 %.

Auf der Kostenseite wird maßgeblich auf das Working Capital geachtet, welches relativ zum Umsatz des Unternehmens um ca. 50 % reduziert wird. Die Reduzierung des Working Capitals ist ganz besonders der Focus-Factory Methode zu verdanken, die während der Beteiligungsphase konsequent ausgebaut und angewendet wird: Weltweit konzentriert sich jedes Werk auf die Produktion weniger Produkte, die dann in die ganze Welt geliefert werden. Durch Focus-Factory kann der Lagerbestand von Rohstoffen sowie von fertigen und halbfertigen Produkten massiv reduziert werden, was dann auch kürzere Produktions- und Verweilzeiten der einzelnen Produkte zur Folge hat.

Da die Mitarbeiter bei Focus-Factory weitgehend autonom als Kleinunternehmer in Gruppen innerhalb des Unternehmens arbeiten, können sie ihr Produkt ständig verbessern und innovativ nach Lösungen suchen. Ziel ist es, in einer Gruppe nur wenige Produkte herzustellen, diese sollen jedoch ständig optimiert und zu den Besten der Welt weiterentwickelt werden.

Die Reduktion von Working Capital wird durch ein striktes Forderungsmanagement ergänzt. Zudem wird verstärkt auf den Austausch liquider Mittel zwischen den einzelnen Tochterfirmen geachtet, was durch ein zentrales Cash Management gewährleistet wird.

Beim Top-Management gibt es drei wesentliche Veränderungen: Zum einen wechselt der Vorstandsvorsitzende, ein Familiengesellschafter, nach ungefähr der Hälfte der

Beteiligungsphase in den Aufsichtsrat. Zudem wird der neue Vorstandsvorsitzende zum zentralen Ansprechpartner für den Aufsichtsratsvorsitzenden, der eine stärkere CEO-Führung etabliert und schließlich wird auf Druck der Private Equity-Gesellschaft ein neuer CFO als Vorstandsmitglied eingeführt, der nicht aus dem Kreis der Familiengesellschafter stammt.

Die Private Equity-Gesellschaft A bringt sich in vier Bereichen wesentlich in das Unternehmen ein: Erstens in den Aufsichtsratssitzungen, die mehrmals im Jahr stattfinden. Zweitens bei Sitzungen des Investors Committee, bei dem dann auch die amerikanischen Private Equity-Professionals anwesend oder per Telefon zugeschaltet sind. Drittens erarbeitet der Aufsichtsratsvorsitzende mit dem Vorstand einen Katalog an Verbesserungsmaßnahmen, die z.B. den Lagerbestand, das Working Capital oder den Umsatz pro Kopf betreffen. Deren Umsetzung und Implementierung wird durch einen weiteren Mitarbeiter von A regelmäßig und zeitnah geprüft. Viertens bearbeitet A Spezialthemen, bei denen Alpha keine Erfahrungen vorweisen kann. Beispielsweise werden die drei getätigten Akquisitionen maßgeblich durch A gesteuert. Dabei bringt A ihre Erfahrung, z.B. bei der Due Diligence, der Unternehmensbewertung oder bei wettbewerbsrechtlichen Fragestellungen, ein.

Die Leistung von Forschung und Entwicklung war schon vor Beteiligungsbeginn sehr hoch, sodass während der Beteiligungsphase keine Veränderungen vorgenommen werden müssen. Alpha hat eine Vielzahl von viel versprechenden Innovationen, die jedoch noch nicht an den Markt gebracht worden sind. A forciert die Markteinführung dieser Innovationen, für die sofort eine starke Nachfrage herrscht. Neue innovative Produkte sorgen dafür, dass die Anzahl der Reklamationen verringert und die Kundenzufriedenheit verbessert werden können.

Im Zuge des Einstiegs der Private Equity-Gesellschaft werden die familienfremden Vorstandsmitglieder am Eigenkapital des Unternehmens mit einem Anteil von 1 bis 2 % beteiligt. Diese Vorstandsmitglieder müssen ein Teil ihres Einkommens in die Beteiligung investieren. Als Grundlage für den Unternehmenswert wird auf die Bewertung von A zurückgegriffen, sodass der Vorstand keinen vergünstigten Einstiegspreis erhält. Die Beteiligung des Vorstands soll eine starke Anreizwirkung und Leistungsorientierung entfalten, zur Sparsamkeit aufrufen und das Management auf die Steigerung des Unternehmenswerts fokussieren.

Das Monitoring und Controlling wird durch den Aufsichtsrat und seinen Vorsitzenden sowie das Investors Committee ausgeführt. In der Beteiligungsphase wird wesentlich intensiver als davor und sehr zeitnah kontrolliert. Der Aufsichtsratsvorsitzende prüft insbesondere den Free Cash Flow, das EBITDA und das Working Capital.

Die Private Equity-Gesellschaft bringt ihr Netzwerk insbesondere auf der Finanzseite ein: Bei der Finanzierung von Alpha, dem Kreditwesen und den M&A Aktivitäten. Durch das Netzwerk der Private Equity-Gesellschaft kann Alpha auf entsprechende, neue Kontakte zurückgreifen.

Die Private Equity-Gesellschaft ruft bei dem Familienunternehmen einerseits eine neue Kapitalbewusstheit und Ertragsorientierung hervor. Umsatzrenditen, die zwar schon vor dem Beteiligungsbeginn hoch waren, werden weiterhin optimiert, sodass keine Zufriedenheit mit dem Erreichten aufkommen soll. Die unmittelbare Beteiligung des Managements und der Geist eines Investors sorgen für eine Konzentration auf die Steigerung des Unternehmenswerts. So werden die Innovationen schneller am Markt angeboten und Focus-Factory wird konsequent weltweit angewendet. Zudem erhöht A die Schnelligkeit und die Termintreue bei Jahres- und Quartalsabschlüssen. Andererseits zerstört A nicht die alte Unternehmenskultur von Alpha, welche das Unternehmen mit flachen Hierarchien, Sparsamkeit und engagierten sowie unbürokratischen Mitarbeitern zum jahrelangen Erfolg gebracht hatte.

4.1.1.3 Exit

Die Unternehmensfamilie ist sich von Beginn an bewusst, dass die Beteiligungsdauer auf ca. fünf bis sieben Jahren begrenzt ist. Daher sucht sie schon gleich nach Beteiligungsbeginn aktiv nach einer geeigneten Exitmöglichkeit für die Private Equity-Gesellschaft. Ziel ist es, dass A einen singulären Exit vollzieht, ohne dass sie vom Recht eines Drag-Alongs gebraucht macht. Da sowohl Alpha als auch A einen Börsengang favorisieren, wird schon früh in der Beteiligungsphase mit Vorbereitungen für ein IPO begonnen. Schließlich werden der Tag des Börsengangs und der Eröffnungskurs festgelegt.

Gerade in den Wochen vor dem Börsengang trübt sich jedoch das Börsenklima ein, sodass zur Überraschung von Alpha und A laut den begleitenden Banken ein hoher Abschlag auf den Wert des Unternehmens vorgenommen werden soll. Kurz vor dem Tag des Börsengangs sagen Alpha und A den Börsengang ab. Durch die Diskussion über einen angemessen Eröffnungskurs weiß die Unternehmensfamilie, was sich die Private Equity-Gesellschaft als minimale Ausstiegsbewertung vorstellt. Daraufhin unterbreitet die Unternehmensfamilie A ein Angebot für deren Minderheitsbeteiligung, sodass kurz darauf ein Family Buyback vollzogen werden kann. Die Unternehmensfamilie ist also wieder Alleingesellschafter mit 100 % der Unternehmensanteile.

4.1.1.4 Analyse der Wertsteigerung

Die Analyse der Werttreiber zeigt drei wesentliche Aspekte: Erstens ist ein Teil der Unternehmenswertsteigerung auf Financial Arbitrage zurückzuführen. Die Private Equity-Gesellschaft profitiert insbesondere durch eine gute Konjunktur- und Branchenentwicklung in den drei Jahren zwischen Investition und Desinvestition. Zudem beweist sie besondere Transaktionskompetenz, da sie auf vielfältige Erfahrungen zurückgreifen und sich bei einer relativ günstigen Bewertung am Unternehmen beteiligen kann. In diesem ersten Fall profitiert also primär die Private Equity-Gesellschaft von der Unternehmenswertsteigerung. Diese Wertsteigerung würde es auch ohne die Beteiligung von A gegeben.

Zweitens werden keine Wertsteigerungshebel des Financial Engineering angewendet. Ganz besonders der Leverage Effekt wird nicht zur Steigerung des Unternehmenswerts verwendet.

Drittens werden in diesem Beteiligungsfall mit der strategischen Ausrichtung, der operativen Unterstützung, mit den Agency-Kosten und schließlich mit dem Mentoring Wertsteigerungshebel genutzt, die besonders während der Beteiligungsphase zur direkten oder indirekten Wertschöpfung beitragen. Insbesondere das organische und durch die M&A Aktivitäten getriebene Wachstum, der umfangreiche Maßnahmenkatalog zur Verbesserung der Effizienz und die beratende sowie kontrollierende Tätigkeit des Aufsichtsrats tragen zur Wertsteigerung bei. Kaum ein Werttreiber im strategischen und operativen Bereich zur direkten Wertschöpfung bleibt ungenutzt. Ein ähnliches Bild zeigen die Werttreiber zur indirekten Wertschöpfung. In diesen Fällen wird der Unternehmenswert sowohl für die Private Equity-Gesellschaft als auch für die Unternehmensfamilie deutlich gesteigert. Beide Seiten profitieren von der kooperativen und vertrauensvollen Zusammenarbeit.

Wertsteigerungshebel	
Financial Arbitrage	
Bewertungsänderung	✓
Informationsvorsprung	-
Transaktionskompetenz	✓
Financial Engineering	
Optimierung der Kapitalstruktur	-
Steuerbelastung	-
Strategische Ausrichtung	
Strategische Ausrichtung	✓
Operative Unterstützung	
Kostenreduzierung und Margenverbesserung	✓
Kapitalbindung	✓
Verbesserung Management und Personal	✓
Einbringung Managementkapazitäten	✓
Nachhaltigkeit	✓
Agency-Kosten	
Optimierung der Anreizsysteme	✓
Monitoring und Controlling	✓
Disziplinierende Funktion von Fremdkapital	-
Monitoring	
Beratung/ Coaching	✓
Netzwerk	✓
Unternehmergeist	✓

Abbildung 33: Genutzte Wertsteigerungshebel (Fall 1). Eigene Darstellung.

4.1.1.5 Nicht-monetäre Ziele

Die Unternehmensfamilie verfolgt schon vor der Private Equity-Beteiligung zwei zentrale nicht-monetäre Ziele: Einerseits Kontinuität und Existenzsicherung des Familienunternehmens, andererseits Autonomie, Unabhängigkeit und Selbstständigkeit desselben. Da der Gesellschafterkonflikt das Familienunternehmen und die Familiengesellschafter vor der Beteiligung stark negativ beeinflusst, soll die Private Equity-Gesellschaft als neutraler dritter Eigentümer die Konflikte eindämmen und auf eine sachliche Ebene zurückführen. Diese und nicht primär finanzielle Motive stellen den Beteiligungsanlass dar.

Im Auswahlprozess sucht die Unternehmensfamilie gezielt nach Private Equity-Gesellschaften, die ein Gespür für Familienunternehmen und deren Charakteristika sowie Eigenheiten vorweisen können. Schließlich erhält eine Private Equity-Gesellschaft den Zuschlag. Deren Verantwortliche besitzen einerseits die notwendige Reputation, andererseits zeigen sie im Beteiligungsprozess vertrauenerweckendes und verlässliches Verhalten. Die Unternehmensfamilie hat das Gefühl, mit dieser Private Equity-Gesellschaft einen Partner gefunden zu haben, der zur Existenzsicherung des Familienunternehmens entscheidend beitragen kann. Um dennoch in diesem Kontext eine größtmögliche Unabhängigkeit zu erreichen, wird mit der Private Equity-Gesellschaft eine Minderheitsbeteiligung vereinbart.

Die Beteiligungsphase ist durch eine gute Kooperation zwischen Familie und Private Equity-Gesellschaft geprägt. Alle Beschlüsse in der Gesellschafterversammlung werden einstimmig gefällt. Auch die Konflikte der Familiengesellschafter verlieren deutlich an Dynamik. Die Private Equity-Gesellschaft lässt bei ihrem Streben nach Unternehmenswertsteigerung keinen Platz für private Streitereien und Empfindlichkeiten. In diesem Sinne wirkt die Anwesenheit von A sehr disziplinierend, zumal die Familienmitglieder sich nicht mehr untereinander abgrenzen, sondern die Familie auf der einen und die Private Equity-Gesellschaft als Fremder auf der anderen Seite steht, sodass sich die Fronten innerhalb des Gesellschafterkreises ändern.

Der Erhalt des Unternehmens als Familienunternehmen, welches sich durch ein gutes Verhältnis der Unternehmensfamilie und seiner Vertreter im Unternehmen zu den Mitarbeitern und den Kunden auszeichnet, ist durch die Private Equity-Gesellschaft nicht gefährdet. Einzig die Drag-Along Regel könnte für ein Ausscheiden der Familie aus dem Eigentümerkreis sorgen. Deshalb wird der Exit aktiv durch die Familie angestrebt und zeitlich terminiert. Durch den Family Buyback kehrt die Unternehmensfamilie schließlich in ihre Position als Alleineigentümer zurück. Einerseits sind so die Existenz und Unabhängigkeit des Familienunternehmens erst mal wieder gesichert. Andererseits scheidet der neutrale Dritte, der die Gesellschafterkonflikte eindämmen konnte, aus dem Unternehmen aus.

Die nicht-monetären Ziele der Unternehmensfamilie sind in diesem Beteiligungsprozess konstant. Nur die Ziele Unabhängigkeit und Selbstständigkeit haben in ihrer Bedeutung etwas abgenommen, da die Familie erlebt hat, dass ein familienfremder Miteigentümer durchaus positive Effekte auslösen kann. Da nach dem Exit die

Existenz und Autonomie des Familienunternehmens gesichert sind, sieht die Familie ihre nicht-monetären Ziele zu diesem Zeitpunkt als erreicht an.

	Nicht-monetäre Ziele	
1.	Kontinuität, Tradition, Vermächtnis	✓
2.	Autonomie, Unabhängigkeit, Selbstständigkeit	✓
3.	Macht, Kontrolle	-
4.	Reputation, Image, Anerkennung, Status, Prestige	✓
5.	Stolz	-
6.	Sinn, Identität	-
7.	Harmonie	-
8.	Zugehörigkeitsgefühl, Wohlbefinden	✓
9.	Vertrauen	✓
10.	Verantwortung	✓
11.	Ehrlichkeit, Integrität	✓
12.	Verlässlichkeit	✓
13.	Berufliche Herausforderung, Ambition	-
14.	Einsatz, Fleiß, Ausdauer	-
15.	Wachstum, Expansion	-
16.	Arbeitsplätze für Familienmitglieder und Zukunftschancen	-
17.	Gutes Verhältnis zu den Kunden	✓
18.	Gutes Verhältnis zu den Mitarbeitern	✓

Abbildung 34: Verfolgte nicht-monetäre Ziele (Fall 1). Eigene Darstellung.

4.1.1.6 Zusammenfassung

Während der dreijährigen Beteiligungsphase kann der Unternehmenswert mehr als verdreifacht werden (+ 249 %), was einen IRR von 44 % p.a. für die Private Equity-Gesellschaft ergibt. Dabei kann die Private Equity-Gesellschaft von einem relativ geringen Einstiegspreis und einer anziehenden Konjunktur profitieren. In diesem Fall wurde der Unternehmenswert also gekapert: Die Unternehmensfamilie hätte auch ohne die Private Equity-Gesellschaft von der konjunkturellen Erholung profitiert.

Jedoch lässt sich ein Teil der Unternehmenswertsteigerung auf direkte und indirekte Wertschöpfung zurückführen: Von den drei getätigten Akquisitionen, der Verbesserung des Working Capitals, den Produktinnovationen, die schneller auf den Markt gebracht werden, oder der Beteiligung des Managements an dem Unternehmen profitieren sowohl die Familie als auch die Private Equity-Gesellschaft. Hier wirkt sich die Beteiligung der Private Equity-Gesellschaft sehr positiv auf den Unternehmenswert aus. In der Beteiligungsphase gibt es kaum einen Wertsteigerungshebel, der zur Umsetzung des aktiven Buy-and-Build-Ansatzes ungenutzt bleibt.

Die beiden primären nicht-monetären Ziele der Unternehmensfamilie Existenzsicherung und Autonomie können durch die Beteiligung erreicht werden. Die Gesellschafterkonflikte werden durch die Anwesenheit der Private Equity-Gesellschaft und deren alleinige Fokussierung auf den Unternehmenswert deutlich abgeschwächt.

Sowohl die Private Equity-Gesellschaft als auch die Familie geben an, mit der Beteiligung sehr zufrieden zu sein. Während sich diese Aussage bei der die Private Equity-Gesellschaft auf die Unternehmenswertsteigerung bezieht, so liegt der Schwerpunkt der Unternehmensfamilie auf der Erreichung ihrer nicht-monetären Ziele in dem Beteiligungskontext.

4.1.2 Fall 2: Beteiligung und MBO als Nachfolge

4.1.2.1 Ausgangslage

Das Unternehmen Beta aus der Maschinenbaubranche wurde Anfang der 80er Jahre in Westdeutschland gegründet. Seitdem konnte es sich mit ca. 20 bis 30 Mitarbeitern in einer Marktnische für Spezialmaschinen erfolgreich positionieren. Dem Unternehmensgründer war die Rendite der einzelnen Projekte wichtiger als starkes Wachstum. Diese betrug bei der GmbH über viele Jahre annähernd 30 % vom Umsatz, welcher im einstelligen Millionenbereich lag. Das Unternehmen wird vom einzigen Familiengesellschafter als Geschäftsführer geführt. Kontrollorgane, wie z.B. ein Beirat, sind nicht installiert.

Nach über 20 Jahren im eigenen Unternehmen sucht der Gründer nach Möglichkeiten für eine externe und familienfremde Unternehmensnachfolge, die in Form eines MBIs durchgeführt werden soll. Bei der Investorensuche stößt der Gründer auf eine regionale Private Equity-Gesellschaft B mit ca. zehn Private Equity-Professionals, in deren Portfolio sich ca. 20 Minderheitsbeteiligungen an mittelständischen Unternehmen befinden. Dies entspricht einem investierten Volumen von ca. 30 Millionen Euro. Der Anlagehorizont beträgt ca. sieben Jahre, wobei die Struktur eines Evergreen Fonds auch längere Laufzeiten ermöglicht. Die Investitionssumme der einzelnen Beteiligungen liegt ungefähr zwischen einer und fünf Millionen Euro. Klassische Beteiligungsanlässe für die Private Equity-Gesellschaft sind Wachstum, Unternehmensnachfolge, Gesellschafterwechsel und MBOs.

Die Beteiligung der Private Equity-Gesellschaft B am Unternehmen Beta erfolgt in zwei Phasen: In der ersten Phase steigt die Private Equity-Gesellschaft als Minderheitsgesellschafter beim Unternehmen ein. So kann sie den Nachfolgeprozess von Anfang an begleiten. Erst zwei Jahre später beginnt mit einem MBI die zweite Phase, in der als Nachfolger ein Ingenieur gefunden werden kann. Zusammen mit der Private Equity-Gesellschaft wird eine Newco gegründet, welche die operative Gesellschaft übernimmt.

Die Private Equity-Gesellschaft bleibt im Zuge des MBIs Minderheitsgesellschafter mit einer Sperrminorität. Neben einem umfangreichen Beteiligungsvertrag soll ein Katalog zustimmungspflichtiger Geschäfte, wie z.B. für bedeutende Investitionen oder Kreditaufnahmen, den Einfluss von B gewährleisten. Ein Exit der Private Equity-Gesellschaft hat bis dato noch nicht stattgefunden. Über den Exitkanal wird bei gegebenem Anlass diskutiert, eine vollständige Übernahme der Anteile durch den Nachfolger ist grundsätzlich möglich. Zwar beinhaltet der Beteiligungsvertrag auch die Option für einen Drag-Along, doch diese kann erst nach einer gewissen Beteiligungsdauer gezogen werden. Die Beteiligungsphase ist auf sieben bis zehn Jahre angelegt.

Die Private Equity-Gesellschaft verfolgt einen Hands-Off Ansatz. Sie investiert nur in gesunde Unternehmen mit gutem und aussagekräftigem Controlling sowie mit starkem Management. Der Fokus der Private Equity-Gesellschaft liegt auf der eigentlichen Finanzierung. In der ersten Phase der Beteiligung überlässt sie die Geschäftsführung weiterhin dem Gründer bzw. dem vorherigen Eigentümer. Nach einer Übergangszeit von zwei Jahren, in der sowohl der Gründer als auch der Nachfolger dem Unternehmen als Geschäftsführer vorstehen, übernimmt schließlich der Nachfolger die alleinige Geschäftsführung.

4.1.2.2 Darstellung der Wertsteigerung

Die Private Equity-Gesellschaft kann beim Deal besondere Transaktionskompetenz unter Beweis stellen. Bei der Zielidentifizierung und dem Kontaktaufbau greift die Private Equity-Gesellschaft auf ihr Netzwerk zu einer regionalen Bank zurück. In der Verhandlung mit dem Alteigentümer und dem Nachfolger zeigt B große Expertise in der Vertragsgestaltung und der Verhandlungsführung. Hier kann sie sehr professionell agieren und auf viel Erfahrung zurückgreifen. Zudem ist die Private Equity-Gesellschaft sehr flexibel bei der Ausgestaltung des MBIs, sodass auf die individuellen Bedürfnisse der Beteiligten eingegangen werden kann.

Nach der Beteiligung der Private Equity-Gesellschaft wird die Kapitalstruktur in der ersten Phase deutlich verändert. Im Einvernehmen mit dem Gründer werden hohe Ausschüttungen vorgenommen, die in ihrer Summe dem ehemaligen Kaufpreis der Minderheitsbeteiligung der Private Equity-Gesellschaft schon fast entsprechen. Die Ausschüttungen ermöglichen eine frühzeitige Zurückzahlung der investierten Mittel an B, was sich gerade bei mittelfristigen Ansätzen positiv auf den IRR auswirkt. Durch die frühen Rückzahlungen kann sie ihr Investitionsvolumen deutlich reduzieren. Zusätzlich wird sie bei einem späteren Exit auch noch den Verkaufspreis für ihre Anteile erhalten. Insgesamt führt diese Ausschüttungspolitik zu einer deutlichen Reduzierung der Eigenkapitalquote, was so die Nutzung des Leverage Effekts ermöglicht. Daher kann auch der Steuervorteil von Fremdkapital genutzt werden. In der zweiten Phase der Beteiligung nach dem MBI werden die Ausschüttungen deutlich verringert, was jedoch auch der schwierigen konjunkturellen Lage in dieser Zeit Rechnung trägt.

Das operative Geschäft wird in beiden Phasen der Geschäftsführung des Unternehmens, also anfänglich dem Gründer und später dem Nachfolger, überlassen. Bei finanzwirtschaftlichen Fragen agiert die Private Equity-Gesellschaft als „Sparringspartner“ und aktiver Begleiter. Zudem konnte B den Gründer bei der Suche und der Auswahl des Nachfolgers unterstützen.

Durch den MBI und seine Mehrheitsbeteiligung unterliegt der Nachfolger einem starken Anreiz, den Unternehmenswert zu steigern. Zudem wird er durch einen relativ hohen Anteil an Fremdkapital zu einer effektiven und effizienten Arbeitsweise diszipliniert. Zwar waren Monitoring und Controlling schon zu Zeiten des Gründers transparent, doch erfolgt das Controlling durch die Private Equity-Gesellschaft jetzt zeitnah auf monatlicher Basis, sodass die Unternehmensentwicklung aufmerksam verfolgt werden kann.

Die Private Equity-Gesellschaft und der Nachfolger treffen sich alle sechs bis acht Wochen und besprechen das laufende Tagesgeschäft. In Finanzierungsfragen kann die Private Equity-Gesellschaft den Nachfolger unterstützen. Darüber hinaus stellt sie ihm ihr Netzwerk zur Verfügung. Zudem unterhält B einen Verein, der einen Erfahrungsaustausch zwischen den Geschäftsführern und Vorständen der Portfoliounternehmen fördern soll. Hier lädt die Private Equity-Gesellschaft mehrmals im Jahr zu Veranstaltungen, Vorträgen und Workshops.

4.1.2.3 Analyse der Wertsteigerung

Die Analyse der Werttreiber zeigt den Beteiligungsansatz von B: Hands-Off. Auf strategischer und operativer Ebene werden nach dem MBI, also in der zweiten Phase der Beteiligung, keine Wertsteigerungshebel eingesetzt. Die Private Equity-Gesellschaft setzt hingegen stark Financial Engineering ein, insbesondere mit hohen Ausschüttungen in der ersten Phase der Beteiligung, wovon der Alteigentümer und die Private Equity-Gesellschaft profitieren und was zu einer zunehmenden Fremdkapitalquote führt. Die Nutzung des Leverage Effekts führt zu einer direkten Wertschöpfung für die beiden Eigentümerparteien der zweiten Beteiligungsphase, d.h. für die Private Equity-Gesellschaft und den Nachfolger.

Im Zuge des MBIs können durch die Beteiligung des Nachfolgers am Unternehmen, das zeitnahe Monitoring und Controlling sowie durch die relativ hohe Fremdkapitalquote die Agency-Kosten minimiert werden. Der MBI ermöglicht die Nutzung aller drei Wertsteigerungshebel im Bereich der Agency-Kosten. Hierbei handelt es sich jeweils um eine indirekte Wertschöpfung, die maßgeblich durch die Charakteristika der Private Equity-Gesellschaft bestimmt werden. Durch Beratung in finanzwirtschaftlichen Fragestellungen und die Nutzung des dazugehörigen Netzwerks unterstützt B den Nachfolger bei der indirekten Wertschöpfung.

Wertsteigerungshebel	
Financial Arbitrage	
Bewertungsänderung	-
Informationsvorsprung	-
Transaktionskompetenz	✓
Financial Engineering	
Optimierung der Kapitalstruktur	✓
Steuerbelastung	✓
Strategische Ausrichtung	
Strategische Ausrichtung	-
Operative Unterstützung	
Kostenreduzierung und Margenverbesserung	-
Kapitalbindung	-
Verbesserung Management und Personal	-
Einbringung Managementkapazitäten	-
Nachhaltigkeit	-
Agency-Kosten	
Optimierung der Anreizsysteme	✓
Monitoring und Controlling	✓
Disziplinierende Funktion von Fremdkapital	✓
Monitoring	
Beratung/ Coaching	✓
Netzwerk	✓
Unternehmergeist	-

Abbildung 35: Genutzte Wertsteigerungshebel (Fall 2). Eigene Darstellung.

4.1.2.4 Nicht-monetäre Ziele

Durch die Anreizwirkung des MBIs ist für den Nachfolger eine Unternehmenswertsteigerung relevant, doch sind für ihn die nicht-monetären Ziele noch wichtiger: Seine zentralen Ziele sind Unabhängigkeit und Selbstständigkeit. Der Nachfolger sucht eine berufliche Herausforderung, bei der er Verantwortung übernehmen kann. Er möchte mit dem Familienunternehmen expandieren und setzt auf ein gutes sowie konstruktives Verhältnis zu den Kunden und Mitarbeitern.

Unternehmensnachfolge und Kontinuität sind für ihn, im Gegensatz zum Gründer, dessen Hauptziel die Existenzsicherung und Weiterführung des Unternehmens war und ist, jedoch zum jetzigen Zeitpunkt kein relevantes Thema, da er das Familienunternehmen erst vor einigen Jahren übernommen hat. Im Status Quo ist der Nachfolger mit der Erreichung der nicht-monetären Ziele, die er in ihrer Bedeutung als konstant ansieht, zufrieden.

	Nicht-monetäre Ziele	
1.	Kontinuität, Tradition, Vermächtnis	-
2.	Autonomie, Unabhängigkeit, Selbstständigkeit	✓
3.	Macht, Kontrolle	✓
4.	Reputation, Image, Anerkennung, Status, Prestige	✓
5.	Stolz	-
6.	Sinn, Identität	-
7.	Harmonie	✓
8.	Zugehörigkeitsgefühl, Wohlbefinden	✓
9.	Vertrauen	-
10.	Verantwortung	✓
11.	Ehrlichkeit, Integrität	-
12.	Verlässlichkeit	✓
13.	Berufliche Herausforderung, Ambition	✓
14.	Einsatz, Fleiß, Ausdauer	✓
15.	Wachstum, Expansion	✓
16.	Arbeitsplätze für Familienmitglieder und Zukunftschancen	-
17.	Gutes Verhältnis zu den Kunden	✓
18.	Gutes Verhältnis zu den Mitarbeitern	✓

Abbildung 36: Verfolgte nicht-monetäre Ziele (Fall 2). Eigene Darstellung.

4.1.2.5 Zusammenfassung

Der erste Einstieg der Private Equity-Gesellschaft und der spätere MBI erfolgen auf Basis derselben Unternehmensbewertung. Danach hat sich der Unternehmenswert in diesen beiden Jahren nicht verändert. Zwar liegt der MBI nun schon einige Jahre zurück, doch der Exit ist weder konkret geplant noch vollzogen. Daher lässt sich die Unternehmenswertsteigerung zum jetzigen Zeitpunkt nicht bestimmen. Auf Basis von EBITDA bzw. EBIT ist zumindest bis dato von einer Unternehmenswertminderung auszugehen, da die Wirtschaftskrise und die Krise im Maschinenbau in den Jahren 2008/ 2009 die Entwicklung des Unternehmens deutlich negativ beeinflusst.

Zudem müssen für die Übergangszeit zwischen altem und neuem Geschäftsführer zwei Gehälter bezahlt werden, was für das relativ kleine Unternehmen doppelten Personalkosten in der Geschäftsführung entspricht. B und der Gründer profitieren in erheblichem Maße von Ausschüttungen in der ersten Phase der Beteiligung. Nach der Finanzierung des MBIs setzt die Private Equity-Gesellschaft auf indirekte Wertschöpfung durch geringe Agency-Kosten und Mentoring, was den Hands-Off Beteiligungsansatz der Private Equity-Gesellschaft entspricht. Der Nachfolger verfolgt mit der Weiterführung des Familienunternehmens insbesondere auch nicht-monetäre Ziele: Seine zentralen Ziele sind Selbstständigkeit und Unabhängigkeit. Noch ist nicht abzusehen, ob sowohl diese als auch die monetären Ziele der Unternehmenswertsteigerung durch die Beteiligung erfüllt werden.

4.1.3 Fall 3: Langjährige Beteiligung und interne Nachfolge

4.1.3.1 Ausgangslage

Das westdeutsche Familienunternehmen kann auf eine lange Tradition zurückschauen. Gegründet wurde es in den 70er Jahren des 19. Jahrhunderts. Vor der Private Equity-Beteiligung wird das Unternehmen Gamma durch einen Nachfahren des Gründers als langjähriger geschäftsführender Gesellschafter in vierter Generation geführt. Knapp 100 Mitarbeiter des Maschinenbauers erwirtschaften einen Umsatz in zweistelliger Millionenhöhe. Zur Stärkung des geringen Eigenkapitals sucht der damalige Geschäftsführer nach Eigenkapitalgebern in Form von Private Equity-Gesellschaften. Über eine regionale Bank wird Kontakt zu der Private Equity-Gesellschaft B, die schon im 2. Fall vorgestellt wurde, aufgebaut. Diese steigt Mitte der 90er Jahre in der ersten Phase mit einer stillen Beteiligung (Mezzanine Kapital) ein.

Drei Jahre später in der zweiten Phase beteiligt sich B zusätzlich zum bestehenden Mezzanine Kapital mit zehn Prozent an den Kommanditanteilen der GmbH & Co. KG. Für annähernd zehn Jahre besteht diese Art der „doppelten Finanzierung“. Die beiden Kinder des geschäftsführenden Gesellschafters kaufen schließlich die zehn Prozent der Kommanditanteile zurück. Die Mezzanine Finanzierung wird hingegen auch in der dritten Phase weitergeführt. Der Ausstieg der Private Equity-Gesellschaft aus der direkten Beteiligung wird also für eine interne Nachfolge genutzt, zumal im Zuge der Anteilsübernahme durch die Kinder der langjährige Geschäftsführer diesen Posten an seinen Sohn übergibt. Der Beteiligungsvertrag ermöglichte von Anfang an einen Family Buyback, die Konditionen dieses Kaufs wurden jedoch zu Beteiligungsbeginn nicht festgeschrieben.

4.1.3.2 Darstellung der Wertsteigerung

Der Kontakt des Familienunternehmens zur Private Equity-Gesellschaft B wird von einer regionalen Bank vermittelt. Diese kennt als finanzierender Fremdkapitalgeber den Bedarf für Eigenkapital auf Seiten des Familienunternehmens. Bei der Verhandlung und der Vertragsgestaltung zeigt sich die Erfahrung der Private Equity-Gesellschaft.

Sowohl mit dem Mezzanine Kapital als auch mit der Beteiligung an den Kommanditanteilen kann die Eigenkapitalposition des Familienunternehmens deutlich gesteigert werden, was die Fremdkapitalkonditionen verbessert. Verlustvorträge werden, soweit sie anfallen, genutzt.

Das Controlling und Reporting war schon vor der Beteiligung transparent und aussagekräftig. Es wird mit Beginn der Mezzanine Finanzierung lediglich an die Bedürfnisse und Anforderungen der Private Equity-Gesellschaft angepasst. Im Zuge der Beteiligung wird vom Familienunternehmen eine monatliche Berichterstattung gefordert.

Bei Fragen der Unternehmensfinanzierung, der Investitionen und der Strategie berät die Private Equity-Gesellschaft das Familienunternehmen und stellt bei Bedarf ihr Netzwerk zur Verfügung. Die Private Equity-Gesellschaft sieht sich als „Sparringspartner" (Interviewpartner Private Equity-Gesellschaft B), der bei Fragen des Unternehmers beratend zur Verfügung steht. Auch dieses Familienunternehmen ist Mitglied in dem Verein von B, welcher den Austausch zwischen den einzelnen Verantwortlichen der Portfoliounternehmen institutionalisiert.

4.1.3.3 Analyse der Wertsteigerung

Die strategische und operative Führung des Unternehmens lag und liegt während der kompletten Beteiligungsphase bei dem jeweiligen geschäftsführenden Gesellschafter. Die Private Equity-Gesellschaft begrenzt ihr Engagement primär auf die Bereitstellung der Finanzierung. Bei der Dealakquirierung nutzt sie ihr regionales Netzwerk. Mit einem engmaschigen Controlling, ihrer Beratung bei Finanzfragen und dem dazugehörigen Netzwerk bedient sie primär Wertsteigerungshebel, die eine indirekte Wertschöpfung ermöglichen und sowohl der Familie als auch ihr selbst nutzen.

Mit der höheren Eigenkapitalquote werden bessere Fremdkapitalkonditionen erreicht, was eine direkte Wertschöpfung darstellt. Durch die höhere Eigenkapitaldecke nach dem Einstieg werden bei Gamma umfassende Investitionsmaßnahmen finanziert: Der Neubau einer Werkshalle, der Ausbau eines Bürogebäudes, die Errichtung eines zweiten Werks und der Zukauf von Geländeflächen. Zudem kann ein krisengeschwächter, ortsansässiger Wettbewerber übernommen werden, dessen Produkte das eigene Produktportfolio ergänzen. Die Finanzierung ermöglicht einen Wachstumsschub bei der Produktion und einen internationalen Ausbau des Vertriebs.

Wertsteigerungshebel	
Financial Arbitrage	
Bewertungsänderung	-
Informationsvorsprung	-
Transaktionskompetenz	✓
Financial Engineering	
Optimierung der Kapitalstruktur	✓
Steuerbelastung	-
Strategische Ausrichtung	
Strategische Ausrichtung	-
Operative Unterstützung	
Kostenreduzierung und Margenverbesserung	-
Kapitalbindung	-
Verbesserung Management und Personal	-
Einbringung Managementkapazitäten	-
Nachhaltigkeit	-
Agency-Kosten	
Optimierung der Anreizsysteme	-
Monitoring und Controlling	✓
Disziplinierende Funktion von Fremdkapital	-
Monitoring	
Beratung/ Coaching	✓
Netzwerk	✓
Unternehmergeist	-

Abbildung 37: Genutzte Wertsteigerungshebel (Fall 3). Eigene Darstellung.

4.1.3.4 Nicht-monetäre Ziele

Für den ehemaligen geschäftsführenden Gesellschafter ist mit der Beteiligung der Private Equity-Gesellschaft einzig und allein das Ziel verbunden, die Finanzkraft des Unternehmens zu stärken und die Abhängigkeit von den finanzierenden Banken zu reduzieren. Dies ist jedoch kein Selbstzweck, sondern im höchsten Maße mit dem Wunsch verbunden, die Kontinuität und die Nachfolge des Familienunternehmens sicher zu stellen. Der ehemalige Geschäftsführer ist „im Betrieb groß geworden" (Interviewpartner Familienunternehmen Gamma) und hofft, dass das Familienunternehmen eine Zukunft hat. Seine beiden Kinder sind heute Gesellschafter und arbeiten im Unternehmen. Der Sohn ist als Nachfolger seit dem Buyback der Kommanditanteile sogar alleiniger Geschäftsführer. Ziel des ehemaligen Geschäftsführers ist, dass auch die Enkelkinder vom Familienunternehmen „noch etwas haben" (Interviewpartner Familienunternehmen Gamma). Die Bilder der Vorfahren in seinem Büro verdeutlichen den Bezug zur Tradition im Familienunternehmen.

Das Familienunternehmen ist durch Werte wie Vertrauen, Verantwortung, Verlässlichkeit, Einsatz und Ehrlichkeit geprägt. Das Zugehörigkeitsgefühl der Mitarbeiter zeigt sich in einer sehr geringen Fluktuation der Mitarbeiter, die teilweise über Jahrzehnte dem Unternehmen treu bleiben. Auch zu den Kunden kann das mittelständische Unternehmen einen jahrelangen persönlichen Kontakt aufbauen. Die nicht-monetären Ziele sind tief im Familienunternehmen und den verantwortlichen Personen stabil und konstant verankert. Die Beteiligung der Private Equity-Gesellschaft unterstützt den ehemaligen Geschäftsführer in der Erreichung seiner monetären und nicht-monetären Ziele.

	Nicht-monetäre Ziele	
1.	Kontinuität, Tradition, Vermächtnis	✓
2.	Autonomie, Unabhängigkeit, Selbstständigkeit	✓
3.	Macht, Kontrolle	-
4.	Reputation, Image, Anerkennung, Status, Prestige	-
5.	Stolz	-
6.	Sinn, Identität	✓
7.	Harmonie	-
8.	Zugehörigkeitsgefühl, Wohlbefinden	-
9.	Vertrauen	✓
10.	Verantwortung	✓
11.	Ehrlichkeit, Integrität	✓
12.	Verlässlichkeit	✓
13.	Berufliche Herausforderung, Ambition	-
14.	Einsatz, Fleiß, Ausdauer	✓
15.	Wachstum, Expansion	-
16.	Arbeitsplätze für Familienmitglieder und Zukunftschancen	✓
17.	Gutes Verhältnis zu den Kunden	✓
18.	Gutes Verhältnis zu den Mitarbeitern	✓

Abbildung 38: Verfolgte nicht-monetäre Ziele (Fall 3). Eigene Darstellung.

4.1.3.5 Zusammenfassung

Vom Jahr der ersten Mezzanine Finanzierung bis zum Buyback der Kommanditanteile, einem Zeitraum von über zehn Jahren, kann der Umsatz des Familienunternehmens um über 60 % gesteigert werden. Die Eigenkapitalquote steigt, ohne die Berücksichtigung der Mezzanine Finanzierung, von einem geringen Niveau um ca. 50 %. Sowohl die EBITDA- als auch die EBIT-Marge werden deutlich verbessert.

Ein Teil der Unternehmenswertsteigerung lässt sich auf direkte, d.h. bessere Fremdkapitalkonditionen, und indirekte Wertschöpfung, d.h. verbessertes Monitoring sowie Controlling und das Netzwerk, zurückführen. Der Fokus der Private Equity-Gesellschaft mit der Bereitstellung und Strukturierung der Finanzierung entspricht ihrem Hands-Off Ansatz. Das Kapital jedoch kann von dem geschäftsführenden Gesellschafter aus der vierten Generation für eine kontinuierliche Wachstumsstrategie und zur fließenden internen Unternehmensnachfolge genutzt werden. In diesem Sinne ermöglicht Private Equity die Verfolgung der langjährigen Ziele Kontinuität des Familienunternehmens und die Unabhängigkeit desselben, ohne jedoch den typischen Charakter und die Kultur des traditionsreichen Familienunternehmens negativ zu beeinflussen.

4.1.4 Fall 4: Partnerschaftliche Beteiligung

4.1.4.1 Ausgangslage

Mitte der 30er Jahre wird das Unternehmen Delta im Rheinland gegründet. In der Nachkriegszeit kann der Umsatz mit dem Handel und Vertrieb von Maschinen langsam gesteigert werden. Im Zuge einer Nachfolgeregelung gibt es Ende der 90er Jahre einen MBI, wobei eine Private Equity-Gesellschaft 60 Prozent der Anteile, der spätere Geschäftsführer und seine Ehefrau 40 Prozent der Anteile kaufen. Drei Jahre später wird die Private Equity-Gesellschaft durch eine andere übernommen. Daraufhin muss sie ihr Portfolio restrukturieren: Man möchte aus der Beteiligung an Delta aussteigen und sich auf größere Beteiligungen konzentrieren. Der geschäftsführende Gesellschafter baut schließlich den Kontakt zur Private Equity-Gesellschaft D auf, die insbesondere im deutschen und österreichischen Mittelstand und bei Familienunternehmen eine starke Marktposition innehält.

Seit ihrer Gründung hat sie über eine Milliarde Euro in über 100 Beteiligungen investiert. Das verwaltete Kapital beträgt mehr als eine halbe Milliarde Euro, sodass einzelne Investments mit Beträgen zwischen einigen Millionen bis hin zu ca. 50 Millionen Euro getätigt werden können. Die verschiedenen Evergreen Fonds der Private Equity-Gesellschaft erlauben lange Laufzeiten der einzelnen Beteiligungen. Investiert wird von den ca. 20 Private Equity-Professionals generell nur in gesunde und stabile Unternehmen aus wachsenden Branchen. D geht sowohl Mehrheits- als auch Minderheitsbeteiligungen ein.

Der geschäftsführende Gesellschafter nutzt die Transaktion, um sich und seine Ehefrau, mit einem MBO fünf Jahre nach dem ursprünglichen MBI, in eine Mehrheitsposition mit 55 Prozent der Anteile zu bringen. D unterstützt ihn dabei und wird Co-Eigentümer des Unternehmens.

Zu dem Zeitpunkt des MBOs erwirtschaften ca. 190 Mitarbeiter an verschiedenen Standorten in Westdeutschland mit dem Vertrieb und Service von bzw. für Maschinen einen Umsatz von 36 Millionen Euro. Sowohl EBIT als auch Jahresüberschuss liegen im positiven Bereich. Die Eigenkapitalquote beträgt 31 %. Nach einer Beteiligungsdauer von acht Jahren kann die Private Equity-Gesellschaft eine Verkaufsoption einlösen, welche im Beteiligungsvertrag verankert ist: Hierbei kann sie ihren Unternehmensanteil auf Basis einer fest geschriebenen Formel zur Messung der Wertsteigerung frei verkaufen.

4.1.4.2 Darstellung der Wertsteigerung

Die neue Private Equity-Gesellschaft D konnte die vorherige Private Equity-Gesellschaft zu deren Einstiegspreis ablösen. Die vorherige Private Equity-Gesellschaft konnte also keine Wertsteigerungen realisieren. Die vorherige Private Equity-Gesellschaft war durch einen Konsortialvertrag an den Unternehmer gebunden und bei einem Verkauf ihrer Anteile auf die Zustimmung des Unternehmers angewiesen. Da sie jedoch im Zuge der Portfoliorestrukturierung verkaufen musste, war ihre Verhandlungsmacht deutlich eingeschränkt. Auch die konjunkturelle Lage für einen Verkauf war für die vorherige Private Equity-Gesellschaft ungünstig.

Durch den Verkaufsdruck und den Verkaufszeitpunkt steigt die neue Private Equity-Gesellschaft zu einem recht günstigen Zeitpunkt in das Unternehmen ein. Es folgt eine konjunkturelle Erholung, während der das Familienunternehmen stark wachsen kann und gute Jahresergebnisse erwirtschaftet. Der Zeitpunkt des Exits der Private Equity-Gesellschaft D ist noch nicht abzusehen. Die Evergreen-Struktur des Fonds ermöglicht den beiden Eigentümern generell das Timing des Exits so auszurichten, dass bei guter Konjunktur und guten Preisen verkauft werden kann. Auch ein Ausbau der Mehrheitsposition durch den geschäftsführenden Gesellschafter ist nicht ausgeschlossen.

Die Private Equity-Gesellschaft kann ihre Kompetenz bei der Gestaltung von Transaktionen – einerseits beim Beteiligungsbeginn und andererseits auch bei einer später folgenden Add-On Akquisition für das Familienunternehmen – beweisen: Bei der Vertragsgestaltung, bei der Finanzierung, ihrem Netzwerk und im Bereich der Steuern.

Beim ursprünglichen MBI Ende der 90er Jahre wird die Verschuldung des Unternehmens erhöht. Priorität in dieser Zeit hat dann folglich die Zahlung von Zinsen und die Tilgung der Kredite. Beim folgenden MBO kann deshalb die Verschuldung nicht weiter erhöht werden. Da sich aber nach dem Einstieg der Private Equity-Gesellschaft D das Unternehmen sehr positiv entwickelt, können im Einvernehmen der beiden Eigentümer in den folgenden Jahren z.T. sehr hohe Ausschüttungen vorgenommen werden.

Die Private Equity-Professionals bringen sich an zwei Stellen zur Wertsteigerung ein: Zum einen über einen Beirat, der aus drei Personen besteht. Der Familienunternehmer und die Private Equity-Gesellschaft bestellen je ein Mitglied, das Dritte wird von beiden zusammen bestellt. So kann D die strategische Ausrichtung und die operative Entwicklung beeinflussen. Auf strategischer Seite wird z.B. diskutiert, wie die Abhängigkeit von Herstellern und Lieferanten reduziert oder wie eine größere regionale Ausdehnung erreicht werden kann. Auf operativer Ebene wird z.B. ein besonderer Fokus auf die Reduzierung des Working Capitals gelegt.

Zum anderen stellt die Private Equity-Gesellschaft einen Professional, der die Beteiligung innerhalb des Portfolios betreut. Auf regelmäßiger Basis berät er den Unternehmer bei Finanzierungsthemen, steuerlichen Gestaltungsthemen und rechtlichen Fragen. So strukturiert und betreut dieser Professional z.B. eine Fusion mit einem Wettbewerber, wodurch die Serviceaktivitäten von Delta stark erweitert werden können. Der alte Miteigentümer des fusionierten Unternehmens wird später heraus gekauft. Des Weiteren werden mehrere Minderheitsbeteiligungen an weiteren Serviceunternehmen eingegangen, die das Unternehmen auf ein breiteres Fundament stellen sollen. Bei all diesen Transaktionen kann die Private Equity-Gesellschaft ihre Strukturierungs- und Transaktionskompetenz einbringen, die ein mittelständischer Unternehmer in dieser Form nicht hat. Hier kann die Private Equity-Gesellschaft „Dienstleister“ (Interviewpartner Private Equity-Gesellschaft D) sein.

Da der Unternehmer mit seiner Frau in Folge des MBOs Mehrheitseigentümer des Familienunternehmens ist, liegt eine Steigerung des Unternehmenswerts und eine positive Entwicklung, d.h. Wachstum und Entschuldung, in seinem eigenen Interesse. Hier besteht eine vollkommene Zielkongruenz zwischen den Akteuren.

Damit die Private Equity-Gesellschaft die Entwicklung des Geschäfts kontrollieren und überwachen kann, erhält sie ein monatliches Reporting. Das Monitoring und Controlling für alle Unternehmensbereiche ist von Anfang an transparent, ohne Strukturbrüche, aussagekräftig und verlässlich. Die Private Equity-Gesellschaft nutzt die Informationen für ein Benchmarking und prüft, wie das Unternehmen in Relation zum Wettbewerb positioniert ist.

Der Umgang zwischen Unternehmer und Private Equity-Gesellschaft ist offen, fair und partnerschaftlich. Die Private Equity-Gesellschaft agiert als „Sparringspartner" für den Unternehmer. Sie unterstützt und berät durch den Beirat und den betreuenden Professional bei der Finanzierung, bei Steuern, Recht und Strategie. Dabei kann der Unternehmer auf das Netzwerk und die Erfahrung der Private Equity-Gesellschaft zurückgreifen. Der Unternehmer interessiert sich „proaktiv" (Interviewpartner Familienunternehmen Delta) für den Rat der Private Equity-Gesellschaft.

Zudem hat D ein jährliches Treffen der Geschäftsführer und Vorstände der Portfoliounternehmen institutionalisiert. Hier können die Verantwortlichen ihr Wissen und ihre Erfahrungen aus dem Beteiligungskontext austauschen.

4.1.4.3 Analyse der Wertsteigerung

Die Private Equity-Gesellschaft D nutzt drei wesentliche Hebel, um den Unternehmenswert zu steigern. Erstens steigt sie zu einem konjunkturell günstigen Zeitpunkt ein. Die alte Private Equity-Gesellschaft muss aufgrund der Portfoliorestrukturierung ihren Unternehmensanteil verkaufen, ist jedoch auf die Zustimmung des Unternehmers angewiesen. Dabei zeigt die neue Private Equity-Gesellschaft eine besondere Transaktionskompetenz, da sie flexibel auf den Wunsch einer Mehrheitsbeteiligung seitens des Unternehmers eingehen kann. Hierbei kapert die Private Equity-Gesellschaft den Unternehmenswert.

Wertsteigerungshebel	
Financial Arbitrage	
Bewertungsänderung	✓
Informationsvorsprung	-
Transaktionskompetenz	✓
Financial Engineering	
Optimierung der Kapitalstruktur	✓
Steuerbelastung	-
Strategische Ausrichtung	
Strategische Ausrichtung	✓
Operative Unterstützung	
Kostenreduzierung und Margenverbesserung	-
Kapitalbindung	✓
Verbesserung Management und Personal	-
Einbringung Managementkapazitäten	✓
Nachhaltigkeit	-
Agency-Kosten	
Optimierung der Anreizsysteme	✓
Monitoring und Controlling	✓
Disziplinierende Funktion von Fremdkapital	-
Monitoring	
Beratung/ Coaching	✓
Netzwerk	✓
Unternehmergeist	-

Abbildung 39: Genutzte Wertsteigerungshebel (Fall 4). Eigene Darstellung.

Zweitens bringt sie sich über den Beirat und den zuständigen Professional ein, um eine positive Unternehmensentwicklung zu unterstützen. Z.B. wird mit der beschriebenen Fusion die strategische Transformation von einem konjunkturabhängigen Handelsunternehmen zu einem konjunkturunabhängigeren Serviceunternehmen unterstützt. So kann der Service für Kunden verstärkt werden. Auf operativer Ebene wird das Working Capital reduziert. Von diesen direkten Wertschöpfungen können beide Parteien profitieren. Ohne die Private Equity-Gesellschaft wären sie so nicht möglich gewesen.

Drittens begleitet D das Familienunternehmen als „Sparringspartner", der einerseits die Geschäftsentwicklung kontrolliert und andererseits beratend sein Netzwerk zur Verfügung stellt. Diese indirekte Wertschöpfung beruht auf der Mitwirkung der Private Equity-Gesellschaft.

4.1.4.4 Nicht-monetäre Ziele

Vor etwa drei bis vier Jahren spielten Kontinuität und Tradition für den Unternehmer keine Rolle. Damals wollte er das Unternehmen zu einem späteren Zeitpunkt verkaufen. Durch den Spaß an der Arbeit und dem guten Verhältnis zu den Mitarbeitern hat die Wahrscheinlichkeit für die Durchführung einer internen Nachfolge stark zugenommen. Zum jetzigen Zeitpunkt ist dies zwar kein Dogma, jedoch würde der Unternehmer eine interne Nachfolge begrüßen.

Dem Unternehmer ist die Position des Mehrheitsgesellschafters nach dem MBO sehr wichtig. Eine völlige Unabhängigkeit als Eigentümer strebt der Familienunternehmer jedoch nicht an. Vielmehr schätzt er die Private Equity-Gesellschaft als Partner und Miteigentümer. Deshalb ist für ihn eher die Unabhängigkeit von den kreditgebenden Banken und nicht die Unabhängigkeit von der Private Equity-Gesellschaft relevant. Der Unternehmer würdigt seinen hohen Freiheitsgrad bei der Weiterentwicklung des Unternehmens. Dabei wird er durch einen zweiten Geschäftsführer unterstützt. Im Zusammenhang mit allen Stakeholdern, aber ganz besonders mit den eigenen Mitarbeitern spielen Vertrauen, Verantwortung, Verlässlichkeit, und Integrität eine zentrale Rolle. Wichtig ist dem Unternehmer, dass sich die Mitarbeiter im Familienunternehmen wohlfühlen, sie ein Zugehörigkeitsgefühl entwickeln, ihre Leistung stets abrufen, eine innovative Unternehmenskultur herrscht und dass man dann gemeinsam, auch mit Stolz, auf das Erreichte zurück blickt.

Der Unternehmer strebt Wachstum nicht als Selbstzweck, jedoch zur strategischen Positionierung an und möchte sein Unternehmen auf zukünftige Trends und Technologien ausrichten. Anfangs nach dem MBI waren nicht-monetäre Ziele zwar vorhanden, jedoch spielten monetäre Aspekte, wie die Rückführung der Fremdverschuldung und die Zahlung von Zinsen und Tilgungen eine sehr viel wichtigere Rolle. Mit der guten Unternehmensentwicklung nahm dann die Bedeutung der nicht-monetären Ziele zu. Im Status Quo sind sie erreicht: „Wir haben schon sehr, sehr viel erreicht“ (Interviewpartner Familienunternehmen Delta). Der Unternehmer betont jedoch, dass an der Erreichung dieser Ziele permanent weiter gearbeitet werden muss, weil das Tempo der Veränderung groß ist.

	Nicht-monetäre Ziele	
1.	Kontinuität, Tradition, Vermächtnis	✓
2.	Autonomie, Unabhängigkeit, Selbstständigkeit	✓
3.	Macht, Kontrolle	✓
4.	Reputation, Image, Anerkennung, Status, Prestige	-
5.	Stolz	✓
6.	Sinn, Identität	✓
7.	Harmonie	-
8.	Zugehörigkeitsgefühl, Wohlbefinden	✓
9.	Vertrauen	✓
10.	Verantwortung	✓
11.	Ehrlichkeit, Integrität	✓
12.	Verlässlichkeit	✓
13.	Berufliche Herausforderung, Ambition	✓
14.	Einsatz, Fleiß, Ausdauer	✓
15.	Wachstum, Expansion	✓
16.	Arbeitsplätze für Familienmitglieder und Zukunftschancen	✓
17.	Gutes Verhältnis zu den Kunden	✓
18.	Gutes Verhältnis zu den Mitarbeitern	✓

Abbildung 40: Verfolgte nicht-monetäre Ziele (Fall 4). Eigene Darstellung.

4.1.4.5 Zusammenfassung

Die Finanzierung der Private Equity-Gesellschaft im Rahmen des MBOs schafft das Fundament für die unternehmerische Weiterentwicklung des Familienunternehmens. Insbesondere die Transformation von einem Handels- zu einem konjunkturunabhängigeren Serviceunternehmen kann vorangetrieben werden. Im Zuge der strategischen Ausrichtung strukturiert und betreut D die Fusion und die strategischen Minderheitsbeteiligungen.

Die erfolgreiche Zusammenarbeit zwischen Unternehmer und Private Equity-Gesellschaft spiegelt sich auch in den Kennzahlen wieder. Der Umsatz kann seit dem Beteiligungseinstieg von 36 Millionen auf 70 Millionen Euro gesteigert werden (+ 96 %). Die Verschuldung des Unternehmens nimmt ab, die Eigenkapitalquote steigt um 16 Prozentpunkte. Das EBIT beträgt zu Beginn 1,4 Millionen Euro, im letzten Geschäftsjahr knapp über 4 Millionen Euro (+ 195 %). Beim Jahresüberschuss werden anfangs ca. 1 Millionen Euro, zuletzt 2,5 Millionen Euro (+ 158 %) verzeichnet.

Eine interne Nachfolge ist aus Perspektive des Familienunternehmers zwar kein „Muss“, dennoch wünschenswert. Unabhängigkeit und Kontrolle sind für ihn sehr wichtig: Zum einen gegenüber den Fremdkapitalgebern und zum anderen gegenüber der Private Equity-Gesellschaft, die im Zuge des MBO nur eine Minderheitsposition einnimmt. Der Unternehmer schätzt die unternehmerische Freiheit, sein Unternehmen Delta mit den Mitarbeitern weiter zu entwickeln und zu expandieren. Die nicht-monetären Ziele sind im Status Quo erreicht. Wie sie und die Unternehmenswertsteigerung sich bis zum Ende der Beteiligung noch ändern, kann zu diesem Zeitpunkt noch nicht bestimmt werden.

4.1.5 Fall 5: Gesellschafterausstieg

4.1.5.1 Ausgangslage

Die Geschichte des traditionsreichen Familienunternehmens Epsilon reicht bis in die 1920er Jahre zurück, doch erst in den 50er und 60er Jahren wächst das süddeutsche Unternehmen aus der Maschinenbaubranche entscheidend. Das Wachstum lässt sich primär auf die Erfindungen und Anwendungen eines einzelnen angestellten Ingenieurs zurückführen, der schließlich mehr und mehr Anteile des Unternehmens kauft. Ende der 60er Jahre hält er 50 % der Anteile, später baut er sie bis auf 75 % aus. Für die restlichen 25 Prozent, die einem familienfremden Gesellschafter gehören, hat der Ingenieur ein Vorkaufsrecht.

In den 70er und 80er Jahren wächst das Unternehmen rasant mit durchschnittlich zweistelligen Zuwachsraten. Dem Ingenieur und seinen Mitarbeitern gelingt es, immer wieder entscheidende Innovationen zu entwickeln, die Grundlage für weiteres Wachstum sind. Aufgrund des starken Expansionskurses liegt die Eigenkapitalquote in dieser Zeit bei ca. 30 %. Anfang der 90er Jahre führt eine Krise in der Maschinenbaubranche zu zwei Verlustjahren im Unternehmen, sodass die Eigenkapitalquote unter 20 % zu fallen droht. In diesem Fall würde eine Bank, die kurz zuvor eine Anleihe für das Unternehmen emittiert hatte, entscheidende Mitspracherechte im Unternehmen erhalten.

Parallel dazu möchte der zweite Gesellschafter seine restlichen 25 % der Unternehmensanteile verkaufen. Dieser bevorzugt als Käufer grundsätzlich eine dritte Partei gegenüber dem Mehrheitsgesellschafter. Letztendlich verkaufte er in Absprache mit dem Mehrheitsgesellschafter 20 % seiner Anteile an die Private Equity-Gesellschaft E. Die Private Equity-Gesellschaft erhält letztendlich den Zuschlag, weil ihr Profil für diese Transaktion besonders gut passt: Sie hat sich mit einem Fondsvolumen von mehreren 100 Millionen Euro auf Familienunternehmen und den Mittelstand spezialisiert und beschränkt ihren Einfluss auf eine begleitende sowie partnerschaftliche

Rolle in dem jeweiligen Kontrollgremium. Die einzelnen Investitionsvolumina betragen zwischen einigen Millionen Euro bis hin zu annähernd 100 Millionen Euro, wobei der jährliche Umsatz des Portfoliounternehmens mindestens 10 Millionen Euro betragen sollte.

Häufige Beteiligungsanlässe sind Nachfolgeregelungen, Gesellschafterwechsel, MBOs sowie MBIs. Branchenunabhängig investieren ca. 15 Professionals auf Basis eines Evergreen Fonds langfristig in stabile und wachstumsstarke Unternehmen. Ihr Portfolio aus dem deutschsprachigen Raum umfasst heute mehr als 20 Unternehmen. Primär geht die Private Equity-Gesellschaft Minderheitsbeteiligungen ein, wobei Mehrheitsbeteiligungen nicht ausgeschlossen sind.

Im Zuge der Transaktion erfolgt durch E auch eine Kapitalerhöhung, was verhindert, dass die Eigenkapitalquote des Familienunternehmens unter die genannten 20 % fällt. Schließlich führen also sowohl ein Gesellschafterausstieg als auch eine geringe Eigenkapitaldecke zur Private Equity-Beteiligung in Höhe von 20 % an den Anteilen der GmbH & Co. KG. Bestandteil des Beteiligungsvertrags ist eine Kauf- und Verkaufsoption, die den beiden Haupteigentümern das Recht zum Verkauf ihrer Anteile bzw. zum Kauf der Anteile des anderen einräumt. Diese Option kann jedoch nur unter zwei Prämissen ausgelöst werden: Zum einen, wenn sich die Vertragspartner nicht auf eine Geschäftsführung einigen können und zum anderen, wenn eine nachhaltig definierte Ertragsschwäche vorliegt. Zudem verständigen sich im Beteiligungsvertrag alle drei beteiligten Parteien auf eine definierte Formel, anhand der er auch die zukünftige Unternehmensbewertung erfolgen soll.

Mehrere Jahre später kauft der Mehrheitsgesellschafter auf Basis dieser Formel die restlichen 5 % Anteile des Altgesellschafters sowie einen erheblichen Teil der Anteile der Private Equity-Gesellschaft, deren Minderheitsanteil dadurch reduziert wird. Nach der Jahrtausendwende wird die Bereinigung der Gesellschafterstruktur mit dem vollständigen Exit der Private Equity-Gesellschaft vollzogen. Seitdem gehört das Familienunternehmen zu 100 % dem Ingenieur und seiner Familie.

Nachdem die Krise Anfang der 90er Jahre überwunden ist, kann das Unternehmen den ursprünglichen Wachstumskurs fortsetzen. Heute erwirtschaftet das Unternehmen mit tausenden Mitarbeitern und rund 50 Tochterunternehmen auf verschiedenen Kontinenten einen Umsatz in Milliardenhöhe. Der Ingenieur hat sich mittlerweile als Leiter in das Kontrollorgan des Unternehmens zurückgezogen und die Geschäftsführung u.a. an zwei seiner Kinder übergeben.

4.1.5.2 Darstellung der Wertsteigerung

Die Krise in der deutschen Maschinenbaubranche belastet die Ergebnisse des Familienunternehmens Anfang der 90er Jahre: Die Eigenkapitalquote droht nach zwei Verlustjahren unter 20 % zu fallen. So kann die Private Equity-Gesellschaft zu einem für sie günstigen Zeitpunkt zu vorteilhaften Konditionen in das Familienunternehmen einsteigen. In den Folgejahren bis zum endgültigen Ausstieg der Private Equity-Gesellschaft erholt sich die Branche und kann schließlich über Jahre deutliche Zuwachsraten verzeichnen.

E konnte eine gute Reputation bei Beteiligungen im Mittelstand und bei Familienunternehmen aufbauen, sodass der Kontakt zu ihr vom damaligen Mehrheitseigentümer gezielt gesucht wird. Den Zuschlag erhält die Private Equity-Gesellschaft einerseits aufgrund ihres Profils und ihres Beteiligungsansatzes und andererseits aufgrund der Person und Persönlichkeit ihres Geschäftsführers. In die Bewertung des Unternehmens fließen zum einen die solide Substanz und das Potential desselben, zum anderen auch die beiden Verlustjahre mit ein. Bei der Strukturierung des Deals kann die Private Equity-Gesellschaft auf ihre Erfahrung zurückgreifen und sich in der Position des Minderheitsgesellschafters durch eine Kauf- und Verkaufsoption absichern. Durch die Kapitalerhöhung kann die Wachstumsstrategie des Familienunternehmens gesichert werden. Zudem verbessern sich durch die höhere Eigenkapitalquote die Fremdkapitalkonditionen.

Die Private Equity-Gesellschaft strebt gemäß ihrem Beteiligungsansatz keine operative Unternehmensführung an. Sie beschränkt ihren Einfluss auf einen Sitz im Verwaltungsrat des Familienunternehmens, der jedoch als Gremium für das Familienunternehmen eine sehr wichtige Rolle spielt: Z.B. genehmigt er den Wirtschaftsplan und Akquisitionen oder bestellt die Geschäftsführung. Der Geschäftsführer der Private Equity-Gesellschaft gestaltet die Verwaltungsratssitzungen aktiv mit, stellt Fragen, unterbreitet Vorschläge, analysiert und diskutiert. Insbesondere geht es dabei um die Unternehmensstrategie und um die Fragen, wie sich die Märkte entwickeln, ob gewisse Produkte und Anwendungen substituiert werden, ob eine Expansion nach Indien und China vorangetrieben werden soll, wie das Servicegeschäft gestaltet werden soll, ob Arbeitszeiten flexibilisiert oder Kapazitäten ins Ausland verlagert werden sollen.

Diese Diskussion über die strategische Ausrichtung erfolgt in der Regel auch außerhalb von Verwaltungsratssitzungen zwischen der Private Equity-Gesellschaft und dem Management des Familienunternehmens. Die Private Equity-Gesellschaft möchte durch intensive Beschäftigung mit dem Familienunternehmen ein kompetenter Gesprächspartner des operativen Managements sein, welcher konstruktiv-kritisch Sachverhalte analysiert und diskutiert. Der Ingenieur ist ein „genialer Unternehmer“ (Interviewpartner Private Equity-Gesellschaft E), der in der Private Equity-Gesellschaft einen Diskussions- und „Sparringspartner“ findet.

Da das Rechnungswesen schon beim Einstieg der Private Equity-Gesellschaft ausgebaut und transparent ist, erfüllt es alle Anforderungen der Private Equity-Gesellschaft an ein zeitnahes und aussagekräftiges Monitoring und Controlling.

4.1.5.3 Analyse der Wertsteigerung

Die Analyse der Wertsteigerungshebel zeigt zwei wesentliche Aspekte: Zum einen ermöglicht die Finanzierung des Familienunternehmens mit Hilfe einer Kapitalerhöhung die weitere Expansion. Die Private Equity-Gesellschaft kann durch günstige Ein- und Ausstiegszeitpunkte Unternehmenswerte kapern, die so nur ihr zugute kommen.

Zum anderen beschränkt sich die Private Equity-Gesellschaft auf ihre Rolle als Diskussionspartner innerhalb und außerhalb des Verwaltungsrats. Die Entwicklung des Familienunternehmens wird aufmerksam überwacht. Hierbei handelt es sich um indirekte Wertsteigerungshebel, von denen auch die restlichen Gesellschafter profitieren.

Wertsteigerungshebel	
Financial Arbitrage	
Bewertungsänderung	✓
Informationsvorsprung	-
Transaktionskompetenz	✓
Financial Engineering	
Optimierung der Kapitalstruktur	✓
Steuerbelastung	-
Strategische Ausrichtung	
Strategische Ausrichtung	-
Operative Unterstützung	
Kostenreduzierung und Margenverbesserung	-
Kapitalbindung	-
Verbesserung Management und Personal	-
Einbringung Managementkapazitäten	-
Nachhaltigkeit	-
Agency-Kosten	
Optimierung der Anreizsysteme	-
Monitoring und Controlling	✓
Disziplinierende Funktion von Fremdkapital	-
Monitoring	
Beratung/ Coaching	✓
Netzwerk	-
Unternehmergeist	-

Abbildung 41: Genutzte Wertsteigerungshebel (Fall 5). Eigene Darstellung.

4.1.5.4 Nicht-monetäre Ziele

Kontinuität und Unabhängigkeit spielen für den Ingenieur im Beteiligungskontext die entscheidende Rolle: „Ich wollte dieses Unternehmen als Familienpersonengesellschaft erhalten“ (Interviewpartner Familienunternehmen Epsilon). Die stufenweise Bereinigung des Gesellschafterkreises, auch mit Hilfe der Private Equity-Gesellschaft, ermöglicht die angestrebte interne Nachfolge. Die Kinder bringen dafür einerseits die unternehmerische Begabung und Ausbildung und andererseits den notwendigen Willen mit. Zudem verhindert die Kapitalerhöhung das Mitspracherecht der emittierenden Bank, welches der Unternehmer in jedem Fall abwenden möchte.

Das Unternehmen stellt einen zentralen Bestandteil im Leben des Unternehmers dar. „Dieses Unternehmen ist mein Leben. Ich lebe es mit Haut und Haar“ (Interviewpartner Familienunternehmen Epsilon). Seine Existenzsicherung im Rahmen der nächsten Generation war und ist das zentrale Ziel des Familienunternehmers und der Grund für die Private Equity-Beteiligung: „Ich möchte die Nachfolge aus der Familie sicher stellen“ (Interviewpartner Familienunternehmen Epsilon). Alles hat der Unternehmer daraufhin ausgerichtet: So musste er sich für den Kauf von Unternehmensanteilen über einen Zeitraum von 40 Jahren immer wieder privat verschulden. Zudem hat er seine Kinder als potentielle Nachfolger systematisch an das Unternehmen herangeführt.

	Nicht-monetäre Ziele	
1.	Kontinuität, Tradition, Vermächtnis	✓
2.	Autonomie, Unabhängigkeit, Selbstständigkeit	✓
3.	Macht, Kontrolle	-
4.	Reputation, Image, Anerkennung, Status, Prestige	-
5.	Stolz	-
6.	Sinn, Identität	✓
7.	Harmonie	-
8.	Zugehörigkeitsgefühl, Wohlbefinden	-
9.	Vertrauen	-
10.	Verantwortung	-
11.	Ehrlichkeit, Integrität	-
12.	Verlässlichkeit	-
13.	Berufliche Herausforderung, Ambition	-
14.	Einsatz, Fleiß, Ausdauer	-
15.	Wachstum, Expansion	-
16.	Arbeitsplätze für Familienmitglieder und Zukunftschancen	-
17.	Gutes Verhältnis zu den Kunden	-
18.	Gutes Verhältnis zu den Mitarbeitern	-

Abbildung 42: Verfolgte nicht-monetäre Ziele (Fall 5). Eigene Darstellung.

Ein Verkauf kommt für den Unternehmer nicht in Frage. Auch weil er bei den Mitarbeitern nicht den Eindruck erwecken möchte, dass die Familie „Kasse machen" will (Interviewpartner Familienunternehmen Epsilon). Auch der Private Equity-Gesellschaft war von Anfang an bewusst, dass eine interne Nachfolge angestrebt werden soll.

4.1.5.5 Zusammenfassung

Durch die Minderheitsbeteiligung der Private Equity-Gesellschaft kann die Expansions- und Wachstumsstrategie fortgesetzt werden, die Eigenkapitalquote wird nach zwei Verlustjahren während der Krise in der Maschinenbaubranche erhöht, die Mitsprache der Bank kann verhindert werden und schließlich ermöglicht das Engagement der Private Equity-Gesellschaft die angestrebte Bereinigung des Gesellschafterkreises, sodass sich das Familienunternehmen heute im alleinigen Eigentum der Familie des Unternehmers befindet.

Im fast zehnjährigen Beteiligungszeitraum konnte der Umsatz des Familienunternehmens von 318 Millionen Euro auf fast 1,2 Milliarden wachsen (+ 275 %). Heute ist das Unternehmen mit tausenden Mitarbeitern und rund 50 Tochterunternehmen auf verschiedenen Kontinenten vertreten. Die Private Equity-Gesellschaft kann einerseits durch günstige Einstiegs- und Ausstiegszeitpunkte Unternehmenswerte kapern, andererseits trägt sie mit ihrer Rolle als Diskussionspartner für die strategische Ausrichtung innerhalb und außerhalb des Verwaltungsrats zur indirekten Wertschöpfung bei.

Noch wichtiger als die monetäre Entwicklung des Familienunternehmens ist für die Unternehmensfamilie jedoch die nicht-monetäre: Durch die Beteiligung und den abschließenden Exit kann die Kontinuität und Unabhängigkeit des Familienunternehmens gesichert werden. Nach der internen Nachfolge führen heute u.a. die Kinder des Unternehmers das Familienunternehmen in zweiter Generation weiter. So haben sich zumindest im Status Quo die Ziele des Unternehmers, welcher als Leiter des Verwaltungsrats die Entwicklung des Familienunternehmens weiterhin begleitet, erfüllt.

4.1.6 Fall 6: Wachstumsfinanzierung

4.1.6.1 Ausgangslage

Das Familienunternehmen Zeta wird Anfang der 90er Jahre von drei Gesellschaftern gegründet. Ein Gesellschafter, der 78 % der Unternehmensanteile hält, übernimmt die Leitung des Unternehmens als Geschäftsführer, später nach der Umwandlung in eine Aktiengesellschaft als alleiniger Vorstand. Die anderen sind operativ nicht tätig. Seit der Gründung wächst das Unternehmen kontinuierlich. Mittlerweile verfügt das westdeutsche Unternehmen aus dem verarbeitenden Gewerbe über 800 Mitarbeiter an mehr als 10 Standorten.

Nach Willen des Vorstands soll der Wachstumskurs fortgesetzt werden. Um in der Branche die entscheidende Größe zu erlangen, soll die Produktionskapazität mit einem neuen Werk ausgebaut werden. Die Finanzierung der Sprunginvestition mit einem Volumen von ca. einer halben Milliarde Euro übersteigt die finanziellen Reserven des Familienunternehmens deutlich. Der Vorstand kann zusammen mit dem Poolführer einer Gruppe von Banken die Finanzierung des neuen Werkes erarbeiten. Natürlich kann diese Sprunginvestition nicht nur mit Fremdkapital finanziert werden, sodass letztendlich noch Eigenkapital, über welches das Familienunternehmen nicht in ausreichender Höhe verfügt, fehlt. Aus diesem Grund sucht der Vorstand Ende der 2000er Jahre nach einer Private Equity-Gesellschaft, die diese Wachstumsstrategie mit Eigenkapital unterstützt und die Sprunginvestition ermöglicht. Gesucht wird ein Eigenkapitalgeber, der die bestehende Finanzierungsstruktur für dieses Projekt komplettiert.

Der Vorstand findet schließlich in der Private Equity-Gesellschaft E aus Fall 5 den geeigneten Partner. Der Kontakt zwischen den beiden Parteien wird im Rahmen der Beteiligungssuche durch einen M&A Berater hergestellt. Aus Sicht des Vorstands sprechen für eine Beteiligung von E folgende Argumente: Ihr Profil mit einem Evergreen Fonds, die Rolle eines Minderheitsgesellschafters, ihre Reputation und ihre Referenzen im Mittelstand sowie bei Familienunternehmen und die möglichen Szenarien des Exits. Nach kurzer Verhandlungsdauer erfolgt eine direkte Eigenkapitalbeteiligung im Rahmen einer Kapitalerhöhung in Höhe von 40 Millionen Euro.

Die Private Equity-Gesellschaft ist wegen der Qualität des Managements und der vorhandenen Wachstumspotentiale des Familienunternehmens von einer Beteiligung überzeugt. Ihr Einfluss als Minderheitsgesellschafter wird durch einen von drei Sitzen im Aufsichtsrat, einen Katalog zustimmungspflichtiger Geschäfte und Veto-Rechte sichergestellt. Die Beteiligungsdauer ist auf ca. zehn Jahre angelegt. Eine Buyback Option für die Altgesellschafter besteht. Für die ersten Jahre kann dieser Buyback sogar mit einem Incentive, also zu günstigeren Konditionen, erfolgen. Falls sich die Eigentümer nicht auf einen Exitzeitpunkt und -kanal einigen können, besteht die Möglichkeit eines Drag-Alongs. Die Private Equity-Gesellschaft rechnet mit der Ausschüttung von Dividenden, die solange ausgesetzt wird, bis das neue Werk mit der Produktion beginnt, und einem Exiterlös. Sie verfolgt eine Hands-Off Strategie: Sie finanziert das signifikante Größenwachstum des Unternehmens und möchte die Wertsteigerung, die daraus entsteht, für sich kapitalisieren.

4.1.6.2 Darstellung der Wertsteigerung

Die Private Equity-Gesellschaft beteiligt sich kurz vor Ausbruch der Finanzkrise der Jahre 2008/ 2009 am Familienunternehmen. Die Krise verschlechtert die wirtschaftliche Lage des Unternehmens, da ein Rückgang des Marktvolumens sowie der Produktion eintritt und die Absatzpreise stark zurückgehen. Kurz nach Beteiligungsbeginn liegt das Ziel der Private Equity-Gesellschaft plötzlich nicht mehr in der Finanzierung der Wachstumsstrategie, sondern in der Stabilisierung des Unternehmens. Ein Einstieg während der Finanzkrise hätte E aufgrund der schwierigeren Lage von Zeta günstigere Einstiegskonditionen ermöglicht, sofern die Beteiligung wegen des erhöhten Risikos dann überhaupt zu Stande gekommen wäre. Die wirtschaftliche Lage führt auch dazu, dass die Erwartungen an die laufenden Dividenden nach unten revidiert werden müssen.

Der Kontakt zwischen der Private Equity-Gesellschaft und dem Familienunternehmen wird durch einen M&A Berater geknüpft. Das Beteiligungskonzept der Private Equity-Gesellschaft ist für diese Wachstumsfinanzierung maßgeschneidert, sehr professionell, flexibel und pragmatisch. Dies verschafft der Private Equity-Gesellschaft Vorteile im Wettbewerb um die Beteiligung. Zudem hat die Reputation der Private Equity-Gesellschaft eine hohe Relevanz. Sie kann vorweisen, dass sie als Minderheitsgesellschafter in Familienunternehmen und im Mittelstand erfolgreiche Portfoliounternehmen langfristig betreut und fähig ist, erfolgreiche Exits durchzuführen. Zudem ist die Private Equity-Gesellschaft mit ihrer Beteiligungsprüfung sehr schnell: Von der Kontaktaufnahme bis zur Vertragsunterzeichnung vergehen nur drei Monate. Dabei profitiert sie jedoch auch davon, dass das Konzept für die Sprunginvestition des neuen Werks durch den Vorstand und den Poolführer der Banken bereits ausgearbeitet ist. Damit komplettiert sie also ein bestehendes Konzept.

Vor der Beteiligung besteht der Vorstand des Unternehmens nur aus einer Person, dem Gesellschafter und CEO. Auf Veranlassung der Private Equity-Gesellschaft wird ein CFO als zweites Vorstandsmitglied eingestellt, an dessen Auswahl sie beteiligt ist. Die Vergütung beider Vorstandsmitglieder erfolgt erfolgsorientiert. Der CFO ist u.a. auch für das Monatsreporting zuständig, welches sowohl die Fremdkapitalgeber als auch die Private Equity-Gesellschaft erwarten. Dabei gibt die Private Equity-Gesellschaft keinen expliziten Standard vor, fordert aber eine ausreichende Tiefe und Aussagekraft in der Darstellung.

Im Aufsichtsrat werden die wesentlichen Elemente der Geschäftstätigkeit, wie z.B. das Jahresbudget oder größere Investitionen besprochen, diskutiert und genehmigt. Die Mitarbeit der Private Equity-Gesellschaft ergänzt als eine zusätzliche Perspektive die Analyse der Unternehmensstrategie und -entwicklung, was auch seitens des Vorstands zu einer intensiveren Auseinandersetzung mit dem Unternehmen und seinen Verbesserungspotentialen führt.

4.1.6.3 Analyse der Wertsteigerung

Der Hands-Off Beteiligungsansatz der Private Equity-Gesellschaft wird deutlich, wenn die genutzten Wertsteigerungshebel betrachtet werden: Sie bedient nur sehr wenige Hebel und konzentriert sich auf die Finanzierung der Expansion. Der Einstiegszeitpunkt kurz vor Ausbruch der Finanzkrise ist nicht optimal, obwohl die langfristige Entwicklung der Investition erst abgewartet werden muss. Die Private Equity-Gesellschaft zeigt insbesondere bei der Zielidentifizierung, ihrem Netzwerk sowie bei der Verhandlung und Vertragsgestaltung hohe Transaktionskompetenz, die ihr zumindest potentiell eine Wertkaperung ermöglicht.

Wertsteigerungshebel	
Financial Arbitrage	
Bewertungsänderung	✓
Informationsvorsprung	-
Transaktionskompetenz	✓
Financial Engineering	
Optimierung der Kapitalstruktur	-
Steuerbelastung	-
Strategische Ausrichtung	
Strategische Ausrichtung	-
Operative Unterstützung	
Kostenreduzierung und Margenverbesserung	-
Kapitalbindung	-
Verbesserung Management und Personal	✓
Einbringung Managementkapazitäten	-
Nachhaltigkeit	-
Agency-Kosten	
Optimierung der Anreizsysteme	✓
Monitoring und Controlling	✓
Disziplinierende Funktion von Fremdkapital	-
Monitoring	
Beratung/ Coaching	✓
Netzwerk	-
Unternehmergeist	-

Abbildung 43: Genutzte Wertsteigerungshebel (Fall 6). Eigene Darstellung.

Mit der Berufung eines CFO in den Vorstand verändert die Private Equity-Gesellschaft das Management, was einen Werttreiber der direkten Wertschöpfung darstellt. Zudem werden noch drei Werttreiber genutzt, die eine indirekte Wertschöpfung versprechen: Erstens werden die Anreizsysteme des Vorstands optimiert, zweitens erfolgt ein monatliches Monitoring sowie Controlling und drittens berät die Private Equity-Gesellschaft über ihr Mitglied im Aufsichtsrat den Vorstand bei strategischen Fragestellungen.

4.1.6.4 Nicht-monetäre Ziele

Das Familienunternehmen besteht seit etwa 20 Jahren und kann damit noch keine lange Geschichte vorweisen. Dennoch besitzt das Thema Kontinuität für den CEO und Unternehmer eine wichtige Rolle: Er würde es bevorzugen, wenn seine Söhne das Familienunternehmen weiterführen. Wenn dies aus irgendeinem Grund nicht möglich ist, kann er sich auch vorstellen, dass Unternehmen mit Fremdmanagern weiterzuführen oder es ganz zu verkaufen. Die Beteiligung der Private Equity-Gesellschaft sieht er im Kontext der Sprunginvestition, die sonst nicht denkbar gewesen wäre. Sie ermöglicht eine bessere Marktpositionierung und garantiert langfristig die Existenz des Unternehmens.

Autonomie und Unabhängigkeit sind für den CEO sehr wichtig, daher sind diese auch als Unternehmensziele in der Unternehmensphilosophie verankert. Die Private Equity-Gesellschaft als Minderheitsgesellschafter sieht er als „Sparringspartner“, der neue Blickwinkel ermöglicht. Daher empfindet er nicht, dass seine persönliche Unabhängigkeit als Unternehmer mit der Beteiligung verloren gegangen ist. Zudem hat die Kapitalerhöhung nichts wesentlich an der Stellung des CEOs verändert: Er ist noch immer CEO und Gesellschafter mit den größten Unternehmensanteilen. Natürlich wollte er in den Beteiligungsverhandlungen seine Gesellschafterposition so wenig wie möglich schwächen. Aus dieser Perspektive ist er an dem Erhalt seiner Macht und Kontrolle interessiert. Weil er das Unternehmen erfolgreich aufgebaut hat und weiterhin sehr ambitionierte Ziele verfolgt, hat er sich als Unternehmerpersönlichkeit Reputation erarbeitet, aus der er seine Führungsrolle ableitet. Seine ambitionierten Wachstumsziele sind eine große Herausforderung für den Unternehmer, die er erfolgsorientiert mit „extrem hohen Einsatz, Fleiß und Ausdauer“ (Interviewpartner Private Equity-Gesellschaft E) verfolgt.

Als Basis der Zusammenarbeit zwischen Unternehmer und Private Equity-Gesellschaft spielen Vertrauen, Verantwortung, Ehrlichkeit, Integrität und Verlässlichkeit eine wichtige Rolle. Ohne dieses Fundament wären beide Partner die Beteiligung auch gar nicht erst eingegangen.

	Nicht-monetäre Ziele	
1.	Kontinuität, Tradition, Vermächtnis	✓
2.	Autonomie, Unabhängigkeit, Selbstständigkeit	✓
3.	Macht, Kontrolle	✓
4.	Reputation, Image, Anerkennung, Status, Prestige	✓
5.	Stolz	-
6.	Sinn, Identität	-
7.	Harmonie	-
8.	Zugehörigkeitsgefühl, Wohlbefinden	-
9.	Vertrauen	✓
10.	Verantwortung	✓
11.	Ehrlichkeit, Integrität	✓
12.	Verlässlichkeit	✓
13.	Berufliche Herausforderung, Ambition	✓
14.	Einsatz, Fleiß, Ausdauer	✓
15.	Wachstum, Expansion	✓
16.	Arbeitsplätze für Familienmitglieder und Zukunftschancen	-
17.	Gutes Verhältnis zu den Kunden	✓
18.	Gutes Verhältnis zu den Mitarbeitern	✓

Abbildung 44: Verfolgte nicht-monetäre Ziele (Fall 6). Eigene Darstellung.

Die Sicherung der Existenz und der Unabhängigkeit des Unternehmens sind die langfristigen und konstanten Kernziele des Unternehmers, die durch die Beteiligung ermöglicht werden. Im Status Quo sieht der Unternehmer diese Ziele im Beteiligungskontext als erreicht an, führt aber auch aus, dass sie „natürlich noch keine riesige Wegstrecke zusammen gegangen“ sind, sie seien „noch keine zehn Jahre zusammen unterwegs“ (Interviewpartner Familienunternehmen Epsilon).

4.1.6.5 Zusammenfassung

Die Private Equity-Gesellschaft hat mit dem Familienunternehmen ein gesundes Unternehmen mit gutem Management und Wachstumspotentialen gefunden, was sich für ihren Hands-Off Beteiligungsansatz eignet. Sie steigt in ein bestehendes Gesamtfinanzierungskonzept ein und finanziert mit ihrer Kapitalerhöhung die Expansion. Die unternehmerische Entfaltungskraft des Unternehmers wird erst durch die Beteiligung ermöglicht. Obwohl sich das Finanzierungsvolumen der Unternehmensgruppe durch den Bau des neuen Werks stark ausweitet, kann mit der Kapitalerhöhung die Eigenkapitalquote bei ca. 40 % gehalten werden.

Die Private Equity-Gesellschaft zeigt Transaktionskompetenz und trägt mit der Erweiterung und Veränderung des Vorstands zur direkten Wertschöpfung bei. Auch bei der indirekten Wertschöpfung unterstützt sie, z.B. durch ihre Rolle als Berater und Diskussionspartner im Aufsichtsrat. Ansonsten verhält sie sich passiv und gewährt dem Vorstand ausreichend unternehmerischen Freiraum. Die Beteiligung ermöglicht dem Unternehmer die Verfolgung seiner nicht-monetären Ziele: Das ambitionierte Wachstum soll zur langfristigen Sicherung der Existenz und Unabhängigkeit des Unternehmens beitragen.

Die Beteiligung ist noch relativ jung und durch die Finanzkrise erst einmal wirtschaftlich negativ beeinflusst. Zudem kann die Wertsteigerung erst erfolgen, wenn die Investitionsphase für das neue Werk abgeschlossen ist und die reguläre Betriebsphase anläuft. Sowohl die Private Equity-Gesellschaft als auch der Unternehmer meinen, für diesen langfristigen Beteiligungsansatz den richtigen strategischen Weg zur Wertsteigerung eingeschlagen zu haben. Zwar sieht der Unternehmer im Status Quo seine nicht-monetären Ziele als erreicht an, doch auch hier bleibt die weitere Entwicklung über den Beteiligungszeitraum und den Exit abzuwarten.

4.1.7 Fall 7: Private Equity zur Existenzsicherung

4.1.7.1 Ausgangslage

Das österreichische Familienunternehmen Eta wird in den 30er Jahren gegründet. Der Sohn des Gründers entwickelt als Unternehmer und geschäftsführender Gesellschafter aus dem kleinen Familienbetrieb einen wachsenden Mittelständler für Industriegüter und Dienstleistungen mit einem Umsatz in dreistelliger Millionenhöhe. Aufgrund des selbst finanzierten Wachstums kann nie eine hohe Eigenkapitalquote aufgebaut werden. Mitte der 90er Jahre wird ein Restrukturierungsprogramm initiiert, das insbesondere auf eine Reduzierung der Produktionskosten, eine Optimierung des Produktionsprozesses und eine Verlagerung von Produktionsprozessen ins nahe Ausland abzielt. Damit sollen auch die Grundlagen für einen Börsengang des Familienunternehmens gelegt werden.

Mit dem Familienunternehmen konkurrierende Unternehmen befinden sich vor allem in Skandinavien und in Italien. Diese Wettbewerber profitieren Mitte der 90er Jahre von einer Aufwertung des österreichischen Schillings gegenüber ihren heimischen

Währungen von ca. 30 %. Damit werden während der Restrukturierungsphase des Familienunternehmens die eigenen Produkte für ausländische Kunden deutlich teurer. Dies führt insbesondere durch einen Exportanteil von ca. 90 % und der beschriebenen geringen Eigenkapitaldecke zu einer sehr schwierigen Situation. Durch diese Entwicklung kommt es zu einem Jahresverlust und ernsten Liquiditätsproblemen.

Unter diesen Umständen ist ein Börsengang in weite Ferne gerückt. Parallel zu der nachteiligen Unternehmensentwicklung wird ein Kontakt zu Private Equity-Gesellschaften gesucht. Schließlich verhandeln die Verantwortlichen des Familienunternehmens mit der Private Equity-Gesellschaft G, die ihren Investitionsschwerpunkt auf primär mittelständische, österreichische Unternehmen mit einem Umsatzvolumen ab ca. 30 Millionen Euro legt. Die Private Equity-Gesellschaft ist als Evergreen Fonds mit einem Kapital von ca. 40 Millionen Euro ausgestattet. Der Beteiligungsansatz ist Hands-Off: Neben der Finanzierung gilt das Augenmerk der Besetzung des Managements und dem anschließenden Monitoring der Investition. Bei potentiellen Minderheitsbeteiligungen achten die Verantwortlichen der Private Equity-Gesellschaft G darauf, ob mit dem Mehrheitsgesellschafter Einigkeit bezüglich der strategischen Ausrichtung und der Ziele herrscht. Besteht keine Einigkeit, wird nicht investiert.

Nach langer Verhandlungsdauer einigen sich die Private Equity-Gesellschaft und das Familienunternehmen auf eine Minderheitsbeteiligung. Dabei agiert G als Lead Investor eines Konsortiums, das aus insgesamt drei Private Equity-Gesellschaften besteht. Die Betreuung des Investments wird ausschließlich durch den Lead Investor betrieben. Mehrheitsgesellschafter während der Beteiligung bleibt die vierköpfige Familie des ehemaligen geschäftsführenden Gesellschafters. Der Unternehmer ist mittlerweile in den Aufsichtsrat gewechselt und hat einen familienfremden Mitarbeiter zum Vorstandsvorsitzenden berufen.

Obwohl sich das Familienunternehmen zum Zeitpunkt des Einstiegs in einer sehr angespannten Lage befindet, investiert der Lead Investor trotz des deutlich vorhandenen Risikos. Dafür nennt die Private Equity-Gesellschaft mehrere Argumente: Erstens hat das Familienunternehmen ein gutes Management, was die notwendige Restrukturierung eingeleitet und z.T. schon umgesetzt hat. Zweitens stellt das Familienunternehmen sehr hochwertige Produkte her. Drittens soll durch die anstehende

Kapitalerhöhung das Eigenkapital des Familienunternehmens so verstärkt werden, dass die Liquidität gesichert ist und das vorhandene Wachstumspotential gehoben werden kann.

Als Beteiligungszeitraum werden ca. fünf Jahre und als Exitkanal ein Börsengang in Form eines singulären Exits des Konsortiums angestrebt. Wenn das Konsortium keinen Käufer für seine Minderheitsanteile findet, so ist ein Drag-Along und eine Gesamtverkauf des Unternehmens geplant. Zudem verständigen sich die Vertragspartner im Beteiligungsvertrag auf eine Earn Out-Struktur: Sollte das Familienunternehmen gewisse Meilensteine und Finanzkennzahlen nicht erreichen, würden sich die Unternehmensanteile der Private Equity-Gesellschaften schrittweise erhöhen, damit für sie eine Mindestrendite sicher gestellt werden kann. So hat die Unternehmensfamilie einen Anreiz, die skizzierten Businesspläne einzuhalten. Schließlich veräußert das Konsortium in Abstimmung mit dem Mehrheitsgesellschafter knapp drei Jahre nach Beteiligungsbeginn ihre Minderheitsanteile durch ein IPO.

4.1.7.2 Darstellung der Wertsteigerung

Der Lead Investor knüpft den Kontakt zum Familienunternehmen und führt im Anschluss federführend für das Konsortium die Verhandlungen. Während der „sehr harte[n] Verhandlung[en]“ (Interviewpartner Familienunternehmen Eta) zeigt sich die Transaktionskompetenz der Private Equity-Professionals, die auf viel Erfahrung zurückgreifen können. Daher engagiert das Familienunternehmen erfahrene Berater für den Verhandlungsprozess.

Die Einstiegsbewertung des Unternehmens erfolgt auf Basis von schlechten Ergebnissen, was grundsätzlich ein Vorteil für die Verhandlungsmacht der Private Equity-Gesellschaft darstellt. Jedoch erhöht sich auch das Risiko von G, insbesondere da es sich um eine Minderheitsbeteiligung handelt, so dass die Einflussmöglichkeiten naturgemäß beschränkt sind. Der Unternehmensfamilie stimmt in einer sich verschärfenden Unternehmensentwicklung der Beteiligung im letzten Moment zu. Zu einem späteren Zeitpunkt und damit in einer schlechteren Lage des Unternehmens, hätte der Lead Investor nicht mehr investiert. Sonst wären nur noch Sanierungs-Private Equity-Gesellschaften eine Alternative gewesen, die jedoch mit einer geringen

Unternehmensbewertung den Einfluss der Altgesellschafter massiv beschnitten hätten.

Die ersten Monate nach Beteiligungsbeginn sind von einer schwierigen wirtschaftlichen Entwicklung geprägt, während der (stille) Reserven aufgelöst werden müssen und die definierten Pläne verfehlt werden. Durch die eingeleiteten Restrukturierungsmaßnahmen sind die neuen Produkte preiswerter als die alten, die noch Lagerbestände aufweisen. Auf diese im Lager befindlichen Produkte müssen daher außerordentliche Abschreibungen vorgenommen werden, was sich in einem erheblichen Maße negativ auf die Ergebnisse auswirkt.

Letztendlich jedoch dreht sich die Entwicklung des Familienunternehmens innerhalb sehr kurzer Zeit vom Negativen ins Positive. Dazu tragen maßgeblich zwei Aspekte bei: Erstens erzielen die Restrukturierungsmaßnahmen erste Ergebnisse. Die bekannt hochwertigen Produkte können plötzlich zu einem sehr wettbewerbsfähigen Preis angeboten werden. Zweitens dreht sich die für den Export negative Entwicklung der Währung. Der Schilling wertet ab, was die Wettbewerbsfähigkeit der ohnehin schon rationalisierten und preiswerteren Produkte zusätzlich erhöht. Das Konsortium profitiert also in einem hohen Maße von der umgekehrten Entwicklung des Währungskurses. Ohne diese Währungskursentwicklung könnte die Restrukturierung des Familienunternehmens nicht so schnell gelingen. So erweist sich der Zeitpunkt des Beteiligungsbeginns für das Konsortium als besonders günstig. Auch der Exit gelingt in einem vorteilhaften Börsenklima.

Durch die Kapitalerhöhung werden automatisch die Fremdkapitalkonditionen verbessert. Das Familienunternehmen kann wieder das volle Vertrauen der finanzierenden Banken zurückgewinnen, sodass der Liquiditätsengpass schließlich überwunden wird.

Kern des Beteiligungsansatzes des Lead Investors ist die Managementbesetzung. Der Vorstandsvorsitzende, welcher das Vertrauen des Lead Investors genießt, wird durch einen neuen Finanzvorstand unterstützt. Dessen Berufung in den Vorstand ist notwendig, weil die kaufmännischen Strukturen im Unternehmen unterentwickelt sind. Die Auswahl des Finanzvorstands wird zusammen mit dem Mehrheitsgesellschafter durchgeführt.

Durch den neuen Finanzvorstand wird das Controlling verbessert. Das Konsortium erhält die nötige Transparenz, um die Unternehmensentwicklung zu kontrollieren und um das Ziel der Wertsteigerung zu erreichen. Dabei achtet es vor allem auf die Plan- und Zielerreichung, die Begründungen für Entscheidungen, potentielle Risiken sowie die Kostenstrukturen. Da nach anfänglicher Planabweichung das Management die Pläne erfüllen kann, konzentriert sich der Lead Investor auf die Rolle als das „kaufmännische kontrollierende Gewissen“ (Interviewpartner Private Equity-Gesellschaft G).

Der Lead Investor ist mit einem Mitglied im Aufsichtsrat vertreten. In diesem Gremium werden z.B. die mittelfristigen Chancen des Unternehmens oder die Positionierung am Markt diskutiert. Insbesondere jedoch werden bei der Unternehmensstruktur während der Beteiligungsphase starke Veränderungen vorgenommen. Vor der Beteiligung liegt die Entscheidungsmacht zentralisiert in den Händen des Unternehmers.

Während der Beteiligung und in Vorbereitung auf den Börsengang werden die Managementstrukturen der Unternehmensgröße angepasst, formalisiert und standardisiert. Die zwei- bis dreijährige Umstrukturierung des Konzerns betrifft insbesondere die zweite und dritte Ebene des Managements: Die Verantwortungsbereiche und Aufgaben für einzelne Regionen oder Werke werden einzelnen Personen zugeordnet, welche einerseits mit der notwendigen Entscheidungsfreiheit ausgestattet sind, aber anderseits auch die entsprechenden Kosten zu verantworten haben. Das Familienunternehmen entwickelt sich zu einem „gläserne[n] Unternehmen“ (Interviewpartner Familienunternehmen Eta) mit hoher Plan- und Prognosetreue, der Einhaltung von Strukturen, Genauigkeit, Transparenz, Klarheit sowie Aktualität in der Berichterstattung und bei den Informationssystemen. Durch die neue Unternehmensstruktur kann auch das Risiko auf viele verschiedene Schultern verteilt werden. Die Abhängigkeit des Unternehmens vom Unternehmer wird so reduziert.

Durch die sichergestellte Finanzierung gibt es eine allgemeine Aufbruchstimmung im Unternehmen. Die Mitarbeiter sehen ihren Arbeitsplatz gesichert und Wachstumschancen für das Unternehmen. Der Stimmungsumschwung sorgt z.B. dafür, dass der Vertrieb nicht mehr aus Sorge um seinen Arbeitsplatz und der bekannten Liquiditätsenge jeden Auftrag annimmt. Aufträge, die bestimmte Konditionen nicht erfüllen, können bewusst auch abgelehnt werden. Die ganze Entwicklung wird durch den Mehrheitsgesellschafter maßgeblich angetrieben. Nur bei einer guten Unternehmensentwicklung kann der singuläre Exit des Konsortiums erfolgen und eine Verwässerung der eigenen Anteile durch die Earn Out-Klausel verhindert werden.

Die Präsenz des Konsortiums und seines Lead Investors verstärkt und beschleunigt die Entwicklung zu einem strukturierten, wachstumsstarken und börsenreifen Familienunternehmen. Die sichergestellte Finanzierung, die neuen Strukturen und Verantwortungsbereiche bewirken einen Stimmungsumschwung bei den Mitarbeitern.

4.1.7.3 Analyse der Wertsteigerung

Mehrere Aspekte fallen bei den vom Lead Investor genutzten Wertsteigerungshebel auf: Erstens entpuppt sich nach anfänglichen Schwierigkeiten der Zeitpunkt des Beteiligungseinstiegs für das Konsortium als besonders günstig, weil es von der umgekehrten Währungskursentwicklung profitiert und somit maßgeblich Unternehmenswerte kapert. Ohne diese Währungskursentwicklung würde die Restrukturierung wesentlich länger dauern - nach Meinung des interviewten Private Equity-Professionals ein oder gar zwei Jahre. Dies würde sich auch auf den IRR der Investition negativ auswirken.

Zweitens bedeuten die Verbesserung der Fremdkapitalkonditionen und die Erweiterung des Managements um einen Finanzvorstand eine direkte Wertschöpfung während der Beteiligungsphase. Drittens entfesselt die neue Unternehmensstruktur einen neuen Unternehmergeist, was eine indirekte Wertschöpfung darstellt: Zu den bereits hervorragenden Produkten tritt eine erhöhte Entscheidungsfreiheit der Mitarbeiter, die mit genau geregelten Verantwortungsbereichen kombiniert wird.

Wertsteigerungshebel	
Financial Arbitrage	
Bewertungsänderung	✓
Informationsvorsprung	-
Transaktionskompetenz	✓
Financial Engineering	
Optimierung der Kapitalstruktur	✓
Steuerbelastung	-
Strategische Ausrichtung	
Strategische Ausrichtung	-
Operative Unterstützung	
Kostenreduzierung und Margenverbesserung	-
Kapitalbindung	-
Verbesserung Management und Personal	✓
Einbringung Managementkapazitäten	-
Nachhaltigkeit	-
Agency-Kosten	
Optimierung der Anreizsysteme	-
Monitoring und Controlling	✓
Disziplinierende Funktion von Fremdkapital	-
Monitoring	
Beratung/ Coaching	✓
Netzwerk	-
Unternehmergeist	✓

Abbildung 45: Genutzte Wertsteigerungshebel (Fall 7). Eigene Darstellung.

4.1.7.4 Nicht-monetäre Ziele

Kontinuität und Unabhängigkeit sind für die Unternehmensfamilie absolute Kernziele, die als Leitbilder des Familienunternehmens gelten. Die Familie möchte langfristig die Mehrheit am Unternehmen halten. Überhaupt Mitgesellschafter in das Unternehmen zu lassen, bedeutet für den Unternehmer und langjährigen geschäftsführenden Gesellschafter einen „extrem schwere[n] Schritt“ (Interviewpartner Private Equity-Gesellschaft G) und einen „Bruch“ (Interviewpartner Familienunternehmen Eta). Auch deshalb dauert es vom ersten Kontakt zum Lead Investor bis zur Vertragsunterzeichnung mehr als ein Jahr.

Das Familienunternehmen sowie das Unternehmertum sind eine Lebensaufgabe und eine Herausforderung für die Familie, die generationsübergreifend Sinn und Identität stiftet. In den Leitbildern des Familienunternehmens ist festgeschrieben, dass Familienmitglieder grundsätzlich im Unternehmen und für das Unternehmen arbeiten dürfen, solange sie mindestens die Qualifikation eines externen Bewerbers erreichen. Heute arbeitet einer der beiden Söhne als stellvertretender Vorsitzender im Aufsichtsrat und im Strategie-Team des Familienunternehmens. Für die Mitarbeiter und in der Außenwirkung, wie z.B. beim Händlernetz, ist die Präsenz der Familie noch immer von sehr großer Bedeutung.

Die Beteiligung des Konsortiums ermöglicht der Unternehmensfamilie, die langfristige Existenz des Familienunternehmens zu sichern. Trotz der wirtschaftlich sehr angespannten Lage und der vorhandenen Liquiditätsproblemen zu Beteiligungsbeginn kann die Familie ihre Mehrheitsposition behaupten. Heute hält die Familie über 60 % an dem prosperierenden börsennotierten Familienunternehmen, sodass zumindest im Status Quo die beiden Kernziele Kontinuität und Unabhängigkeit erreicht sind.

	Nicht-monetäre Ziele	
1.	Kontinuität, Tradition, Vermächtnis	✓
2.	Autonomie, Unabhängigkeit, Selbstständigkeit	✓
3.	Macht, Kontrolle	-
4.	Reputation, Image, Anerkennung, Status, Prestige	-
5.	Stolz	-
6.	Sinn, Identität	✓
7.	Harmonie	-
8.	Zugehörigkeitsgefühl, Wohlbefinden	-
9.	Vertrauen	-
10.	Verantwortung	-
11.	Ehrlichkeit, Integrität	-
12.	Verlässlichkeit	-
13.	Berufliche Herausforderung, Ambition	✓
14.	Einsatz, Fleiß, Ausdauer	-
15.	Wachstum, Expansion	✓
16.	Arbeitsplätze für Familienmitglieder und Zukunftschancen	✓
17.	Gutes Verhältnis zu den Kunden	✓
18.	Gutes Verhältnis zu den Mitarbeitern	✓

Abbildung 46: Verfolgte nicht-monetäre Ziele (Fall 7). Eigene Darstellung.

4.1.7.5 Zusammenfassung

Die Finanzierung in Form einer Kapitalerhöhung durch das Konsortium soll die Existenz des Familienunternehmens sichern. Die Aufwertung des Schillings hat das Familienunternehmen in einer Phase der Restrukturierung getroffen. Dies führt zu einem Jahresfehlbetrag und einem akuten Liquiditätsengpass. Das Restrukturierungsprogramm sorgt für eine Verbesserung der Kostenstruktur, sodass die wettbewerbsfähigen Preise der hochwertigen Produkte zu einem starken Anstieg der Nachfrage führen. Diese Entwicklung wird durch die Umkehrung des Währungskurses noch verstärkt.

So kann das Familienunternehmen innerhalb des knapp dreijährigen Beteiligungszeitraums auf Basis eines Umsatzes in dreistelliger Millionenhöhe um ca. 64 % wachsen. Der anfängliche Jahresfehlbetrag weicht einem zweistelligen Jahresüberschuss im Exitjahr. Der Lead Investor organisiert die Private Equity-Finanzierung und trägt zur direkten und indirekten Wertschöpfung bei. Entsprechend seines Beteiligungsansatzes konzentriert er sich auf die Besetzung des Managements, Verbesserungen der Unternehmensstruktur und auf Monitoring sowie Controlling. Für den Lead Investor ist es ein ausgesprochen erfolgreiches Engagement, was ein IRR von mehr als 40 % p.a. und ein Money Multiple von 2,3 verdeutlicht. Zudem hat er von diesem Zeitpunkt an, eine erfolgreiche Beteiligung an einem Familienunternehmen vorzuweisen. Diese Referenz wird zum Modell für eine Reihe von weiteren Beteiligungen an Familienunternehmen.

Die Unternehmensfamilie kann nicht nur ihre monetären, sondern auch ihre nichtmonetären Ziele im Beteiligungskontext erreichen. Ihre Position als Mehrheitsgesellschafter ermöglicht die langfristige Existenzsicherung des Familienunternehmens. Die Kontinuität wird durch die dritte Generation, die z.T. Mitglied des Aufsichtsrats und des Strategie-Teams ist, sichergestellt. Das Familienunternehmen bleibt eine Sinn stiftende und generationsübergreifende Lebensaufgabe für die Familie.

Auch nach dem Börsengang kann der Expansionskurs des Familienunternehmens und die langfristige Steigerung des Unternehmenswerts fortgesetzt werden. Heute verfügt das Familienunternehmen über mehr als 20 Produktionsstandorte und tausende Mitarbeiter auf der ganzen Welt. Mit seinen hochwertigen Produkten ist es Weltmarktführer in der Industriegüterbranche.

4.1.8 Fall 8: Mit Private Equity zum Alleineigentümer

4.1.8.1 Ausgangslage

Das Familienunternehmen Theta wird um das Jahr 1900 in Westdeutschland gegründet. In den 50er Jahren erfolgt die erste interne Nachfolge, der Gründer überträgt die Verantwortung auf seinen Sohn. Zu diesem Zeitpunkt hat das Familienunternehmen aus der Chemiebranche schon mehr als 1.000 Mitarbeiter und verfügt über Beteiligungen und Kooperationen in ganz Europa. Rund zehn Jahre später fusioniert der Nachfolger das Familienunternehmen mit einem Tochterunternehmen eines internationalen Großkonzerns. Das fusionierte Unternehmen besteht zu einem Drittel aus dem alten Familienunternehmen und zu zwei Drittel aus dem Tochterunternehmen des Großkonzerns. Für Jahrzehnte wird bei dem fusionierten Unternehmen ein kontinuierlicher Wachstumskurs eingeschlagen: Erst werden das Geschäft in Europa und Nordamerika ausgebaut, später expandiert das Unternehmen nach Osteuropa. Bis Anfang der 90er Jahre führt der Nachfolger des Gründers das Unternehmen über vier Jahrzehnte. In dieser Zeit pflegt die Unternehmensfamilie als Minderheitsgesellschafter eine kooperative Partnerschaft mit dem Großkonzern als Mehrheitsgesellschafter. Das Gemeinschaftsunternehmen verzeichnet mittlerweile über zwei Milliarden DM Umsatz.

Zwar wird ein Mitglied aus der dritten Generation gegen Ende der 90er Jahre in die Geschäftsführung berufen, doch der Vorsitz der Geschäftsführung wird seit dem Ausscheiden des Vaters von einem Manager des internationalen Großkonzerns übernommen. Dieser strebt eine weltweite Expansion an, doch die neuen Werke und Anlagen sind zu teuer und können ihre Kapitalkosten nicht erwirtschaften, die Ergebnisse sinken und die Verschuldung des Unternehmens steigt in einem rasanten Tempo. Die Familie wird von den Verantwortlichen des Mehrheitsgesellschafters immer weniger in Entscheidungen mit einbezogen, das einstige partnerschaftliche Verhältnis zerbricht. Um die Jahrtausendwende möchte der internationale Großkonzern sein Portfolio restrukturieren und sich auf seine Kernfelder konzentrieren. Die Beteiligung am gemeinsamen Chemieunternehmen soll verkauft werden.

Für das Chemieunternehmen wird durch den Mehrheitsgesellschafter erst eine Fusion mit einem Wettbewerber angestrebt. Zwar werden Verhandlungen mit Wettbewerbern aufgenommen, doch die Unternehmensfamilie als Minderheitsgesellschafter sperrt sich gegen einen Verkauf ohne ihren Einbezug. Sie verfügt bei einem Verkauf des Unternehmens über Veto-Rechte aus dem Gesellschaftsvertrag, sodass der Mehrheitsgesellschafter auf die Zustimmung der Familie angewiesen ist. Nachdem strategische Investoren aus dem Verkaufsprozess ausgeschieden sind, bleiben nur noch Private Equity-Gesellschaften als mögliche Käufer für die Anteile des Großkonzerns übrig. Die Unternehmensfamilie möchte weiterhin als Minderheitsgesellschafter am Unternehmen beteiligt bleiben.

Schließlich sind alle Parteien zu folgendem Deal bereit: Der Großkonzern verkauft seine Anteile an ein Konsortium aus zwei Private Equity-Gesellschaften, die jeweils die gleiche Anzahl an Unternehmensteilen halten, und die Familie bleibt weiterhin mit ihren Anteilen als Minderheitsgesellschafter am Unternehmen beteiligt. Die Familie erhält die Möglichkeit, innerhalb einer bestimmten Frist eine Kaufoption einzulösen, um damit die Anteile des Konsortiums zu übernehmen. Wird diese Option nicht eingelöst, kann das Konsortium mit einem Drag-Along das vollständige Unternehmen verkaufen, wobei als Exitkanal ein IPO angedacht wird.

Bei der einen Private Equity-Gesellschaft handelt es sich um eine große deutsche Gesellschaft mit einem Fondsvolumen in Milliardengröße. Die andere Private Equity-Gesellschaft ist ein Ableger einer großen US-amerikanischen Investmentbank mit einer Vertretung in Deutschland. Sie übernimmt die Rolle des Lead Investors.

4.1.8.2 Darstellung der Wertsteigerung

Bei den Verhandlungen zum Beteiligungseinstieg und der Bewertung des Unternehmens hat das Konsortium zwei wesentliche Vorteile, um den Kaufpreis zu reduzieren: Erstens hat der internationale Großkonzern einen gewissen Verkaufsdruck, weil er eine Restrukturierung seines Portfolios anstrebt. Zweitens ist der Großkonzern beim Verkauf auf die Zustimmung des Minderheitsgesellschafters angewiesen, was die Position des Verkäufers einschränkt und weiter schwächt.

Der Lead Investor führt primär die Verhandlungen, auf die er sich vorab gut vorbereitet, indem er sich z.B. sehr intensiv mit der entsprechenden Branche beschäftigt. Der Lead Investor kann zudem auf langjährige Erfahrung zurückgreifen. Nach harten Verhandlungen wird letztlich der Preis „extrem gedrückt“ (Interviewpartner Familienunternehmen Theta).

Im Zuge der Beteiligung zieht der Lead Investor mit drei Mitgliedern in den Aufsichtsrat ein. Der Aufsichtsrat wird durch drei von der Familie bestimmte Mitglieder und durch weitere sechs Arbeitnehmervertreter komplettiert. Im Aufsichtsrat werden alle wesentlichen Entscheidungen diskutiert und gefällt. Darüber hinaus existiert ein Operating Committee, welches als Organ der Gesellschafter zur Steuerung der Beteiligung genutzt wird. Insbesondere das Operating Committee, deren Mitglieder sich häufig treffen, wird zum Monitoring und Controlling genutzt: Der neu besetzte Vorstand muss die Entwicklung des Geschäfts und die Umsetzung der einzelnen Maßnahmen präsentieren. Auf noch nicht erledigte Aufgaben und ausstehende Veränderungen wird besonders eingegangen. Gerade im Bereich Monitoring und Controlling kann das Chemieunternehmen von der Expertise der Private Equity-Gesellschaften lernen.

Der Lead Investor tritt jedoch nicht nur in seiner Rolle als Gesellschafter auf, sondern leitet die Refinanzierung des Unternehmens nach dem Beteiligungsbeginn: Die Finanzierung des Chemieunternehmens muss nach einer Change-of-Control-Klausel mit einem Volumen von ca. 1,6 Milliarden Euro komplett neu strukturiert werden, wofür u.a. ein High Yield Bond in Höhe von 550 Millionen Euro ausgegeben wird. Bei der Neustrukturierung der Finanzierung wird auch die Steuerbelastung optimiert, indem Verlustvorträge genutzt werden und Schulden zur Verrechnung in die Länder transferiert werden, in denen Gewinne anfallen.

Da die Nettoverschuldung zu Beteiligungsbeginn bei fast dem 5-fachen des EBITDA liegt, gilt es für die Gesellschafter, die Verschuldung massiv abzubauen. Um dieses Ziel zu erreichen, werden ein Desinvestitions- und ein Kostensenkungsprogramm initiiert.

Durch die Überexpansion vor der Private Equity-Beteiligung verfügt das Chemieunternehmen weltweit über einzelne Tochtergesellschaften und Anlagen, die nicht profitabel sind und ihre Kapitalkosten nicht decken können. Daher liegt mit dem Einverständnis aller Parteien ein besonderer Fokus auf einer geografischen Portfoliooptimierung, bei der ca. 50 Tochtergesellschaften vorwiegend in Kanada, Lateinamerika, Afrika und Asien verkauft werden. Mit den Verkaufserlösen können Schulden abgebaut werden. Weil primär „Verlustbringer" verkauft werden, wird zum einen der Abfluss von Kapital gestoppt und zum anderen die Profitabilität des gesamten Unternehmens erhöht. Zudem werden auch einige profitable Gesellschaften, wie z.B. in Südafrika, veräußert. Insgesamt sollen in drei Jahren 400 Millionen Euro durch die Desinvestitionen erlöst werden. Das verfügbare Kapital wird darüber hinaus genutzt, um in einigen identifizierten Wachstumsregionen, z.B. Osteuropa, selektiv zu investierten, wobei die Ausgaben für Wachstum insgesamt sehr begrenzt sind.

Der Lead Investor und eine internationale Strategieberatung unterstützen das Unternehmen bei der Erstellung eines Kostensenkungs- und Effizienzprogramms, das insbesondere auf die Kernmärkte USA und Europa zugeschnitten ist. Mit über 350 Maßnahmen aus allen Unternehmensbereichen sollen jährlich 100 Millionen Euro Kosten eingespart werden: Der Einkauf wird zentralisiert, die Produktversorgung der Kunden wird optimiert, Overhead- und Personalkosten werden reduziert und der Fuhrpark ausgelagert. Darüber hinaus wird das Forderungsmanagement verbessert und die eingetriebenen Mittel zur Schuldentilgung verwendet. Der Lead Investor greift bei der Restrukturierung zwar nicht ins operative Geschäft ein, doch werden die Fortschritte im Operating Committee und im Aufsichtsrat überwacht. In den Bereichen Monitoring und Controlling sowie Finanzierung kann der Lead Investor die Verantwortlichen des Chemieunternehmens coachen und beratend begleiten, wobei er auch sein Kontaktnetzwerk zur Verfügung stellt.

Mit der Private Equity-Beteiligung ist das Unternehmen erstmals nach über 30 Jahren wieder komplett eigenständig und aus einem Verbund mit dem internationalen Großkonzern ausgestiegen. Die neuen Strukturen sorgen für einen neuen Unternehmergeist, der durch ein Mitarbeiterbeteiligungsprogramm als Anreizsystem für ca. 120 Führungskräfte verdeutlicht wird: Die Führungskräfte können Unternehmensanteile erwerben, die beim Exit des Konsortiums mit verkauft werden. Für die ca. 120 Führungskräfte wird zudem ein Mitarbeiter-Audit durch die Strategieberatung vorgenommen. Auf Basis dieses Audits werden kleinere Veränderungen bei Positionen der jeweiligen Führungskräfte durchgeführt und die Mitarbeiter, soweit notwendig, nachgeschult.

Die eingeleiteten Maßnahmen zur Reduzierung der Schulden verfehlen ihre Ziele nicht. Insgesamt kann eine Entschuldung von 600 Mio. Euro erreicht werden. Dazu tragen im Wesentlichen die Desinvestitionen und das Kostensenkungsprogramm bei. Die Unternehmensstruktur wird weiterhin vereinfacht. So wird z.B. ein zentrales Supply-Chain-Management eingeführt, was das Ergebnis der gesamten Gruppe und nicht jedes einzelnen Standortes optimiert, und eine Abteilung Corporate Treasury wird etabliert, welche die Finanzierung zwischen den einzelnen Tochtergesellschaften und den Banken organisiert.

Die Unternehmensfamilie nutzt während der Beteiligungsphase ihre Kaufoption: Sie möchte nach dem Exit als Alleineigentümer das Familienunternehmen führen. Die Unternehmensfamilie verfügt aber nicht über genügend finanzielle Reserven, um die Anteile des Konsortiums zu übernehmen. Daher werden verschiedene Handlungsalternativen überdacht und schließlich folgendes umgesetzt: Die großen Tochtergesellschaften aus drei Ländern werden zu sehr guten Konditionen an Wettbewerber verkauft. Da diese drei Tochtergesellschaften bisher im eigenen Konzernverbund integriert sind, müssen erhebliche Anstrengungen unternommen werden, um sie aus der Produktion, der IT, der Logistik etc. auszugliedern. Diese Transaktion findet wieder unter der Leitung des Lead Investors statt, der auch die Verkaufsverhandlungen führt. Mit dem zugeflossenen Kapital kann die Unternehmensfamilie das Konsortium ausbezahlen und die Schuldenlast des verbleibenden Unternehmens weiter senken.

Zusätzlich werden Kredite in Höhe von ca. einer halben Milliarde Euro zur Finanzierung des Familienunternehmens aufgenommen. Mit der Zusage der Banken zur Refinanzierung und der Zustimmung der entsprechenden Kartellbehörden verkaufen das Konsortium und ein Familienmitglied, das die Gelegenheit zur Veräußerung nutzt, ca. drei Jahre nach Beteiligungsbeginn ihre Anteile. Die restliche Unternehmensfamilie mit sieben Gesellschaftern und eine Familienstiftung halten, nach ca. 40 Jahren als Minderheitsgesellschafter, nun wieder 100 % der Unternehmensanteile. Der Family Buyback hat zu einer Bereinigung der Anteilseignerstruktur geführt.

4.1.8.3 Analyse der Wertsteigerung

Das Konsortium kann in einem hohen Maße Unternehmenswerte kapern: Beim Einstieg verfügt es gegenüber dem Altgesellschafter, der seine Beteiligung aufgrund einer Portfoliorestrukturierung veräußern möchte und wegen des Gesellschaftsvertrags auf die Zustimmung der Unternehmensfamilie angewiesen ist, über eine erhebliche Verhandlungsmacht, sodass der Kaufpreis sehr stark reduziert werden kann. Die Unternehmensfamilie wird von dieser Wertkaperung nicht beeinflusst, da sie nicht als Verkäufer der Anteile auftritt. Da die Wertkaperung in einem hohen Maße von dem Verhandlungsgeschick des Lead Investors und des Konsortiums abhängt, liegt eine extrinsische Wertkaperung vor, die schließlich mit dem Exit realisiert werden kann.

Als ein wesentlicher Hebel zur Wertschöpfung während der Beteiligungsphase erweist sich die geografische Portfoliooptimierung. Diese wird maßgeblich vom Lead Investor geleitet und gesteuert. Auch beim Verkauf der drei Tochtergesellschaften zur Finanzierung des Family Buybacks profitiert die Unternehmensfamilie von der Expertise des Lead Investors, der einen sehr guten Verkaufspreis erzielen kann.

Der zweite entscheidende Hebel zur Wertschöpfung ist das Kostensenkung- und Effizienzprogramm, welches die Geschäftsführung des Familienunternehmens, das Konsortium und eine Strategieberatung zusammen entwickeln. Über 350 einzelne Maßnahmen, wie z.B. das Outsourcing des Fuhrparks oder die Reduzierung des Working Capitals, werden umgesetzt. Mit dem Operating Committee bringt sich das Konsortium in erheblichem Maße mit eigenem Management in den Prozess ein, wobei die operative Umsetzung der Geschäftsführung obliegt.

Wertsteigerungshebel	
Financial Arbitrage	
Bewertungsänderung	-
Informationsvorsprung	✓
Transaktionskompetenz	✓
Financial Engineering	
Optimierung der Kapitalstruktur	✓
Steuerbelastung	✓
Strategische Ausrichtung	
Strategische Ausrichtung	✓
Operative Unterstützung	
Kostenreduzierung und Margenverbesserung	✓
Kapitalbindung	✓
Verbesserung Management und Personal	✓
Einbringung Managementkapazitäten	✓
Nachhaltigkeit	-
Agency-Kosten	
Optimierung der Anreizsysteme	✓
Monitoring und Controlling	✓
Disziplinierende Funktion von Fremdkapital	-
Monitoring	
Beratung/ Coaching	✓
Netzwerk	✓
Unternehmergeist	✓

Abbildung 47: Genutzte Wertsteigerungshebel (Fall 8). Eigene Darstellung.

Als Hebel der indirekten Wertschöpfung erfolgen Monitoring und Controlling sowie Beratung durch den Aufsichtsrat und das Operating Committee. Beim Controlling und der Finanzierung kann die Geschäftsführung des Familienunternehmens von der Expertise und den Erfahrungen der Private Equity-Gesellschaft profitieren. Des Weiteren beteiligen sich mit dem Einstieg des Konsortiums zur Anreizverstärkung die 120 Führungskräfte an dem Unternehmen.

4.1.8.4 Nicht-monetäre Ziele

Die Unternehmensfamilie und ganz besonders der Nachfolger in der dritten Generation, der während der Beteiligungsphase den Vorsitz der Geschäftsführung innehat, hatten immer zum Ziel, dass das Familienunternehmen eines Tages wieder zu 100 % der Familie gehören sollte. Beim Verkauf des Konzerns und der Beteiligung des Konsortiums erkennt der Nachfolger die einmalige Chance, den lang gehegten Wunsch zu realisieren. Daher setzt er sich in den Beteiligungsverhandlungen vehement für eine Kaufoption ein. Das Konsortium stimmt der Kaufoption unter der Voraussetzung, dass bestimmte Mindestrenditen erwirtschaftet werden können, zu.

Unabhängigkeit und Kontinuität sind die beiden Hauptziele des Nachfolgers, die ihm viel wichtiger sind als die reine Unternehmenswertsteigerung. Ansonsten könnte die Unternehmensfamilie ihre Anteile auch komplett verkaufen: „Und mein Ziel ist [...], am Ende einen Unternehmensteil für die Familie zurückzuerhalten“ (Interviewpartner Familienunternehmen Theta). Der Nachfolger sieht sich in der Tradition seines Großvaters und seines Vaters. Er selbst arbeitet schon seit Jahrzehnten im Unternehmen, dessen Entwicklung und Weitergabe an die nächste Generation für ihn eine Lebensaufgabe darstellen und dem Leben auch Sinn und Identität verleihen. Der Nachfolger empfindet ein „starkes Verantwortungsgefühl“ (Interviewpartner Familienunternehmen Theta). Durch die langjährige Betriebszugehörigkeit hat er einen engen Kontakt und besonderen Zugang zu den eigenen Mitarbeitern, den Fremdmanager nicht so leicht aufbauen können.

Ganz besonders die letzten Jahre während der Minderheitsbeteiligung im Verbund des Großkonzerns haben die Unternehmensfamilie geprägt. Die Erfahrung, dass man sich nach Jahrzehnten guter Zusammenarbeit nicht mehr auf seinen Partner verlassen kann, sind „sehr bitter“ (Interviewpartner Familienunternehmen Theta). Daher kommt dem Wunsch nach Unabhängigkeit eine besondere Bedeutung zu: „Ich wollte eigenständig sein und keinen Partner haben“ (Interviewpartner Familienunternehmen Theta).

Der lang gehegte Wunsch der Unternehmensfamilie nach Unabhängigkeit und Eigenständigkeit erfüllt sich mit dem Family Buyback. „Deshalb bin ich da sehr zufrieden, dass wir das erreicht haben, diese Unabhängigkeit, diese 100 %, und an zweiter Stelle bin ich natürlich auch zufrieden mit den monetären Zielen“ (Interviewpartner Familienunternehmen Theta). Diese Zufriedenheit mit der Erreichung der nicht-monetären Ziele ist im Status Quo sehr groß und zum Teil sogar besser, als die Unternehmensfamilie und der Nachfolger dies jemals erwartet hatten.

	Nicht-monetäre Ziele	
1.	Kontinuität, Tradition, Vermächtnis	✓
2.	Autonomie, Unabhängigkeit, Selbstständigkeit	✓
3.	Macht, Kontrolle	✓
4.	Reputation, Image, Anerkennung, Status, Prestige	✓
5.	Stolz	✓
6.	Sinn, Identität	✓
7.	Harmonie	-
8.	Zugehörigkeitsgefühl, Wohlbefinden	✓
9.	Vertrauen	✓
10.	Verantwortung	✓
11.	Ehrlichkeit, Integrität	-
12.	Verlässlichkeit	-
13.	Berufliche Herausforderung, Ambition	-
14.	Einsatz, Fleiß, Ausdauer	-
15.	Wachstum, Expansion	-
16.	Arbeitsplätze für Familienmitglieder und Zukunftschancen	-
17.	Gutes Verhältnis zu den Kunden	-
18.	Gutes Verhältnis zu den Mitarbeitern	✓

Abbildung 48: Verfolgte nicht-monetäre Ziele (Fall 8). Eigene Darstellung.

4.1.8.5 Zusammenfassung

In den 90er Jahren führt eine Überexpansion des Unternehmens zu einer sehr hohen Verschuldung, als die Unternehmensanteile des Mehrheitsgesellschafters aufgrund einer Portfoliorestrukturierung verkauft werden sollen. Als Käufer zu – aus ihrer Perspektive – sehr guten Konditionen tritt ein Konsortium aus zwei Private Equity-Gesellschaften auf, welches der Unternehmensfamilie eine Kaufoption für ein Family Buyback einräumt.

Im Folgenden muss nach dem Change-of-Control die Unternehmensfinanzierung unter der Führung des Lead Investors komplett neu strukturiert werden. Neben der Wertkaperung durch den geringen Kaufpreis setzt das Konsortium zur Unternehmenswertsteigerung auf direkte und indirekte Wertschöpfung, welche sie während der Beteiligungsphase mit Hilfe des Aufsichtsrats und des Operating Committee begleitet: Durch das Desinvestitions- und Kostensenkungsprogramm kann die Verschuldung des Unternehmens massiv reduziert werden. Insbesondere in den Bereichen Controlling und Finanzierung kann die Geschäftsführung des Unternehmens von der Expertise des Konsortiums profitieren. Innerhalb von ca. drei Jahren kann so die Verschuldung um 600 Millionen Euro reduziert und die Profitabilität stark erhöht werden. Mit dem vom Lead Investor geführten Verkauf der drei großen Tochtergesellschaften wird ein Family Buyback ermöglicht. Für das Konsortium ist der Deal sehr erfolgreich. Ihr eingesetztes Kapital wird mit einem Money Multiple von 2,23 mehr als verdoppelt. Zusammen erhalten Sie für die investierten 618 Millionen Euro nun 1.375 Millionen Euro zurück. Nicht eingerechnet sind Beratungsgebühren des Lead Investors im Rahmen des Desinvestitionsprogramms und des Verkaufs der drei Tochtergesellschaften beim Family Buyback.

Das Familienunternehmen startet nach dem Buyback in verkleinerter Form mit ca. 500 Millionen Euro Umsatz. Über die nächsten Jahre kann es zweistellige Zuwächse beim Umsatz verzeichnen und ist mittlerweile, nach dem Ablauf des Wettbewerbsverbots, wieder in die Länder der verkauften Tochtergesellschaften erfolgreich zurückgekehrt.

So ist auch wirtschaftlich das lang gehegte Ziel der Unabhängigkeit und Kontinuität des Familienunternehmens gesichert, was über einen Umweg einer Private Equity-Beteiligung letztendlich erreicht werden konnte. Die Unternehmensfamilie ist mit dem Erreichtem, sowohl auf monetärer als auch auf nicht-monetärer Ebene mehr als zufrieden.

4.2 Fallübergreifende Untersuchung

4.2.1 Wertsteigerung

4.2.1.1 Analyse

Der Wertsteigerungshebel Financial Arbitrage wird im Kontext von Private Equity-Beteiligungen an Familienunternehmen häufig genutzt. Dabei zeigen die verschiedenen Private Equity-Gesellschaften ihre Transaktionskompetenz: In allen acht Fallstudien verfügen sie über besondere Stärken beim Netzwerk, der Verhandlung, der Bewertung und der Vertragsgestaltung. Die Transaktionsexpertise der Private Equity-

Gesellschaften stellt offensichtlich eine Kernkompetenz dar. So kann z.B. der Lead Investor aus Fall acht aufgrund seiner Verhandlungsmacht gegenüber einem internationalen Großkonzern, der sein Portfolio restrukturieren und seine Mehrheitsanteile am Unternehmen Theta verkaufen möchte, den Einstiegspreis stark reduzieren (Fall 8). In fünf Fällen können die Private Equity-Gesellschaften im Rahmen der Beteiligungssuche das Familienunternehmen als Zielunternehmen identifizieren (Fälle 1, 2, 3, 7, 8). Hilfreich ist dabei das Netzwerk zu (regionalen) Banken und M&A Beratungen. Zudem kann Private Equity-Gesellschaft A im ersten Fall den Käuferwettbewerb begrenzen.

Der Werttreiber Informationsvorsprung spielt in dem genannten Kontext keine bzw. eine untergeordnete Rolle: Nur im Fall acht zeigt der spätere Lead Investor in der Beteiligungsverhandlung besondere Branchenkenntnisse. Hier ist er insbesondere seinen Wettbewerben überlegen. Im Umkehrschluss bedeutet dies, dass sich Private Equity-Gesellschaften an Familienunternehmen beteiligen, auch wenn sie über keine besonderen Informationsvorsprünge gegenüber dem Wettbewerb oder sogar gegenüber dem Familienunternehmen verfügen.

In drei Fällen profitieren die Private Equity-Gesellschaften von Bewertungsänderungen aufgrund von Konjunkturzyklen zwischen Einstiegs- und Ausstiegszeitpunkt (Fälle 1, 5, 7). So kann sich z.B. Private Equity-Gesellschaft G aus Fall sieben während einer Krise in der Industriegüterbranche am Familienunternehmen Eta mit einer Minderheit beteiligen (Fall 7). Der singuläre Exit in Form eines IPOs erfolgt nach längerem konjunkturellen Aufschwung bei einem insgesamt guten Börsenklima. Zudem steigt Private Equity-Gesellschaft D zu einem günstigen Zeitpunkt beim Familienunternehmen Delta ein (Fall 4). Der Exit steht in diesem Fall noch aus. Kurz vor der Wirtschaftskrise der Jahre 2008/ 2009 finanziert Private Equity-Gesellschaft E die Sprunginvestition von Familienunternehmen Theta (Fall 6). Obwohl die Beteiligung langfristig angelegt ist, entfällt durch die Wirtschaftskrise erst einmal die Zahlung von Dividenden. Zumindest im Status Quo scheint der Zeitpunkt der Investition eher ungünstig. Die Hebel Bewertungsänderung aufgrund von regionalen Marktpreisen, von Asset Stripping oder einer strategischen Prämie werden von den Private Equity-Gesellschaften in keinem Fall genutzt.

Zusammenfassend wird der Wertsteigerungshebel Financial Arbitrage von den Private Equity-Gesellschaften zur Wertkaperung häufig eingesetzt. Sie profitieren dabei von ihrem Timing bzgl. Einstieg sowie Exit und ihrer ausgefeilten Transaktionskompetenz.

Financial Engineering spielt im Kontext von Private Equity-Beteiligungen an Familienunternehmen eine untergeordnete Rolle. In einigen Fällen wird die Kapitalstruktur optimiert und in anderen die Steuerbelastung reduziert: Durch die Erhöhung des Eigenkapitals im Zuge der Beteiligung werden in vier Fällen die Fremdkapitalkonditionen verbessert (Fälle 3, 5, 7, 8). Das Familienunternehmen Eta aus Fall sieben kann z.B. mit dem Einstieg der Private Equity-Gesellschaft G die Eigenkapitalquote erhöhen, die Fremdkapitalfinanzierung in einer schwierigen Unternehmenssituation sichern und die Fremdkapitalkosten reduzieren (Fall 7).

Der Leverage Effekt wird nur bei der Beteiligung von Private Equity-Gesellschaft B genutzt (Fall 2). Bei diesem MBI reduziert zugleich der Steuervorteil von Fremdkapital die Steuerlast. Die Ausschüttungspolitik wird in zwei Fällen verändert (Fälle 2, 4). So einigen sich bspw. in Fall vier die Familie als Mehrheitsgesellschafter und die Private Equity-Gesellschaft D als Minderheitsgesellschafter auf eine Erhöhung der Ausschüttungen, nachdem sich das Unternehmen sehr positiv entwickelt hat (Fall 4). In Fall acht werden für das Unternehmen Theta die vorhandenen Verlustvorträge während der Beteiligungsphase mit anfallenden Gewinnen verrechnet (Fall 8).

Insgesamt findet Financial Engineering zur Wertschöpfung durch die Private Equity-Gesellschaften wenig Anwendung. Einzig die automatische Verbesserung von Fremdkapitalkonditionen im Zuge der jeweiligen Eigenkapitalerhöhung findet in vier der untersuchten acht Fälle Verwendung. Anscheinend sind die Möglichkeiten der Private Equity-Gesellschaften für Financial Engineering wegen der Unternehmensfamilie als Co-Eigentümer des jeweiligen Unternehmens begrenzt. Nur im Falle eines Buyouts, wie im Fall vier, kann der Leverage Effekt zur Wertsteigerung uneingeschränkt genutzt werden.

Die Private Equity-Gesellschaften können durch eine veränderte strategische Ausrichtung ihres Portfoliounternehmens zur direkten Wertschöpfung während der Beteiligungsphase beitragen. Insgesamt hat dieser Wertsteigerungshebel jedoch nur eine geringe Bedeutung. In nur zwei Fällen werden die geografischen Märkte durch die jeweilige Private Equity-Gesellschaft verändert (Fälle 1, 8): In Fall eins forciert Private Equity-Gesellschaft A die Ausweitung des Geschäfts von Familienunternehmen Alpha in Asien (Fall 1). In Fall acht findet durch den Lead Investor im ersten Schritt eine geografische Portfoliooptimierung statt (Fall 8). Im zweiten Schritt werden zudem drei Tochtergesellschaften zur Finanzierung des Family Buybacks veräußert.

Darüber hinaus werden in Fall eins zur Verbesserung des Kundenservices weltweit über 100 neue Servicestationen aufgebaut (Fall 1). Die Preispolitik wird vereinheitlicht und das Geschäft mit Mietmaschinen ausgebaut. Durch drei Akquisitionen kann einerseits das Produktportfolio ausgeweitet und andererseits die Zielgruppe vergrößert werden. Auch in Fall vier kann durch eine Fusion das Servicegeschäft des Familienunternehmens Delta gestärkt werden (Fall 4).

Einzelne Werttreiber aus dem Bereich der strategischen Ausrichtung werden also nur in drei von acht Fällen genutzt (Fälle 1, 4, 8). Wenn sie jedoch genutzt werden, ist ihre Bedeutung für eine Wertsteigerung kaum zu unterschätzen: So können z.B. in Fall acht mit der geografischen Portfoliobereinigung von ca. 50 Tochterunternehmen erstens die Profitabilität der Unternehmens Theta erhöht und zweitens die Schulden um 400 Millionen Euro reduziert werden.

Private Equity-Gesellschaften nutzen die Werttreiber der operativen Unterstützung nur in relativ geringem Ausmaß. Nur das Management und das Personal werden in vier der acht Fälle verändert (Fälle 1, 6, 7, 8). In allein drei Fällen wird zusammen mit der jeweiligen Private Equity-Gesellschaft ein neuer CFO bzw. Finanzvorstand berufen (Fälle 1, 6, 7). In Fall acht wird im Zuge der Beteiligung des Konsortiums ein Mitarbeiterbeteiligungsprogramm zur Anreizverstärkung eingeführt (Fall 8). Zudem erfolgt ein Mitarbeiter-Audit, aufgrund dessen Ergebnisse einzelne Veränderungen und Nachschulungen im Bereich der 120 Führungskräfte vorgenommen werden.

Einzelne Managementkapazitäten, die über die Präsenz im jeweiligen Kontrollorgan hinaus gehen, werden in drei Fällen von den Private Equity-Gesellschaften in das entsprechende Unternehmen eingebracht (Fälle 1, 4, 8). In diesen Fällen leiten die Private Equity-Gesellschaften das M&A Geschäft: Zum einen werden Add-On Akquisitionen (Fälle 1, 4), zum anderen Desinvestitionen strukturiert (Fall 8). Bei diesen Transaktionen kann die Private Equity-Gesellschaft ihre Kernkompetenz zur Wertsteigerung des Familienunternehmens anwenden.

In das operative Geschäft greift keine der Private Equity-Gesellschaften direkt ein. Einige überwachen dieses nur über das Kontrollorgan oder besondere Informations- und Veto-Rechte. Andere Private Equity-Gesellschaften helfen bei der Identifizierung der operativen Werttreiber (Fälle 1, 8). Zudem wird die Umsetzungskontrolle in diesen beiden Fällen von einer weiteren Institution wahrgenommen: In Fall eins trifft sich der Vorsitzende der Geschäftsführung der Private Equity-Gesellschaft A mit dem Vorstand des Familienunternehmens monatlich zur Bestimmung von Maßnahmen und zur Kontrolle ihrer Umsetzung (Fall 1). In Fall acht hilft das Operating Committee bei der Entwicklung und Überwachung des Kostensenkungs- und Effizienzprogramms mit insgesamt über 350 einzelnen Maßnahmen aus allen Unternehmensbereichen (Fall 8). So können die Private Equity-Gesellschaften mit Hilfe von Outsourcing und dem Abbau von Personal Kosten reduzieren und Margen verbessern (Fälle 1, 8).

Diese beiden Private Equity-Gesellschaften kontrollieren mit Nachdruck auch eine Verringerung der Kapitalbindung. Sie greifen dabei auf die Werttreiber eines effizienten Ressourceneinsatzes und eines besseren Cash Managements zurück (Fall 1, 8). In Fall acht wird z.B. die Abteilung Corporate Treasury bei Unternehmen Theta eingeführt, welche die zentrale Finanzierung der einzelnen Tochtergesellschaften übernimmt. Darüber hinaus wird in drei Fällen das Working Capital reduziert (Fälle 1, 4, 8).

Die Nachhaltigkeit des Geschäftserfolgs kann mit Innovationen und hoher Kundenzufriedenheit gesichert werden. Nur im ersten Fall werden nach Aufforderung der Private Equity-Gesellschaft A Produktinnovationen, die bereits vom Familienunternehmen Alpha entwickelt sind, schnell zur Marktreife gebracht und ins Produktportfolio aufgenommen (Fall 1). Zudem richtet Private Equity-Gesellschaft A ein besonderes Augenmerk auf die Kundenzufriedenheit, die sich während Beteiligungsphase messbar erhöht (Fall 1). Forschung und Entwicklung wird in keinem untersuchten

Fall ausgeweitet. Anscheinend rechnet sich dieser Werttreiber für die Private Equity-Gesellschaften im Beteiligungszeitraum nicht.

Die Private Equity-Gesellschaften nutzen den Wertsteigerungshebel Agency-Kosten im starken Maße zur Steigerung des Unternehmenswerts: In allen acht Fällen findet ein Monitoring und Controlling durch sie statt (Fälle 1 - 8). Entweder wird die Geschäftsentwicklung durch einen bzw. mehrere Vertreter der Private Equity-Gesellschaft im Kontrollorgan (Fälle 1, 4, 5, 6, 7, 8) oder, wenn es kein Kontrollorgan gibt, direkt durch die Private Equity-Gesellschaft überwacht (Fälle 2, 3). Dabei achten die Private Equity-Gesellschaften darauf, dass das meist monatliche Reporting transparent, ohne Strukturbrüche, aussagekräftig und verlässlich ist. Zum Teil wird das Reporting auch zum Benchmarking mit Wettbewerbern benutzt.

In fünf Fällen werden im Zuge der Beteiligung die Anreizsysteme für Mitarbeiter optimiert (Fälle 1, 2, 4, 6, 8). Nach dem Einstieg von Private Equity-Gesellschaft A als Minderheitsgesellschafter des Familienunternehmens Alpha wird der familienfremde Vorstand mit Unternehmensanteilen in der Höhe von 1 bis 2 % am Eigenkapital beteiligt (Fall 1). Der MBO aus Fall zwei ermöglicht eine geringe Eigenkapitalquote, die auf den neuen Geschäftsführer disziplinierend wirkt (Fall 2). Nur für Unternehmenswert steigernde Maßnahmen ist gerade in der Anfangszeit des Buyouts ausreichend Kapital vorhanden.

Auch Mentoring spielt im Kontext von Private Equity-Beteiligungen an Familienunternehmen eine wichtige Rolle: Die Private Equity-Gesellschaften beraten und coachen das Management des Familienunternehmens in allen acht Fällen (Fälle 1 - 8). Wie beim Monitoring und Controlling wird dies insbesondere von der Private Equity-Vertretung im Kontrollorgan übernommen (Fälle 1, 4, 5, 6, 7, 8). Nur in zwei Fällen erfolgt eine direkte Beratung ohne ein Kontrollorgan (Fälle 2, 3). Beratungsschwerpunkte sind die Unternehmensstrategie und -entwicklung sowie die Unternehmensfinanzierung. Dabei analysieren und diskutieren die Private Equity Vertreter, unterbreiteten Vorschläge und fragen nach Begründungen für Entscheidungen. In weiteren fünf Fällen stellt die jeweilige Private Equity-Gesellschaft dem Familienunternehmen ihr Netzwerk zur Verfügung (Fälle 1, 2, 3, 4, 8). So hat z.B. Private Equity-Gesellschaft B für die Geschäftsführer und Vorstände ihrer Portfoliounternehmen einen Verein gegründet (Fälle 2, 3). Dieser soll als Plattform für einen Erfahrungs- und Gedankenaustausch der Verantwortlichen Unternehmer und Familienunternehmer dienen.

Als Werttreiber spielt die Erweckung eines neuen Unternehmergeists durch die Private Equity-Gesellschaften nach Beteiligungsbeginn eine untergeordnete Rolle. Lediglich in Fall sieben unterstützt die Private Equity-Gesellschaft G den Aufbau neuer Unternehmensstrukturen beim Familienunternehmen Eta (Fall 7): Zuvor war das Unternehmen sehr stark auf den Unternehmer zugeschnitten und von seiner Person abhängig. Durch eine neue Strukturierung und Dezentralisierung kann einerseits die Verantwortung und auch das Risiko auf verschiedene Mitarbeiter verteilt werden. Andererseits verfügen diese Mitarbeiter nun über eine höhere Entscheidungsfreiheit, um in ihrem Entscheidungsbereich erfolgreich handeln zu können. In diesem Sinne wird das Unternehmen auch auf ein IPO vorbereitet. In zwei weiteren Fällen trägt eine ganzheitliche Betrachtung des Unternehmens zur Wertsteigerung bei (Fälle 1, 8). So wird z.B. bei Unternehmen Theta ein zentrales Supply-Chain-Management eingeführt (Fall 8). Dies soll das Ergebnis der Gruppe und nicht der einzelnen Standorte optimieren.

Insgesamt werden von den Private Equity-Gesellschaften zur Wertsteigerung folgende Hebel häufig eingesetzt: Financial Arbitrage, Agency-Kosten und Mentoring. Beim Financial Arbitrage zeigen die Private Equity-Gesellschaften in allen acht Fällen Transaktionskompetenz beim Netzwerk, der Verhandlung, der Bewertung und der Vertragsgestaltung (Fälle 1 - 8) und in fünf Fällen besondere Expertise bei der Zielidentifizierung (Fälle 1, 2, 3, 7, 8). Zudem profitieren in mindestens drei Fällen die Private Equity-Gesellschaften von einem konjunkturellen Aufschwung zwischen Einstieg und Exit (Fälle 1, 5, 7).[6] Monitoring und Controlling werden als Werttreiber im Bereich Agency-Kosten in allen acht Fällen genutzt (Fälle 1 - 8). Zudem werden in fünf Fällen die Anreizsysteme für Führungskräfte optimiert (Fälle 1, 2, 4, 6, 8). Beim Wertsteigerungshebel Mentoring setzen die Private Equity-Gesellschaften auf die Hebel Beratung/ Coaching (Fälle 1 - 8) sowie Netzwerk (Fälle 1, 2, 3, 4, 8).

[6] Bei den Fällen 4 und 6 steht mangels Exit eine abschließende Bewertung noch aus.

Die Wertsteigerungshebel Financial Engineering, strategische Ausrichtung und operative Unterstützung werden weniger genutzt. Hier erfolgt im Zuge der Beteiligung eine Verhandlung von besseren Fremdkapitalkonditionen (Fälle 3, 5, 7, 8) und eine Veränderung in der Zusammensetzung des Managements (Fälle 1, 6, 7, 8).

Wertsteigerungshebel	Fall							
	1.	2.	3.	4.	5.	6.	7.	8.
Financial Arbitrage								
Bewertungsänderung	✓	-	-	✓	✓	✓	✓	-
Informationsvorsprung	-	-	-	-	-	-	-	✓
Transaktionskompetenz	✓	✓	✓	✓	✓	✓	✓	✓
Financial Engineering								
Optimierung der Kapitalstruktur	-	✓	✓	✓	✓	-	✓	✓
Steuerbelastung	-	✓	-	-	-	-	-	✓
Strategische Ausrichtung								
Strategische Ausrichtung	✓	-	-	✓	-	-	-	✓
Operative Unterstützung								
Kostenreduzierung und Margenverbesserung	✓	-	-	-	-	-	-	✓
Kapitalbindung	✓	-	-	✓	-	-	-	✓
Verbesserung Management und Personal	✓	-	-	-	-	✓	✓	✓
Einbringung Managementkapazitäten	✓	-	-	✓	-	-	-	✓
Nachhaltigkeit	✓	-	-	-	-	-	-	-
Agency-Kosten								
Optimierung der Anreizsysteme	✓	✓	-	✓	-	✓	-	✓
Monitoring und Controlling	✓	✓	✓	✓	✓	✓	✓	✓
Disziplinierende Funktion von Fremdkapital	-	✓	-	-	-	-	-	-
Monitoring								
Beratung/ Coaching	✓	✓	✓	✓	✓	✓	✓	✓
Netzwerk	✓	✓	✓	✓	-	-	-	✓
Unternehmergeist	✓	-	-	-	-	-	✓	✓

Abbildung 49: Genutzte Wertsteigerungshebel (Fälle 1 - 8). Eigene Darstellung.

4.2.1.2 Untersuchungsergebnisse

Auf Basis der Analyse, welche Wertsteigerungshebel im Kontext von Private Equity-Beteiligungen an Familienunternehmen durch die Private Equity-Gesellschaften genutzt werden, soll im Folgenden Bezug auf die einzelnen Forschungsfragen genommen werden. Auf Basis der einzelnen Untersuchungsergebnisse werden dann Hypothesen formuliert.

Werden bei Private Equity-Beteiligungen an Familienunternehmen die Unternehmenswerte der Zielunternehmen gesteigert?

In den untersuchten fünf Fällen, bei denen der Exit der Private Equity-Gesellschaft bereits erfolgt ist (Fälle 1, 3, 5, 7, 8), wurde der Unternehmenswert jeweils gesteigert. In den Fällen eins, sieben und acht wuchs der Unternehmenswert im Beteiligungszeitraum um 249, 130 bzw. um 123 % (Fälle 1, 7, 8). In den Fällen drei und fünf konnte der Umsatz um 60 respektive 275 % gesteigert werden (Fälle 3, 5). In beiden Fällen folgt auf einen Jahresverlust zu Beteiligungsbeginn ein Jahresüberschuss im Exitjahr. Auch bei dem nicht abgeschlossenen Beteiligungsfall vier kann bei einer Steigerung von Umsatz (+ 96 %), EBIT (+ 195 %) und Jahresüberschuss (+ 158 %) von einer deutlichen Erhöhung des Unternehmenswerts ausgegangen werden (Fall 4). Bei den Fällen zwei und sechs sind die von den Private Equity-Gesellschaften B und E genutzten Wertsteigerungshebel identifiziert. Weil der Beteiligungsbeginn erst kurze Zeit zurückliegt, kann jedoch keine Aussage über eine Unternehmenswertsteigerung getroffen werden (Fälle 2, 6). Insgesamt ist der Unternehmenswert also bei sechs von acht Fällen während der Beteiligungsphase gestiegen (Fälle 1, 3, 4, 5, 7, 8).

Hypothese 1: Bei Private Equity-Beteiligungen an Familienunternehmen werden die Unternehmenswerte der Zielunternehmen gesteigert.

In welchen Phasen des Beteiligungsprozesses, d.h. in der Investitions-, Beteiligungs- oder Desinvestitionsphase, finden die jeweiligen Wertsteigerungen statt?

Die Untersuchung der durch die Private Equity-Gesellschaften genutzten Wertsteigerungshebel zeigt, dass die Wertsteigerungen in allen drei Phasen des Beteiligungsprozesses anfallen können. In den sechs Fällen, in denen eine Unternehmenswertsteigerung eindeutig festgestellt werden kann, fällt ein Teil der Wertsteigerung in die Investitions- und die Desinvestitionsphase (Fälle 1, 3, 4, 5, 7, 8), da die Werttreiber Bewertungsänderung aufgrund von Konjunkturzyklen (Fälle 1, 4, 5, 7) und Transaktionskompetenz (Fälle 1, 3, 4, 5, 7, 8) genutzt werden.

Der Hauptteil der Unternehmenswertsteigerung findet während der Beteiligungsphase statt. So werden z.B. Fremdkapitalkonditionen verbessert (Fälle 3, 5, 7, 8), das Monitoring und Controlling optimiert (Fälle 1, 3, 4, 5, 7, 8) und die Führung des Familienunternehmens beraten sowie gecoacht (Fälle 1, 3, 4, 5, 7, 8). Zudem greifen alle strategischen (Fälle 1, 4, 8) und operativen Werttreiber (Fälle 1, 4, 7, 8) während der Beteiligungsphase. Dabei wird z.B. das Management des Portfoliounternehmens verändert (Fälle 1, 7, 8). Zusammenfassend werden alle drei Phasen durch die Private Equity-Gesellschaften zur Wertsteigerung genutzt, der Schwerpunkt der Wertsteigerung findet jedoch fallübergreifend während der Beteiligungsphase statt.

Hypothese 2: In allen drei Phasen der Beteiligung werden Unternehmenswerte gesteigert. Der Hauptteil der Wertsteigerung findet während der Beteiligungsphase statt.

Was sind die Gründe für die jeweiligen Wertsteigerungen, liegen diese in der Wertkaperung („value capturing“) oder in der Wertschöpfung („value creation“)?

Die Gründe der Unternehmenswertsteigerungen liegen sowohl in einer Wertkaperung als auch in einer direkten und indirekten Wertschöpfung. Durch ihre Transaktionskompetenz können alle sechs Private Equity-Gesellschaften Unternehmenswerte kapern (Fälle 1, 3, 4, 5, 7, 8). Auch die anziehende Konjunktur unterstützt in vier Fällen die Wertkaperung (Fälle 1, 4, 5, 7). Der primäre Grund der Wertsteigerung ist in den Fällen eins und acht eine direkte Wertschöpfung durch strategische und operative Maßnahmen (Fälle 1, 8). Auch bei den Fällen vier und sieben erfolgt eine direkte Wertschöpfung durch die Private Equity-Gesellschaften. Fallübergreifend jedoch sorgt insbesondere eine indirekte Wertschöpfung in Form von Beratung (Fälle 1, 3, 4, 5, 7, 8), Netzwerk und Monitoring (Fälle 1, 3, 4, 8) sowie Controlling (Fälle 1, 3, 4, 5, 7, 8) für die Unternehmenswertsteigerung.

Hypothese 3: Die Gründe für die jeweiligen Wertsteigerungen liegen sowohl in einer Wertkaperung als auch in einer direkten und indirekten Wertschöpfung. Schwerpunkt der Wertsteigerung ist jedoch die indirekte Wertschöpfung.

Was sind die Quellen für die jeweiligen Wertsteigerungen? Sind sie extrinsischer oder intrinsischer Natur?

Die Quellen der jeweiligen Wertsteigerungen sind extrinsischer Natur (Fälle 1, 3, 4, 5, 7, 8). Nur durch den Einfluss der Private Equity-Gesellschaften werden die einzelnen Wertsteigerungshebel genutzt. Die Private Equity-Gesellschaften unterstützen und fordern vom jeweiligen Leitungsorgan des Unternehmens die Erarbeitung und Umsetzung von Maßnahmen zur Wertsteigerung. Die operative Umsetzung der Maßnahmen verbleibt jedoch beim Management der Portfoliounternehmen. Z.T. sorgt allein die Präsenz der Private Equity-Gesellschaften und ihr „Optimierungsdruck“ während der Beteiligungsphase für eine Umsetzung von Wertsteigerungsmaßnahmen. Diese notwendigen Maßnahmen sind vom Management häufig schon erkannt, aber nicht umgesetzt worden.

Hypothese 4: Die Quellen der jeweiligen Wertsteigerungen sind extrinsischer Natur.

4.2.2 Nicht-monetäre Ziele

4.2.2.1 Analyse

Im Kontext von Private Equity-Beteiligungen an Familienunternehmen verfolgt die Unternehmensfamilie bzw. der Familienunternehmer in sieben der untersuchten acht Fälle die langfristige Existenzsicherung und Kontinuität des Familienunternehmens (Fälle 1, 3, 4, 5, 6, 7, 8). So z.B. hegt der Familienunternehmer aus Fall drei den Wunsch nach Kontinuität und interner Nachfolge (Fall 3). Er selbst ist aus der vierten Generation und hat die Geschäftsführung an seinen Sohn übergeben. Der Familienunternehmer betont, dass auch die Enkel vom Familienunternehmen „noch etwas haben“ sollen (Interviewpartner Familienunternehmen Gamma). Auch der Familienunternehmer aus Fall fünf betont die Bedeutung der langfristigen Existenzsicherung für das Familienunternehmen (Fall 5): „Ich wollte dieses Unternehmen als Familienpersonengesellschaft erhalten“ (Interviewpartner Familienunternehmen Epsilon). Nur in Fall zwei, bei dem der MBO erst kurze Zeit zurückliegt, ist die langfristige Existenzsicherung kein explizites Ziel (Fall 2). Nach dem MBI war dies anfänglich auch für den Unternehmer aus Fall vier so (Fall 4). Jedoch entwickelte er im Laufe der Zeit eine stärkere Bindung zum Unternehmen, sodass er heute eine interne Nachfolge begrüßen würde. Für den Unternehmer aus Fall sechs ist es zwar kein Dogma, dennoch würde auch er eine interne Nachfolge bevorzugen (Fall 6). Insgesamt strebt die Unternehmensfamilie bzw. der Familienunternehmer explizit eine Existenzsicherung als Familienunternehmen an.

Eng verbunden mit dem nicht-monetären Ziel Existenzsicherung und Kontinuität ist der Wunsch nach langfristiger Unabhängigkeit und Selbstständigkeit. In allen acht Fällen spielt dieses Ziel eine wichtige Rolle (Fälle 1 - 8). Für den Unternehmer aus Fall zwei ist dies z.B. der Hauptgrund für seinen MBO (Fall 2). Der Familienunternehmer aus Fall acht musste nach Jahrzehnten guter Zusammenarbeit die Erfahrung machen, dass die Familie sich als Minderheitsgesellschafter auf den alten Partner nicht mehr verlassen kann (Fall 8). Daher kommt dem Ziel der Unabhängigkeit eine besondere Gewichtung zu: „Ich wollte eigenständig sein und keinen Partner haben“ (Interviewpartner Familienunternehmen Theta). Für den Familienunternehmer aus Fall eins hat die Bedeutung von Unabhängigkeit durch die gute Zusammenarbeit mit der Private Equity-Gesellschaft im Beteiligungszeitraum leicht abgenommen (Fall 1).

Die Beteiligung von Private Equity-Gesellschaften an den jeweiligen Familienunternehmen schränkt nach Auffassung der Unternehmensfamilie nicht zwangsläufig die eigene Unabhängigkeit und Selbstständigkeit ein. Zwar verdeutlich Fall sieben die grundsätzlichen Bedenken eines Familienunternehmers gegenüber Private Equity (Fall 7): Für den langjährigen geschäftsführenden Gesellschafter ist die Aufnahme eines Fremden in den Gesellschafterkreis ein „extrem schwerer Schritt“ (Interviewpartner Private Equity-Gesellschaft G). Die Familienunternehmen wollen ihre Unabhängigkeit nicht etwa gegenüber den Private Equity-Gesellschaften, sondern gegenüber den finanzierenden Banken wahren (Fälle 3, 4, 5). Im Umkehrschluss bedeutet all dies, dass eine Private Equity-Beteiligung an einem Familienunternehmen die Existenz und Unabhängigkeit desselben nicht einschränken muss, sondern diese erst ermöglicht bzw. ermöglichen kann.

Kommt es jedoch zu einer Beteiligung, versucht die Unternehmensfamilie Mehrheitsgesellschafter zu werden bzw. zu bleiben. In diesem Sinne ist ihr dann Kontrolle als nicht-monetäres Ziel wichtig (Fälle 2, 4, 6, 8). Nur in Fall acht ist die Familie während der Beteiligungsphase Minderheitsgesellschafter (Fall 8). Gerade die Unternehmer aus relativ jungen Familienunternehmen der ersten Generation betonen die Wichtigkeit ihrer unternehmerischen Freiheit (Fälle 2, 4, 6). Diese schützen sie auch durch Macht und Kontrolle sowohl aus ihrer Eigentümerposition heraus als auch durch ihre Präsenz im Leitungsorgan des Familienunternehmens.

Status, Prestige und Image der Unternehmensfamilie sind im Gegensatz zu Reputation und Anerkennung keine Ziele im Beteiligungskontext (Fälle 1, 2, 6, 8). So hat sich der Unternehmer aus Fall sechs z.B. durch seine harte, ausdauernde und erfolgreiche Arbeit beim Aufbau des Familienunternehmens als Unternehmerpersönlichkeit Reputation und Anerkennung erworben (Fall 6). Diese kann er mit dem Erreichen seiner ambitionierten Wachstumsziele während der Beteiligungsphase weiter ausbauen.

Stolz wird überhaupt nur in zwei Fällen als Ziel im Beteiligungskontext genannt (Fälle 4, 8): In dem einen Fall ist der Unternehmer stolz auf die positive Geschäftsentwicklung nach dem MBO (Fall 4). Im anderen Fall verspürt der Unternehmer Stolz, weil nach dem Family Buyback das Familienunternehmen nach ca. 40 Jahren wieder zu 100 % der Familie gehört (Fall 8).

Für einige Unternehmensfamilien bzw. Familienunternehmer stellt die Entwicklung und Weitergabe des Familienunternehmens die Lebensaufgabe dar: „Dieses Unternehmen ist mein Leben. Ich lebe es mit Haut und Haar“ (Interviewpartner Familienunternehmen Epsilon, Fall 5). Als zentraler Bestandteil des Lebens stiftet das Familienunternehmen generationsübergreifend Sinn und Identität (Fälle 3, 4, 5, 7, 8).

Harmonie hat als nicht-monetäres Ziel überhaupt nur in einem Fall eine – und dazu geringe – Bedeutung (Fall 2): Der Unternehmer betont, dass er aufgrund seiner Persönlichkeit lieber ein harmonisches Arbeitsklima in seinem Unternehmen bevorzugt. Genauso unwichtig sind im Beteiligungskontext die Ziele Zugehörigkeitsgefühl und Wohlbefinden (Fälle 1, 2, 4, 8). Ziel der Familienunternehmen ist ein Zusammenhalt der Mitarbeiter, die sich in einer geringen Fluktuation und hoher Leistungsbereitschaft sowie -fähigkeit zeigt.

Vertrauen wird in fünf Fällen als nicht-monetäres Ziel genannt (Fälle 1, 3, 4, 6, 8). Zum einen ist die Beziehung zur Private Equity-Gesellschaft und zum anderen das Arbeitsklima im jeweiligen Unternehmen durch Vertrauen geprägt. So betonen bspw. beide Vertragsparteien aus Fall sechs, dass Vertrauen das Fundament für eine Zusammenarbeit darstellt (Fall 6).

Das Ziel Übernahme von Verantwortung spielt bis auf die Fälle fünf und sieben in allen Fällen eine explizite Rolle im Beteiligungskontext (Fälle 1, 2, 3, 4, 6, 8): Die Familienunternehmer spüren die Verantwortung, die sie gegenüber den Mitarbeitern, aber insbesondere gegenüber der letzten und der nächsten Generation zur Fortführung des Familienunternehmens haben. Der Familienunternehmer aus Fall acht spricht von einem „starke[n] Verantwortungsgefühl“ (Interviewpartner Familienunternehmen Theta, Fall 8).

Ehrlichkeit und Integrität (Fälle 1, 3, 4, 6) sowie Verlässlichkeit (Fälle 1, 2, 3, 4, 6) bilden in vielen Fällen die Basis für die Arbeit im Familienunternehmen und der Beteiligung. Sie werden z.B. in Fall sechs als Grundvorrausetzung für eine Zusammenarbeit zwischen Unternehmensfamilie und Private Equity-Gesellschaft angesehen (Fall 6).

In vier Fällen wird die Beteiligung im Rahmen einer beruflichen Herausforderung wahrgenommen (Fälle 2, 4, 6, 7). Auffallend ist dabei, dass sie insbesondere in den drei jungen Familienunternehmen festzustellen ist (Fälle 2, 4, 6). In Fall zwei z.B. kann sich der Unternehmer durch den MBO selbstständig machen (Fall 2).

Wachstum ist nur in einem Fall (Fall 7) und Arbeitsplätze für die Familienmitglieder ist in zwei Fällen (Fälle 3, 7) ein nicht-monetäres Ziel im Beteiligungskontext. Durch die Beteiligung wurde in Fall drei die interne Nachfolge von der vierten auf die fünfte Generation ermöglicht (Fall 3). Auch die sechste Generation, im Moment noch minderjährige Kinder, soll in der Zukunft vom Unternehmen profitieren.

Ein gutes Verhältnis zu den Kunden (Fälle 1, 2, 3, 4, 6, 7) und zu den jeweiligen Mitarbeitern (Fälle 1, 2, 3, 4, 6, 7, 8) ist in nahezu allen Familienunternehmen wichtig und wird explizit genannt. Der Unternehmer aus Fall vier z.B. wollte anfänglich das Familienunternehmen zum Ende seiner Karriere zusammen mit der Private Equity-Gesellschaft D an Dritte verkaufen (Fall 4). Durch das gute Verhältnis zu den Mitarbeitern und den Spaß an der Arbeit wünscht er sich inzwischen eine interne Nachfolge, wobei er den Minderheitsanteil der Private Equity-Gesellschaft reduzieren möchte.

	Nicht-monetäre Ziele	Fall							
		1.	2.	3.	4.	5.	6.	7.	8.
1.	Kontinuität, Tradition, Vermächtnis	✓	-	✓	✓	✓	✓	✓	✓
2.	Autonomie, Unabhängigkeit, Selbstständigkeit	✓	✓	✓	✓	✓	✓	✓	✓
3.	Macht, Kontrolle	-	✓	-	✓	-	✓	-	✓
4.	Reputation, Image, Anerkennung, Status, Prestige	✓	✓	-	-	-	✓	-	✓
5.	Stolz	-	-	-	✓	-	-	-	✓
6.	Sinn, Identität	-	-	✓	✓	✓	-	✓	✓
7.	Harmonie	-	✓	-	-	-	-	-	-
8.	Zugehörigkeitsgefühl, Wohlbefinden	✓	✓	-	✓	-	-	-	✓
9.	Vertrauen	✓	-	✓	✓	-	✓	-	✓
10.	Verantwortung	✓	✓	✓	✓	-	✓	-	✓
11.	Ehrlichkeit, Integrität	✓	-	✓	✓	-	✓	-	-
12.	Verlässlichkeit	✓	✓	✓	✓	-	✓	-	-
13.	Berufliche Herausforderung, Ambition	-	✓	-	✓	-	✓	✓	-
14.	Einsatz, Fleiß, Ausdauer	-	✓	✓	✓	-	✓	-	-
15.	Wachstum, Expansion	-	✓	-	✓	-	✓	✓	-
16.	Arbeitsplätze für Familienmitglieder und Zukunftschancen	-	-	✓	✓	-	-	✓	-
17.	Gutes Verhältnis zu den Kunden	✓	✓	✓	✓	-	✓	✓	-
18.	Gutes Verhältnis zu den Mitarbeitern	✓	✓	✓	✓	-	✓	✓	✓

Abbildung 50: Verfolgte nicht-monetäre Ziele (Fälle 1 - 8). Eigene Darstellung.

4.2.2.2 Untersuchungsergebnisse

Verfolgen der Unternehmer und die Unternehmensfamilie im Beteiligungskontext nicht-monetäre Ziele im Bezug auf das Familienunternehmen? Welche Ziele werden verfolgt?

Der Unternehmer und die Unternehmensfamilie verfolgen im Beteiligungskontext eine Vielzahl an nicht-monetären Zielen im Bezug auf das Familienunternehmen. Wichtig sind zum Beispiel die Ziele Verantwortung (Fälle 1, 2, 3, 4, 6, 8), Vertrauen (Fälle 1, 3, 4, 6, 8), Verlässlichkeit (Fälle 1, 2, 3, 4, 6), Sinn sowie Identität (Fälle 3, 4, 5, 7, 8) und ein gutes Verhältnis zur Mitarbeitern (Fälle 1, 2, 3, 4, 6, 7, 8)) und Kunden (Fälle 1, 2, 3, 4, 6, 7). Fallübergreifend können jedoch als nicht-monetäre Kernziele aller acht Beteiligungen die Existenzsicherung des Familienunternehmens (als solches) (Fälle 1, 3, 4, 5, 6, 7, 8) und die Wahrung von Kontinuität und Unabhängigkeit sowie Selbstständigkeit (Fälle 1 - 8) desselben identifiziert werden. Die Kernziele existieren also unabhängig von den Charakteristika der Beteiligung wie z.B. dem Alter des Familienunternehmens, der Unternehmensgröße, dem Beteiligungsanlass, -ansatz oder der Beteiligungsquote und dem Exitkanal. Alle anderen nicht-monetären Ziele haben im Vergleich zu diesen beiden genannten Kernzielen je nach Kontext eine wichtige, aber dennoch untergeordnete Bedeutung. In fünf Fällen betont die

Unternehmensfamilie explizit, dass im Beteiligungskontext die nicht-monetären sogar wichtiger als die monetären Ziele sind (Fälle 1, 2, 3, 5, 8).

Hypothese 5: Im Beteiligungskontext sind nicht-monetäre Ziele relevant und wichtig.

Hypothese 6: Der Unternehmer bzw. die Unternehmensfamilie verfolgen im Beteiligungskontext eine Vielzahl an nicht-monetären Zielen im Bezug auf das Familienunternehmen.

Hypothese 7a: Die beiden wichtigsten nicht-monetären Ziele, die Kernziele, sind eine Existenzsicherung des Familienunternehmens und Wahrung von Unabhängigkeit sowie von Selbstständigkeit desselben.

Hypothese 7b: Alle anderen Ziele, wie z.B. Verantwortung, Vertrauen, Verlässlichkeit, Sinn sowie Identität und ein gutes Verhältnis zur Mitarbeitern und Kunden sind im Beteiligungskontext wichtig, doch den Kernzielen untergeordnet.

Verändern sich diese Ziele im Laufe der Beteiligung?

Insgesamt verändern sich sowohl die beiden Kernziele als auch die restlichen nicht-monetären Ziele im Laufe der acht Beteiligungen nicht. Sie sind also langfristig konstant und unabhängig von äußeren Einflüssen. Auch im Beteiligungskontext bleiben die Existenzsicherung des Familienunternehmens und die Sicherung der Unabhängigkeit desselben die langfristigen und konstanten nicht-monetären Kernziele der Unternehmensfamilie.

Hypothese 8: Die nicht-monetären Ziele des Unternehmers bzw. der Unternehmensfamilie verändern sich im Laufe der Beteiligung nicht.

Werden die angestrebten Ziele erreicht?

Im Status Quo sehen alle Unternehmer bzw. jede Unternehmensfamilie die nicht-monetären Ziele als erreicht an. Diese Aussage trifft sowohl auf die fünf abgeschlossenen Beteiligungsfälle (Fälle 1, 3, 5, 7, 8) als auch für die drei noch laufenden Beteiligungen (Fälle 2, 4, 6) zu. Durch Private Equity-Beteiligungen können also die jeweiligen nicht-monetären Ziele der Unternehmensfamilie, insbesondere die Existenzsicherung des Familienunternehmens und seine Unabhängigkeit, ermöglicht bzw. erreicht werden. In diesem Sinne unterstützen Private Equity-Gesellschaften die Unternehmensfamilie bei der nicht-monetären Zielerreichung.

Hypothese 9: Der Unternehmer bzw. die Unternehmensfamilie erreichen ihre nicht-monetären Ziele im Beteiligungskontext.

Hypothese 10: Eine Private Equity-Beteiligung an einem Familienunternehmen muss nicht zwangsläufig die Existenzsicherung und Unabhängigkeit desselben einschränken. Vielmehr kann durch eine Beteiligung eine Erreichung der jeweiligen nicht-monetären Ziele ermöglicht werden.

Hypothese 11: Ein Unternehmer bzw. eine Unternehmensfamilie strebt eine Private Equity-Beteiligung an, damit sowohl monetäre als auch nicht-monetäre Ziele im Beteiligungskontext erreicht werden können. In diesem Sinne ist eine Private Equity-Beteiligung ein Mittel zur Zielerreichung.

5. Fazit

5.1 Zusammenfassung der Ergebnisse

Trotz ihrer herausragenden nationalen und internationalen ökonomischen Bedeutung hat die betriebswirtschaftliche Forschung den Unternehmenstypus Familienunternehmen lange vernachlässigt. Die Kreditfinanzierung von Familienunternehmen ist durch strengere Eigenkapitalvorschriften für Banken seit der Einführung von Basel II erschwert. Im Zuge dieser Entwicklung gewann Private Equity als innovative Finanzierungsart an Bedeutung und Aufmerksamkeit. Zwar ist das Thema Private Equity damit hochaktuell, fundierte wissenschaftliche Untersuchungen im Schnittpunkt der Themenfelder Familienunternehmen, Unternehmensfinanzierung und Private Equity gibt es jedoch kaum.

Auf Basis dieser Forschungslücke untersucht die vorliegende empirische Forschungsarbeit anhand von acht Fallstudien einerseits Unternehmenswertsteigerungen bei aktuellen und abgeschlossenen Private Equity-Beteiligungen an Familienunternehmen in Deutschland und andererseits die Rolle von nicht-monetären Zielen des Unternehmers bzw. der Unternehmensfamilie in diesem Beteiligungskontext. Die Wertsteigerungen und ihre Entwicklung werden anhand der drei Dimensionen der Phasen der Wertsteigerung, ihrer Gründe und ihrer Quellen analysiert. Die Rolle von nicht-monetären Zielen der Unternehmensfamilie wird anhand ihrer Bedeutung, Veränderung und Erreichung untersucht.

Die empirische Fallstudienuntersuchung konnte zeigen, dass die Familiengesellschafter im Beteiligungskontext sowohl monetäre als auch nicht-monetäre Ziele verfolgen. Einerseits werden Unternehmenswerte gesteigert. Die Wertsteigerung findet maßgeblich während der Beteiligungsphase und in Form von indirekter Wertschöpfung statt. Aufgrund ihrer extrinsischen Struktur wird die Wertsteigerung durch die Private Equity-Gesellschaft initiiert, hervorgerufen und beeinflusst.

Andererseits verfolgen der Unternehmer bzw. die Unternehmensfamilie im Beteiligungskontext eine Vielzahl an langfristigen und konstanten nicht-monetären Zielen im Bezug auf das Familienunternehmen. Die Kernziele sind die Sicherung der Existenz und der Unabhängigkeit. Die Fallstudien zeigen, dass die angestrebten Ziele im jeweiligen Status Quo erreicht sind und Private Equity-Beteiligungen an Familienunternehmen nicht zwangsläufig die Existenzsicherung und Unabhängigkeit desselben einschränken müssen, da durch eine Beteiligung die jeweiligen nicht-monetären Ziele erreicht werden können.

Zusammengefasst nutzen der Unternehmer bzw. die Unternehmensfamilie Private Equity als ein Hilfsmittel zur Realisierung von sowohl monetären als auch nicht-monetären Zielen. Eine Private Equity-Beteiligung wird also dann eingegangen, wenn mit ihr diese verschiedenartigen Ziele erreicht werden können.

5.2 Empfehlung an die Praxis

Ausgangsbasis für die Empfehlungen an die Praxis sind die vorliegenden Forschungsergebnisse (vgl. Kapitel 4.1. und 4.2.). Die Empfehlungen an die Praxis richten sich einerseits an Familienunternehmen, also Familienunternehmer und Familiengesellschafter, und andererseits an Private Equity-Gesellschaften, d.h. an Private Equity-Professionals.

5.2.1 Für Familienunternehmen

Zentral für Familienunternehmen ist die Erkenntnis, dass bei Private Equity-Beteiligungen an Familienunternehmen Unternehmenswerte gesteigert werden können. Trotz der vorherrschenden Skepsis gegenüber Private Equity als Finanzierungsart, kann die vorliegende Arbeit zeigen, dass die Familiengesellschafter durch direkte und indirekte Wertschöpfung primär während der Beteiligungsphase von der Wertsteigerung profitieren können. Insbesondere von der Expertise der Private Equity-Gesellschaften in den Bereichen Corporate Governance, Finanzierung, M&A und Strategie kann das Familienunternehmen lernen.

Trotzdem muss den Familienunternehmen bewusst sein, dass Private Equity-Gesellschaften Partner auf Zeit sind. Denn die Realisierung und Monetarisierung der Wertsteigerung ist zentraler Bestandteil des Geschäftsmodells. Private Equity stellt eine teure Finanzierungsart mit einem hohen Renditeanspruch dar. Daher sollte sie nur bei konkreten Beteiligungsanlässen und auch nur in einer bestimmten Phase eingesetzt werden, wie z.B. für einen Gesellschafterausstieg. Dabei ist zu beachten, dass Private Equity-Beteiligungen in jeder Hinsicht „front loaded“ sind: Der Auswahl des richtigen Partners kommt eine große Bedeutung zu. Der Private Equity-Markt für Beteiligungen an Familienunternehmen ist wegen der begrenzten Anzahl von Anbietern im deutschsprachigen Raum sehr überschaubar.

Die handelnden Personen der jeweiligen Private Equity-Gesellschaft sind entscheidend für eine erfolgreiche Zusammenarbeit. Gerade Familienunternehmen sollten bei den Verhandlungspartnern auf eine gewisse „Family Awareness", d.h. auf ein vorhandenes Bewusstsein für die Besonderheiten von Familienunternehmen, achten. Zudem muss das Profil der jeweiligen Private Equity-Gesellschaft zu den monetären und nicht-monetären Anforderungen des Familienunternehmens passen. Einen guten Indikator für die Anforderungen stellt der Beteiligungsanlass dar.

Im Beteiligungsvertrag müssen alle wichtigen Elemente der Beteiligung erfasst werden, insbesondere mögliche Exitoptionen und -kanäle sowie die Art der Berechnung der Unternehmenswertsteigerung zwischen Beteiligungsbeginn und Exit. Damit können beide Vertragspartner Konflikten zu einem späteren Zeitpunkt entgehen. Zudem sollten die Bedingungen für einen Drag-Along vertraglich fest gehalten werden. Die meisten Private Equity-Gesellschaften werden nicht auf eine Drag-Along Klausel verzichten, da sie ihnen als „Fallschirm" bei einer schlechten Unternehmensentwicklung dient.

Insgesamt zeigt sich, dass Private Equity an sich „weder gut noch schlecht ist". Es ist eine Finanzierungsart, die für Familienunternehmen die Möglichkeiten der Finanzierung zuerst einmal erweitert. Die vorliegende Untersuchung zeigt, dass Private Equity ein Mittel zur Erreichung monetärer und nicht-monetärer Ziele von Familienunternehmen sein kann.

5.2.2 Für Private Equity-Gesellschaften

Private Equity-Gesellschaften können in den untersuchten Fällen mit Beteiligungen an Familienunternehmen Unternehmenswertsteigerungen realisieren und monetarisieren. Die große Anzahl an Familienunternehmen in Deutschland stellt also potentiell einen Markt für einzelne Private Equity-Gesellschaften dar. Um einen besseren Überblick über das Volumen und die Zusammensetzung des Private Equity-Markts für Familienunternehmen in Deutschland zu bekommen, wäre eine gemeinsame Datenbank der Private Equity-Branche wünschenswert.

Dass der Beteiligungsmarkt für Private Equity-Gesellschaften an Familienunternehmen auch lukrativ sein kann, zeigen die hohen IRRs und Money Multiples in den einzelnen Fallstudien: Die IRRs p.a. liegen sehr deutlich im zweistelligen Prozentbereich und die Money Multiples oberhalb von zwei, was mehr als eine Verdoppelung der investierten Mittel bedeutet. Hohe Wertsteigerungen und (Minderheits-)Beteiligungen an Familienunternehmen schließen sich also nicht gegenseitig aus. Im Umkehrschluss bedeutet dies, dass Private Equity-Gesellschaften nach eingehender Prüfung und fallbezogen auch Minderheitsbeteiligungen eingehen können. Dabei ist jedoch erforderlich, dass sie ihr Geschäftsmodell flexibel dem jeweiligen Deal anpassen, da Standardprodukte die Wünsche von Familienunternehmen nicht abdecken können. Dafür sind Familienunternehmen, ihre Anforderungen und die einzelnen Beteiligungsanlässe zu unterschiedlich.

Bei Minderheitsbeteiligungen können Private Equity-Gesellschaften durch eine Earn Out-Struktur eine Mindestrendite sicherstellen. Auch Private Equity-Gesellschaften haben ein Interesse, das Verfahren zur Messung der Wertsteigerung und die Bedingungen des Drag-Alongs zu Beteiligungsbeginn genau zu definieren. Der mögliche Drag-Along und die verschiedenen Exitkanäle sind für Familienunternehmer wegen des potentiellen Eigentumsverlusts ein kritisches Thema. Dies sollte bei den Vertragsverhandlungen bedacht werden. In Beteiligungsverhandlungen wählen Familienunternehmen nicht unbedingt eine Private Equity-Gesellschaft als Partner aus, die in ihrem Trackrecord die höchsten IRRs und Money Multiples vorweisen kann. Vielmehr suchen sie kompetente Partner auf Zeit, denen sie vertrauen können und die über eine „Family Awareness“ verfügen. Private Equity-Gesellschaften, die sich auf Beteiligungen an Familienunternehmen spezialisieren, sollten diesen Aspekt in Verhandlungen deutlich zeigen. Zudem können sie in ihrer Außerdarstellung betonen, dass sie Kapital zur Verfügung stellen, welches der Erreichung monetärer und nicht-monetärer Ziele dient.

5.3 Ausblick auf die weitere Forschung

Die vorliegende Forschungsarbeit leistet einen Beitrag zur Schließung von Forschungslücken im Schnittpunkt der Themenfelder Familienunternehmen, Finanzierung und Private Equity. Sie bildet eine gute Ausgangsbasis für weitere Forschungsarbeiten. Im Folgenden werden hierfür Ansatzpunkte vorgestellt:

- Sowohl die Private Equity-Branche als auch Familienunternehmen sind zum größten Teil sehr verschwiegen, was den Zugang zu geeigneten Fallstudien erheblich erschwert. Wenn überhaupt, ist der Zugang nur zu „Erfolgsfällen“ und nicht zu „Misserfolgsfällen“ möglich (Sampling Bias). Mit einem Zugang zu „Misserfolgsfällen“ würde die Qualität des Samplings und daher auch die Qualität der Forschungsergebnisse erhöht werden.

- Zwar betont eine Vielzahl von Forschern die Wichtigkeit von nicht-monetären Zielen bei Familienunternehmen (vgl. Abschnitt 2.3.4.). Bisher jedoch gibt es in diesem Themengebiet wenige Forschungsergebnisse. Insbesondere eine Kategorisierung und Strukturierung der nicht-monetären Ziele anhand von verschiedenen Parametern wäre wünschenswert. Zudem könnte bei den nicht-monetären Zielen stärker zwischen den Positionen der Betrachtung differenziert werden. Eine Unterscheidung in Ziele der Unternehmensfamilie (Gesamtgruppe), eines Familienstamms (Untergruppe) oder einer einzelnen Person (Individuum) scheint sinnvoll. Auch eine Unterscheidung in die sieben möglichen Rollen, die sich aus dem Drei-Kreis-Modell von TAGIUI/ DAVIS ergeben, ist denkbar.

- Die vorliegende empirische Untersuchung bezieht sich auf Private Equity-Beteiligungen an Familienunternehmen in Deutschland. Eine länderübergreifende Untersuchung könnte sowohl monetäre als auch nicht-monetäre Gemeinsamkeiten und Unterschiede aufdecken.

- Die Arbeit differenziert nicht nach Ausprägungen und Arten von Familienunternehmen, wie z.B. der Größe, dem Alter, der Gesellschafterstruktur, und Private Equity-Gesellschaften, wie z.B. dem Profil oder der Investitionsschwerpunkte. Zudem wird nicht zwischen den verschiedenen Arten des Deals, wie z.B. den Beteiligungsanlässen, oder Beteiligungsquoten, unterschieden. Vielleicht bestehen für verschiedene Kategorien von Familienunternehmen, Private Equity-Gesellschaften und Deals Unterschiede und/ oder Gemeinsamkeiten sowohl auf monetärer als auch auf nicht-monetärer Analyseebene.

- Die vorliegende Forschungsarbeit ist als deskriptive Analyse angelegt. Ziel einer präskriptiven Arbeit könnte die Beantwortung folgender Fragen sein: Unter welchen Umständen und bei welchen monetären sowie nicht-monetären Zielen ist eine Private Equity-Beteiligung an Familienunternehmen erstrebenswert? Wann verspricht sie Erfolg?

- Die 16 Experteninterviews wurden jeweils zu einem bestimmten Zeitpunkt geführt. Denkbar ist eine Längsschnittanalyse mit Befragungen zu unterschiedlichen Zeitpunkten, sodass insbesondere Veränderungen und Entwicklungen monetärer und nicht-monetärer Aspekte untersucht werden können.

- Obwohl das Thema Private Equity in Familienunternehmen hochaktuell ist, gibt es nur sehr wenige belastbare Forschungsergebnisse. Für weitere Arbeiten in diesem Forschungsbereich fehlt insbesondere der Aufbau einer unabhängigen Datenbank. Der Aufbau dieser Datenbank wäre auch die Grundlage für quantitative empirische Untersuchungen. Mit Hilfe einer solchen Datenbank könnten die in der vorliegenden Arbeit entwickelten Hypothesen überprüft werden.

6. Literaturverzeichnis

ACHLEITNER, A.K./ SCHRAML, S.C./ KLÖCKNER, O. (2008)

Wie professionell ist die Unternehmensfinanzierung tatsächlich? München: Center for Entrepreneurial and Financial Studies, Alphazirkel, Droege & Comp.

AFIC (2005)

La création de valeurs, résultat d'une alchemie entre entrepreneurs et investisseurs en capital. Paris. Quelle: www.afic.asso.fr/Images/Upload/DOCUMENTS/in-vestissement_valeurs_etude_081205.pdf. Letzter Zugriff: 06.02.2010.

AIFI (2006)

The Economic Impact of Private Equity and Venture Capital in Italy. Mailand. Quelle: www.aifi.it/EN/PDF/Statistiche/TheEconomicImpactofPEandVCItaly.pdf. Letzter Zugriff: 06.02.2010.

ALBACH, H. (2002)

Hat das Familienunternehmen eine Zukunft? In: Zeitschrift für Betriebswirtschaft, 05/2002, S. 163 – 181.

ANDERSSON, T./ CARLSEN, J./ GETZ, D. (2002)

Family Business Goals in the Tourism and Hospitality Sector: Case Studies and Cross-Case Analysis from Australia, Canada and Sweden. In: Family Business Review, 15 (2), S. 89 – 106.

ARONOFF, C./ WARD, J. (2001)

Family Business Ownership: How To Be An Effective Shareholder. Family business leadership series. Marietta (Georgia), USA: Family Enterprise Publishers.

ARONOFF, C. (2004)
Self-Perpetuation Family Organization Built on Values: Necessary Condition for Long-Term Family Business Survival. In: Family Business Review, 17 (1), S. 55 – 59.

ASCRI (2007)
Economic and Social Impact of Venture Capital and Private Equity in Spain. Madrid. Quelle: www.ascri.org. Letzter Zugriff: 06.02.2010.

ASTRACHAN, J.H./ KLEIN, S.B./ SMYRNIOS, K.X. (2002)
The F-PEC Scale of Family Influence: A proposal for Solving the Family Business Definition Problem. In: Family Business Review, 15 (1), S. 45 – 58.

ASTRACHAN, J.H./ JASKIEWICZ, P. (2008)
Emotional Returns and Emotional Costs in Privately Held Family Businesses: Advancing Traditional Business Valuation. In: Family Business Review, 21 (2), S. 139 – 149.

ATTESLANDER, P. (2006)
Methoden der empirischen Sozialforschung, 11. Aufl. Berlin: Erich Schmidt Verlag.

BADER, H (1996)
Private Equity als Anlagekategorie. Theorie, Praxis und Portfoliomanagement für institutionelle Investoren. Bern: Verlag Haupt.

BAKHAYA, Z. (2006)
Wertorientierte Unternehmenssteuerung in Private Equity-finanzierten Unternehmen. Eine konzeptionelle und empirische Untersuchung zu ihrer Implementierung und Ausgestaltung. Hamburg: Verlag Dr. Kovac.

BARNEY, J.B. (1991)
Firm Resources and Sustained Competitive Advantage. In: Journal of Management, 17 (1), S. 99 – 120.

BENNER, D.P. (2009)
Akquisitionsprozesse bei Familienunternehmen. Hamburg: Verlag Dr. Kovac.

BERG, A. (2004)
What is Strategy for Buyout Associations? Berlin: Verlag für Wissenschaft und Forschung.

BERG, A./ GOTTSCHALG, O. (2004)
Understanding Value Generation in Buyouts. In: European Venture Capital Journal, July/ August 2004, S. 22 - 24."

BERG, A./ GOTTSCHALG, O. (2005)
Understanding Value Generation in Buyouts. Working Paper.

BERGHE, L. VAN DEN/ CARCHON, S. (2002)
Family business research: Corporate governance practices in Flemish family businesses. In: Corporate Governance: An International Review, 10 (3), S. 225 – 245.

BORTZ, J./ DÖRING, N. (2006)
Forschungsmethoden und Evaluation für Human- und Sozialwissenschaftler, 4. Aufl. Heidelberg: Springer Verlag.

BÖHM, A. (2005)
Theoretisches Codieren: Textanalyse in der Grounded Theory. In: Flick, U./ von Kardorff, E./ Steinke, I. (Hg.): Qualitative Forschung: Ein Handbuch, S. 475 – 485. Reinbek bei Hamburg: Rowohlt Taschenbuch Verlag.

BREBECK, F./ KOTHES, W./ SCHÖNBECK, T. (2005)
Traditionelle und innovative Unternehmensbewertung durch Finanzinvestoren. In: Berens, W./ Brauner, H.U./ Frodermann, J. (Hg.): Unternehmensentwicklung mit Finanzinvestoren, S. 87 – 112. Stuttgart: Schäffer Poeschel.

BREID, V. (1995)
Aussagefähigkeit agencytheoretischer Ansätze im Hinblick auf die Verhaltenssteuerung von Entscheidungsträgern. In: Schmalenbachs Zeitschrift für betriebswirtschaftliche Forschung, 47 (9), S. 821 – 854.

BRETTEL, M./ KAUFFMANN, C./ KÜHN, C./ SOBCZAK, C. (2008)
Private Equity-Investoren. Eine Einführung. Stuttgart: Kohlhammer.

BUNDESBANK (2009)
Basel II - Die neue Baseler Eigenkapitalvereinbarung. Quelle: http://www.bundesbank.de/bankenaufsicht/bankenaufsicht_basel.php. Letzter Zugriff: 20.11.2009.

BUSCHMANN, H. (2006)
Erfolgreiches Turnaround-Management. Wiesbaden: Deutscher Universitäts-Verlag.

BVCA (2006)
The Economic Impact of Private Equity in the United Kingdom. London. Quelle: admin.bvca.co.uk/library/documents/The_Economic_Impact_of_Private_Equity-_in_the_UK.pdf. Letzter Zugriff: 06.02.2010.

BVK (2005)
Der Einfluss von Private Equity-Gesellschaften auf die Portfoliounternehmen und die deutsche Wirtschaft. Quelle: www.bvkap.de/media/file/54.equity_portfolio.pdf. Letzter Zugriff: 09.02.2010.

BVK (2008A)

BVK Statistik. Das Jahr 2007 in Zahlen. Quelle: http://www.bvkap.de/media/file/163.BVK_Jahresstatistik_2007_final_210208.pdf. Letzter Zugriff: 09.02.2010.

BVK (2008B)

BVK Statistik. Teilstatistik – Aktivitäten der Mittelständischen Beteiligungsgesellschaften 2007. Quelle: www.bvkap.de/privateequity.php/cat/93/aid/444/title-/Archiv_Teilstatistiken_2007. Letzter Zugriff: 09.02.2010.

BVK (2009A)

BVK Statistik. Das Jahr 2008 in Zahlen. Quelle: www.bvkap.de/privateequity.php/cat/42/aid/440/title/Jahresstatistik_2008. Letzter Zugriff: 09.02.2010.

BVK (2009B)

Peine-Gruppe GmbH: Mit Private Equity in die Zukunft. Quelle: www.bvkap.de/privateequity.php/cat/119/aid/353/start/20/title/Peine-Gruppe_GmbH:_Mit-_Private_Equity_in_die_Zukunft. Letzter Zugriff: 09.02.2010.

BVK (2010)

Aufgaben und Ziele des BVK. Quelle: www.bvkap.de/privateequity.php/cat/17/aid/10/title/Aufgaben_und_Ziele_des_BVK. Letzter Zugriff: 09.02.2010.

CALDER, G.H. (1961)

The peculiar problems of family business. In: Business Horizons, 4 (3), S. 93 – 102.

CARLOCK, R.S./ WARD, J.L. (2001)

Strategic Planning for the Family Business. Basingstoke, England: Palgrave.

CHRISMAN, J./ CHUA, J./ SHARMA, P. (1996)
A Review and Annotated Bibliography of Family Business Studies. Boston, USA: Kluwer.

CHRISMAN, J.J./ CHUA, J.H./ SHARMA, P. (2003)
Current Trends and Future Directions in Family Business Management Studies: Toward a Theory of the Family Firm. Coleman White Paper Series. Quelle: usasbe.org/knowledge/whitepapers/chrisman2003.pdf. Letzter Zugriff: 17.01.2010.

CHRISMAN, J.J./ CHUA, J.H./ SHARMA, P. (2005)
Trends and Directions in the Development of a Strategic Management Theory of the Family Firm. In: Entrepreneurship Theory & Practice, 29 (5), S. 555 – 575.

CRUIKSHANK, E.D. (2006)
Adding Value in Private Equity. London, England: Euromoney Books.

DANIELS VON, H. (2004)
Private Equity Secondary Transactions. Chancen und Grenzen des Aufbaus eines institutionalisierten Secondary Market. Wiesbaden: Deutscher Universitäts-Verlag.

DAVIS, J.H./ SCHOORMAN, F.D./ DONALDSON, L. (1997)
Toward a Stewardship Theory of Management. In: Academy of Management Review, 22 (1), S. 20 – 47.

DEBICKI, B.J./ MATHERNE, C.F. III/ KELLERMANNS, F. W./ CHRISMAN, J.J. (2009)
Family Business Research in the New Millenium: An Overview of the Who, the Where, the What, and the Why. In: Family Business Review, 22 (2), S. 151 – 165.

DENZIN, N. (1989)
The Research Act, 3. Aufl. Englewood Cliffs, USA: Prentice Hall.

DIEKMANN, A. (1995)
Empirische Sozialforschung. Reinbek bei Hamburg: Rowohlt Taschenbuch Verlag.

DILL, M. (2008)
Private Equity im Mittelstand. Marburg: Tectum Verlag.

DILLER, C. (2007)
Private Equity: Rendite, Risiko und Markteinflussfaktoren. Bad Soden/Ts.: Uhlenbruch Verlag.

DONALDSON, L. (1990)
The Ethereal Hand: Organizational Economics and Management Theory. In: Academy of Management Review, 15 (3), S. 369 – 381.

DONALDSON, L./ DAVIS, J.H. (1991)
Stewardship Theory or Agency Theory: CEO Governance and Shareholder Returns. In: Australian Journal of Management, 16 (1), S. 49 – 64.

DONNELLEY, R. (1964)
The family business. In: Harvard Business Review, 4 (2), S. 93 – 105.

DUNN, R. (1995)
Success Themes in Scottish Family Enterprises: Philosophies and Practices Through the Generations. In: Family Business Review, 8 (1), S. 17 – 28.

ESPEL, P. (2008)
Privates Beteiligungskapital im Mittelstand. Eine verhaltenspsychologisch fundierte Betrachtung der nachfrageseitigen Nutzungsintention. Wiesbaden: Deutscher Universitäts-Verlag.

EVCA (2003)

Survey of the Economic and Social Impact of Management Buyouts and Buyins in Europe. Brüssel. Quelle: www.evca.eu/uploadedFiles/Home/Knowledge_Center/EVCA_Research/Economical_Impact/EconomicImpactBuyouts.pdf. Letzter Zugriff: 09.02.2010.

EVCA (2005A)

Private Equity and Generational Change. Brüssel. Quelle: http://www.evca.eu/UploadedFiles/d_private_equity_and_generational_change_2005.pdf. Letzter Zugriff: 09.02.2010.

EVCA (2005B)

Employment Contribution of Private Equity and Venture Capital in Europe. Brüssel. Quelle: www.evca.eu/uploadedFiles/Home/Knowledge_Center/EVCA_Research/Economical_Impact/evca_employment_contribution_pe_2005.pdf. Letzter Zugriff: 09.02.2010.

EVCA (2009)

Private Equity. Quelle: http://www.evca.eu/toolbox/glossary.aspx?id=982. Letzter Zugriff: 09.02.2010.

FARSCHTSCHIAN, P. (2009)

Strategische Beurteilung von Private-Equity-finanzierten Buyouts. Bern: Haupt Verlag

FENN, G. W./ LIANG, J. N./ PROWSE, S. D. (1997)

The private equity market. An overview. In: Financial markets, institutions & instruments, 6 (4), S. 1 – 106.

FLICK, U. (1995)
Qualitative Forschung: Theorie, Methoden, Anwendung in Psychologie und Sozialwissenschaften. Reinbek bei Hamburg: Rowohlt Taschenbuch Verlag.

FLICK, U. (2004)
Triangulation. Wiesbaden: VS Verlag für Sozialwissenschaften.

FLICK, U. (2005A)
Design und Prozess qualitativer Forschung. In: Flick, U./ von Kardorff, E./ Steinke, I. (Hg.) Qualitative Forschung: Ein Handbuch, S. 252 – 265. Reinbek bei Hamburg: Rowohlt Taschenbuch Verlag.

FLICK, U. (2005B)
Triangulation in der qualitativen Forschung. In: Flick, U./ von Kardorff, E./ Steinke, I. (Hg.) Qualitative Forschung: Ein Handbuch, S. 309 – 318. Reinbek bei Hamburg: Rowohlt Taschenbuch Verlag.

FLICK, U./ BAUER, M. (2005)
Qualitative Forschung lehren. In: Flick, U./ von Kardorff, E./ Steinke, I. (Hg.) Qualitative Forschung: Ein Handbuch, S. 600 – 614. Reinbek bei Hamburg: Rowohlt Taschenbuch Verlag.

FROSCHAUER, U./ LUEGER, M. (2003)
Das qualitative Interview. Wien: WUV-Universitätsverlag.

GALLO, M.A./ TAPIES, J./ CAPPUYNS, K. (2004)
Comparison of Family and Nonfamily Business: Financial Logic and Personal Preferences. In: Family Business Review, 17 (4), S. 303 – 318.

GARCIA-ALVAREZ, E./ LOPEZ-SINTAS, J. (2001)
A Taxonomy of Founders Based on Values: The Root of Family Business Heterogeneity. In: Family Business Review, 14 (3), S. 209 – 230.

GEIDNER, A. (2009)

Der Wandel der Unternehmensführung in Buyouts. Wiesbaden: Gabler.

GERSICK, K.E./ DAVIS, J.A./ MCCOLLOM HAMPTON, M./ LANSBERG, I. (1997)

Generation to Generation – Life Cycles of the Family Business. Boston, USA: Harvard School Press.

GLASER, B./ STRAUSS, A. (1967)

The discovery of grounded theory. Chicago, USA: Aldine.

GLÄSER, J./ LAUDEL, G. (2004)

Experteninterviews und qualitative Inhaltsanalyse. Wiesbaden: VS Verlag für Sozialwissenschaften.

GÖBEL, E. (2002)

Neue Institutionenökonomik. Stuttgart: Lucius & Lucius.

GOING PUBLIC MAGAZIN (2009)

Sonderausgabe Corporate Finance & Private Equity Guide 2009: „Who is who 2009?“. München: Going Public Media AG.

GOMPERS, P./ LERNER, J. (2004)

The Venture Capital Cycle. 2 Aufl. Cambridge, USA: MIT Press.

GROH, A. (2004)

Risikoadjustierte Performance von Private Equity-Investitionen. Wiesbaden: Gabler Verlag.

GUTH, W./ TAGIURI, R. (1965)

Personal values and corporate strategy. In: Harvard Business Review, 12 (4), S. 123 – 132.

HABBERSHON, T./ WILLIAMS, M. (1999)
A resource-based framework for assessing the strategic advantages of family firms. In: Family Business Review, 12 (1), S. 1 – 22.

HABBERSHON, T./ WILLIAMS, M./ MACMILLAN, I. (2003)
A unified systems perspective of family firm performance. In: Journal of Business Venturing, 18 (4), S. 451 – 465.

HACK, A. (2009)
Sind Familienunternehmen anders? Eine kritische Bestandsaufnahme des aktuellen Forschungsstands. In: ZfB Special Issue (2/2009): Management von Familienunternehmen, S. 1 – 29. Wiesbaden: Gabler.

HAGENMÜLLER, M. (2004)
Investor Relations von Private Equity-Partnerships. Sternenfels: Verlag Wissenschaft und Praxis.

HANDELSBLATT ONLINE (2006)
Permira verkauft Rodenstock wieder (22.12.2006). Quelle: www.handelsblatt.com/unternehmen/industrie/permira-verkauft-rodenstock-wieder;11917-43. Letzter Zugriff: 13.01.2010.

HANDELSBLATT ONLINE (2007)
Die Zeit der Rodenstocks geht zu Ende (15.01.2007). Quelle: www.handelsblatt.com/unternehmen/industrie/die-zeit-der-rodenstocks-geht-zu-en-de;120-6782. Letzter Zugriff: 13.01.2010.

HANDLER, W.C. (1989)
Methodological Issues and Considerations in Studying Family Businesses. In: Family Business Review, 2 (3), S. 257 – 276.

HELBLING, C. (1995)
Unternehmensbewertung und Steuern, 8 Aufl. Düsseldorf: IDW-Verlag.

HELWING, B. (2008)
Qualitative Bewertung von Kapitalbeteiligungsgesellschaften. Sternenfels: Verlag für Wissenschaft und Praxis.

HOFFMANN, N. (2008)
German Buyouts Adopting a Buy and Build Strategy. Wiesbaden: Gabler Verlag.

HOHMANN, D. (2005)
Die Finanzierung der Unternehmensnachfolge. Gestaltungsempfehlungen für Private Equity-Beteiligungen im Mittelstand. Berlin: Wissenschaftlicher Verlag Berlin.

HOMMEL, U./ RITTER, M./ WRIGHT, M. (2003)
Verhalten der Beteiligungsfinanzierer nach dem Downturn. In: Finanz Betrieb, 5 (5), S. 323 – 333.

HOPF, C. (2005)
Qualitative Interviews – Ein Überblick. In: Flick, U./ von Kardorff, E./ Steinke, I. (Hg.): Qualitative Forschung: Ein Handbuch, S. 349 – 360. Reinbek bei Hamburg: Rowohlt Taschenbuch Verlag.

INSTITUT FÜR MITTELSTANDSFORSCHUNG BONN (2008)
Anteil der Familienunternehmen in Deutschland 2005. Quelle: http://www.ifm-bonn.org/index.php?id=546. Letzter Zugriff: 04.11.2009.

JENSEN M.C./ MECKLING, W.H. (1976)
Theory of The Firm: Managerial Behavior, Agency Costs and Ownership Structure. In: Journal of Financial Economics, 3 (4), S. 305 – 360.

KASERER, C./ ACHLEITNER, A.-K./ EINEM VON, C/ SCHIERECK, D. (2007)
Private Equity in Deutschland. Rahmenbedingungen, ökonomische Bedeutung und Handlungsempfehlungen. Norderstedt: Books on Demand.

KELLE, U./ ERZBERGER, C. (2005)
Qualitative und quantitative Methoden: Kein Gegensatz. In: Flick, U./ von Kardorff, E./ Steinke, I. (Hg.): Qualitative Forschung: Ein Handbuch, S. 299 – 309. Reinbek bei Hamburg: Rowohlt Taschenbuch Verlag.

KLAMMER, B. (2005)
Empirische Sozialforschung. Konstanz: UVK Verlagsgesellschaft.

KLEIN, S. (2004)
Familienunternehmen. Theoretische und empirische Grundlagen. 2. Aufl. Wiesbaden: Gabler.

KLÖCKNER, O. (2009)
Buy-outs in Family Businesses. Wiesbaden: Gabler Edition Wissenschaft.

KOEBERLE-SCHMID, A. (2008)
Family Business Governance. Wiesbaden: Gabler Verlag.

KOIRANEN, M. (2002)
Over 100 Years of Age But Still Entrepreneurially Active in Business: Exploring the Values and Family Characteristics of Old Finnish Family Firms. In: Family Business Review, 15 (3), S. 175 187.

KORMANN, H. (2005)
Grundfragen des Familienunternehmens. In: Scherer, S./ Blanc, M./ Kormann, H./ Groth, T./ Wimmer, R.: Familienunternehmen, S. 1 – 89. Frankfurt am Main: Verlag für Recht und Wirtschaft.

KOWAL, S./ O`CONNELL, D.C. (2005)
Zur Transkription von Gesprächen. In: Flick, U./ von Kardorff, E./ Steinke, I. (Hg.): Qualitative Forschung: Ein Handbuch, S. 437 – 447. Reinbek bei Hamburg: Rowohlt Taschenbuch Verlag.

KRAFT, V. (2001)
Private Equity für Turnaround-Investitionen. Erfolgsfaktoren in der Managementpraxis. Frankfurt/ New York: Campus Verlag.

KROMREY, H. (2006)
Empirische Sozialforschung, 11. Aufl. Stuttgart: Lucius & Lucius Verlag.

KUSSMAUL, H. / RICHTER, L. (2000)
Betriebswirtschaftliche Aspekte von Venture Capital-Gesellschaften und ihre Bedeutung im Hinblick auf Existenzgründungen: zeitlicher Ablauf und öffentliche Förderprogramme. In: Deutsches Steuerrecht, 38 (28), S. 1195 – 1204.

KVALE, S. (1996)
Interviews: An Introduction to qualitative research interviewing. Thousand Oaks, USA: Sage.

LAMNEK, S. (1995)
Qualitative Sozialforschung, 3 Aufl. Bd. 1: Methodologie. Weinheim: Psychologie Verlags Union.

LEE, M.-S./ ROGOFF, E.G. (1996)
Research Note: Comparison of Small Businesses with Family Participation versus Small Businesses Without Family Participation. An Investigation of Differences in Goals, Attitudes, and Family/Business Conflict. In: Family Business Review, 9 (4), S. 423 – 437.

LERNER, J./ INDAHL, R./ ZINTERHOFER, E. (1998)
A Note on European Private Equity. Harvard Business School note. Nr 9-201-042. S. 1 – 6. Cambridge, Mass., USA.

LOOS, N. (2006)
Value Creation in Leveraged Buyouts. Wiesbaden: Deutscher-Universitäts-Verlag

MAROTZKI, W. (1995)
Forschungsmethoden der erziehungswissenschaftlichen Biographieforschung. In: Krüger, H.H./ Marotzki, W. (Hg): Erziehungswissenschaftliche Biographieforschung, S. 55 – 89. Opladen: Leske und Budrich.

MATZ, C. (2002)
Wettbewerbsentwicklungen auf dem deutschen Private-Equity-Markt. Wiesbaden: Deutscher Universitäts-Verlag.

MAURENBRECHER, P. (2008)
Sanierung mittelständischer Unternehmen durch Private Equity-Gesellschaften. München: Rainer Hampp Verlag.

MAY, P. (2009)
Familienunternehmen erfolgreich führen – Von der Inhaber-Strategie zur Unternehmens-Strategie. In: ZfB Special Issue 2/2009: Management von Familienunternehmen, S. 113 – 125.

MAYER, H.O. (2004)
Interview und schriftliche Befragung: Entwicklung, Durchführung und Auswertung. München, Wien: Oldenbourg Verlag.

MAYRING, P. (2002)
Einführung in die qualitative Sozialforschung, 5. Aufl. Weinheim: Beltz Verlag.

MAYRING, P. (2003)

Qualitative Inhaltsanalyse: Grundlage und Techniken, 8. Aufl. Weinheim: Beltz Verlag.

MAYRING, P. (2005)

Qualitative Inhaltsanalyse. In: Flick, U./ von Kardorff, E./ Steinke, I. (Hg.) (2005): Qualitative Forschung: Ein Handbuch, S. 468 – 475. Reinbek bei Hamburg: Rowohlt Taschenbuch Verlag.

MEIER, D. (2006)

Post-investment value addition to buyouts. Wiesbaden: Deutscher Universitäts-Verlag.

MERKENS, H. (2005)

Auswahlverfahren, Sampling, Fallkonstruktion. In: Flick, U./ von Kardorff, E./ Steinke, I. (Hg.): Qualitative Forschung: Ein Handbuch, S. 286 – 299. Reinbek bei Hamburg: Rowohlt Taschenbuch Verlag.

MEUSER, M./ NAGEL, U. (1991)

Experteninterviews – vielfach erprobt, wenig bedacht. Ein Beitrag zur qualitativen Methodendiskussion. In: Garz, D./ Kraimer, K. (Hg): Qualitativ-empirische Sozialforschung, S. 441 – 468. Opladen: Westdeutscher Verlag.

MÜHLEBACH, C. (2004)

Familyness als Wettbewerbsvorteil. Bern: Haupt Verlag.

Müller-Stewens, G./ Lechner, C. (2005): Strategisches Management. Stuttgart: Schäffer-Poeschel.

MYERS, S./ MAJLUF, N.S. (1984)

Corporate Financing and Investment Decisions when Firms have Information that Investors Do Not Have. In: Journal of Financial Economics, 13 (2), S. 187 – 221.

NATHUSIUS, K. (2001)
Grundlagen der Gründungsfinanzierung. Wiesbaden: Gabler.

PANKOTSCH, F. (2005)
Kapitalbeteiligungsgesellschaften und ihre Portfoliounternehmen. Gestaltungsmöglichkeiten und Erfolgsfaktoren der Zusammenarbeit. Wiesbaden: Deutscher Universitäts-Verlag.

PENROSE, E. (1959)
The theory of the Growth of the Firm: Oxford, England: Basil Blackwell.

PERRIDON, L./ STEINER, M. (2002)
Finanzwirtschaft der Unternehmung, 11. Aufl. München: Vahlen.

PERRIDON, L./ STEINER, M. (2003)
Finanzwirtschaft der Unternehmung, 12. Aufl. München: Vahlen.

PINDUR, D. (2006)
Value creation in successful LBOs. Wiesbaden: Deutscher Universitäts-Verlag.

PORTER, M. (1980)
Competitive Strategy, Techniques for Analyzing Industries and Competitors. New York, USA: Free Press.

POZA, E.J. (2007)
Family Business. USA: Thomson South-Western.

RAGIN, C.C. (1994)
Constructing Social Research. Thousand Oaks, USA: Fine Forge Press.

RAPPAPORT, A. (1981)
Selecting Strategies that Create Shareholder Value. In: Harvard Business Review, 59 (3), S. 139 – 149.

REDLEFSEN, M./ EIBEN, J. (2006)
Finanzierung von Familienunternehmen. Intes Zentrum für Familienunternehmen. Ergebnisse der Studie. Vallendar.

SALVATO, C./ MELIN, L. (2008)
Creating Value Across Generations in Family-Controlled Businesses: The Role of Family Social Capital. In: Family Business Review, 21 (3), S. 259 – 276

SAPIENZA, H.J./ GUPTA, A.K. (1994)
Impact of Agency Risks and Task Uncertainty on Venture Capitalist: CEO Interaction. In: Academy of Management Journal, 37 (6), S.1618 – 1632.

SCHEFCZYK, M. (1999)
Mehr als nur Geld: Notwendigkeiten und Nutzen einer Beratungsunterstützung von Portfoliounternehmen durch Venture-Capital-Gesellschaften. Eine empirische Untersuchung. In: Berrios Amador, M. (Hg.): Beteiligungskapital in der Unternehmensfinanzierung, S. 131 – 152. Wiesbaden: Deutscher Universitäts-Verlag.

SCHEFCZYK, M. (2006)
Finanzieren mit Venture Capital und Privat Equity. Grundlagen für Investoren, Finanzintermediäre, Unternehmer und Wissenschaftler. 2. Aufl. Stuttgart: Schäffer-Poeschel Verlag.

SCHENK, G. (2004)
Beobachtungen zum Controlling von VC-Beteiligungen. In: Finanz Betrieb, 6, S. 154 – 157.

SCHLIPPE, A. VON/ GROTH, T. (2006)
Familienunternehmen und Beratung: Paradoxien und Dilemmata. In: Deissler, K. G. (Hg.): Familienunternehmen beraten: Positionen und Praxisbeispiele, S. 109 – 125. Bielefeld: Transcript.

SCHNECK, O. (2006)
Handbuch Alternative Finanzierungsformen. Weinheim: Wiley-VCH Verlag.

SCHNELL, R./ HILL, P.B./ ESSER, E. (2005)
Methoden der empirischen Sozialforschung, 7. Aufl. München: Oldenbourg Verlag.

SEWING, B. (2008)
Exit-Management in Private Equity. Wiesbaden: Gabler Verlag.

SIMON, F.B./ WIMMER, R./ GROTH, T. (2005)
Mehr-Generationen-Familienunternehmen. Erfolgsgeheimnisse von Oetker, Merck, Haniel u.a., 1. Aufl. Heidelberg: Carl-AuerVerlag.

SIRMON, D.G./ HITT, M.A. (2003)
Managing Resources: Linking Unique Resources, Management and Wealth Creation in Family Firms. In: Entrepreneurship Theory and Practice, 27 (4), S. 339 – 358.

SOBCZAK, C.U. (2007)
Nicht-finanzielle Unterstützung von Private-Equity-Gesellschaften und der Erfolg von Buyouts. Unver. Diss.: RWTH Aachen.

STEINKE, I. (2005)
Gütekriterien qualitativer Forschung. In: Flick, U./ von Kardorff, E./ Steinke, I. (Hg.): Qualitative Forschung: Ein Handbuch, S. 319 – 331. Reinbek bei Hamburg: Rowohlt Taschenbuch Verlag.

STIFTUNG FAMILIENUNTERNEHMEN (2007)
Die volkswirtschaftliche Bedeutung der Familienunternehmen. Quelle: www.familienunternehmen.de/media/public/pdf/studien/Volkswirt-schaftl_Bedeutung_FU.pdf. Letzter Zugriff. 09.11.2009.

STIFTUNG FAMILIENUNTERNEHMEN (2009)
Börsennotierte Familienunternehmen in Deutschland. Quelle: www.familienunternehmen.de/media/public/pdf/studien/Studie_Boersennotierte_Familienunternehmen_web.pdf. Letzter Zugriff: 09.11.2009.

STRAUSS, A. L. (1991)
Grundlagen qualitativer Sozialforschung. München: Fink.

TAGIURI, R./ DAVIS, J.A. (1996)
Bivalent attributes of the family firm. In: Family Business Review, 9 (2), S. 199 – 208.

VARGAS SANCHEZ, A. (2004)
Development of Corporate Governance Systems: Agency Theory versus Stewardship Theory in Welsh Agrarian Cooperative Societies. Working Paper, University of Huelva, 05/2004.

VATER, D. (2003)
Die Qualität deutscher Private-Equity-Unternehmen.Wiesbaden: Deutscher Universitäts-Verlag.

WERNER, H.S./ KOBABE, R. (2005)
Unternehmensfinanzierung. Stuttgart: Schäffer-Poeschel Verlag.

WERNERFELT, B. (1984)
A Resource-based View of the Firm. In: Strategic Management Journal, 5 (2), S. 171 – 180.

WIECHERS, R. (2006)
Familienmanagement zwischen Unternehmen und Familie. Heidelberg: Carl-Auer-Systeme Verlag.

WIMMER, R./ GROTH, T./ SIMON, F.B. (2004)
Erfolgsmuster von Mehrgenerationen-Familienunternehmen. Sonderheft Nr. 2 der Wirtschaftsfakultät, Universität Witten/Herdecke.

WIMMER, R./ DOMAYER, E./ OSWALD, M./ VATER, G. (2005)
Familienunternehmen – Auslaufmodell oder Erfolgstyp? Wiesbaden: Gabler.

WIMMER, R. (2007)
Erfolgsstrategien in Familie und Unternehmen. In: Frasl, E.J./ Rieger, H. (Hg): Family Business Handbuch, S. 30 – 46. Wien: Linde.

WIMMER, R. (2009)
Familienunternehmen. In: von Schlippe, A./ Rüsen, T./ Groth, T.: Beiträge zur Theorie des Familienunternehmens, S. 1 – 16. Köln: Josef Eul Verlag.

WÖHE, G./ BILSTEIN, J. (2002)
Grundzüge der Unternehmensfinanzierung, 9. Aufl. München: Vahlen.

YIN, R.K. (1994)
Case study research. Thousand Oaks, USA: Sage.

ZELLWEGER, T. (2007)
Time Horizon, Cost of Equity Capital, and Generic Investment Strategies of Firms. In: Family Business Review, 20 (1), S. 1 – 15.

ZELLWEGER, T./ ASTRACHAN, J.H. (2008)
On the Emotional Value of Owning a Firm. In: Family Business Review, 21 (3), S. 347 – 363.

ZELLWEGER, T./ MÜHLEBACH, C. (2008)
Strategien zur Wertsteigerung in Familienunternehmen. Bern: Haupt Verlag.

ZELLWEGER, T./ NASON, R.S. (2008)
A Stakeholder Perspective on Family Firm Performance. In: Family Business Review, 21 (3), S. 203 – 216.

ZEMKE, I. (1995)
Die Unternehmensverfassung von Beteiligungskapitalgesellschaften: Analyse des institutionellen Designs deutscher Venture Capital-Gesellschaften. Wiesbaden: Deutscher Universitäts-Verlag.

ZEMKE, I. (1998)
Erfolgsfaktoren von Private-Equity-Gesellschaften. In: Zeitschrift für das gesamte Kreditwesen, 51 (5), S. 212 – 215.

ZIPSER, D. (2008)
Wertgenerierung von Buyouts. Wiesbaden: Gabler Edition Wissenschaft.

Schriften zu Familienunternehmen

Herausgegeben vom Wittener Institut für Familienunternehmen

Band 1
Arist von Schlippe, Tom Rüsen und Torsten Groth (Hrsg.)
Beiträge zur Theorie des Familienunternehmens
Lohmar – Köln 2009 • 304 S. • € 59,- (D) • ISBN 978-3-89936-823-9

Band 2
Tom A. Rüsen, Arist von Schlippe und Torsten Groth (Hrsg.)
Familienunternehmen – Exploration einer Unternehmensform
Lohmar – Köln 2009 • 324 S. • € 62,- (D) • ISBN 978-3-89936-850-5

Band 3
Felix Georg Fabis
Konflikte im Familienunternehmen – Instrumente zur Vermeidung und Lösung
Lohmar – Köln 2009 • 132 S. • € 43,- (D) • ISBN 978-3-89936-868-0

Band 4
Florian Berthold
Familienunternehmen im Spannungsfeld zwischen Wachstum und Finanzierung
Lohmar – Köln 2010 • 332 S. • € 54,- (D) • ISBN 978-3-89936-895-6

Band 5
Christopher D. Iliou
Corporate Governance und mittelständische Familienunternehmen – Ein nur scheinbarer Widerspruch
Lohmar – Köln 2010 • 108 S. • € 42,- (D) • ISBN 978-3-89936-910-6

Band 6
Tilman Hepperle
Stiftungen als Instrumente zur Lösung von Schnittstellenkonflikten in Familienunternehmen – Eine empirische Untersuchung
Lohmar – Köln 2011 • 140 S. • € 43,- (D) • ISBN 978-3-8441-0061-7

Band 7
Christian Prym
Familienunternehmen und Beteiligungskapital
Lohmar – Köln 2011 • 240 S. • € 56,- (D) • ISBN 978-3-8441-0070-9